新一代信息技术产教融合共同体系列教材

湖南省通信职业教育教学指导委员会推荐教材

U0652529

移动通信工程设计

主 编 田艳中

参 编 阳 波

西安电子科技大学出版社

内 容 简 介

本书系统地介绍了移动通信工程设计全流程的相关知识和技能，涵盖移动通信工程设计、勘察、设计方案编制、设计图绘制、概预算编制等方面。全书采用"项目＋任务"的结构编写，分为移动通信工程设计概述、移动通信基站工程勘察、移动通信基站工程设计方案编制、移动通信工程设计图绘制、移动通信工程概预算编制 5 个项目，共 21 个任务。

本书注重将理论与实践相结合，既可作为高职高专院校通信、电子、信息类相关专业课程的教材，也可作为通信行业相关人员的培训用书。

图书在版编目 (CIP) 数据

移动通信工程设计 / 田艳中主编 . -- 西安：西安电子科技大学出版社 , 2025. 5. -- ISBN 978-7-5606-7598-5

Ⅰ. TN929.5

中国国家版本馆 CIP 数据核字第 2025CH7585 号

策　　划　刘启薇　杨丕勇
责任编辑　杨丕勇　刘启薇
出版发行　西安电子科技大学出版社 (西安市太白南路 2 号)
电　　话　(029) 88202421　88201467　　　　邮　　编　710071
网　　址　www.xduph.com　　　　　　电子邮箱　xdupfxb001@163.com
经　　销　新华书店
印刷单位　陕西天意印务有限责任公司
版　　次　2025 年 5 月第 1 版　　2025 年 5 月第 1 次印刷
开　　本　787 毫米 × 1092 毫米　1/16　印　张　14.5
字　　数　341 千字
定　　价　45.00 元
ISBN 978-7-5606-7598-5
XDUP 7899001-1
*** 如有印装问题可调换 ***

前　言

移动通信技术在过去的几十年里发展迅猛，基本上按照每十年升级一代的规律，已相继经历了 1G、2G、3G、4G、5G，正向着 6G 技术不断发展。移动通信技术的发展不但极大地促进了产业升级和经济社会发展，也满足了人们对移动通信日益增长的需求。目前我国 5G 通信网络建设已进入高速发展期，在此背景下，对 5G 人才的需求也在急速增长。编者基于培养国家紧缺技术人才需求和移动通信工程建设需求编写了本书。

本书以 5G 移动通信基站的真实案例展开，采用"项目＋任务"的结构编排内容，充分体现"教学做一体化"的教育理念。全书分为 5 个项目、21 个任务，各项目具体内容如下：

项目 1 概述了通信工程建设程序，移动通信工程设计要求、专业分工及流程，移动通信蜂窝结构及覆盖策略，链路预算及站间距取定等内容。

项目 2 介绍了移动通信基站选址原则及要求、基站工程勘察前的准备、基站工程勘察要求、基站工程现场勘察等内容。

项目 3 介绍了 5G 无线网络设计、基站站型配置、BBU 部署及配置要求、基站天馈线设计、基站电源配套设计、基站基础配套设计、安全生产要求、节能环保要求等内容。

项目 4 介绍了移动通信工程制图要求及规定、基站工程设计图绘制等内容。

项目 5 介绍了通信建设工程预算定额、通信建设工程费用定额、基站工程概预算编制等内容。

本书在编写过程中，遵循"以就业为导向，以能力培养为本位"的教育改革方向，基于工作流程，根据岗位合理划分工作任务，以"理论够用，突出岗位技能，重视实践操作"作为编写理念，体现了面向应用型人才培养的高等院校教育特色。

本书由湖南邮电职业技术学院田艳中任主编，湖南省邮电规划设计院有限公司专家阳波参编。其中，田艳中负责项目 1～项目 4 的编写，并负责全书的架构设计及统稿；阳波负责项目 5 的编写。湖南邮电职业技术学院信息通信学院李崇鞅院长对本书进行了审读。

本书主编曾在湖南省邮电规划设计院有限公司工作 17 年，主持海内外移动通信工程设计项目 200 余个，具有丰富的移动通信工程设计经验。

本书的编写不仅得到了湖南邮电职业技术学院领导和众多老师的指导和无私帮助，还得到了湖南省邮电规划设计院有限公司、西安电子科技大学出版社等企业领导和专家的大力支持，在此一并表示诚挚的感谢。本书在编写过程中参考了一些国内外学者的著作和文献，在此对相关作者表示衷心的感谢。

由于编者水平有限，书中难免出现不妥之处，恳请广大读者批评指正，并提出宝贵意见。

编　者

2025 年 1 月

目 录

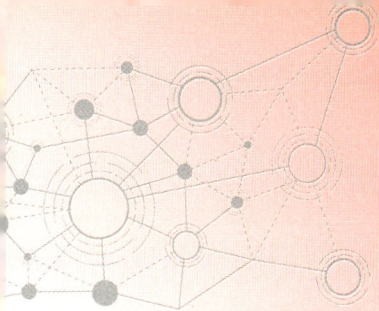

项目 1　移动通信工程设计概述

移动通信工程包括核心网工程、无线网工程，其中无线网工程又包括室外基站工程和室内分布系统工程两种。本书仅讨论室外基站（以下简称"基站"）工程设计。

移动通信工程设计是移动通信工程建设的重要阶段，在移动通信工程建设中有着不可替代的重要地位。移动通信工程设计过程中所完成的工程设计文件是工程施工的指导性文件，应能有效指导施工。工程设计方案与文件的好坏直接影响到工程质量、工程进度及工程成本。同时，移动通信工程设计对于提高移动通信服务质量、满足用户需求也具有重要意义。

依据工程建设特点及工程建设管理需要，可以将工程设计划分为初步设计（编制初步设计和工程概算）、技术设计（编制修正概算）、施工图设计（编制施工图和工程预算）等几个阶段。一般工、民用建设项目按照初步设计、施工图设计两个阶段进行，称为"两阶段设计"；对于技术复杂的项目，可按初步设计、技术设计、施工图设计三个阶段进行，称为"三阶段设计"；小型建设项目中技术简单、技术成熟或套用标准设计的工程，直接做施工图设计，称为"一阶段设计"。一般情况下，移动通信工程采用"一阶段设计"方式。

知识目标

(1) 了解通信工程建设程序；
(2) 掌握移动通信工程设计要求及流程；
(3) 掌握移动通信蜂窝结构及覆盖策略；
(4) 掌握链路预算编制方法及站间距取定方法。

能力目标

(1) 能够列出移动通信工程设计流程及其主要工作内容；
(2) 能够针对不同区域类型制订简单的无线网覆盖策略；
(3) 能够编制 5G 链路预算；
(4) 能够计算 5G 站间距。

💡 素养目标

(1) 遵循国家和行业标准、规范，培养职业认同感和使命感；

(2) 认识到我国在 5G 工程建设领域的国际领先地位，培养家国情怀和民族自豪感。

任务1.1　了解通信工程建设程序

建设程序是指建设项目从设想、选择、评估、决策、设计、施工到竣工验收、投入使用的整个过程中，各项工作必须遵守的先后顺序。

按照建设项目的发展过程，建设程序可分为若干阶段，各阶段具有不同的工作内容，且有机地联系在一起，但必须共同遵守客观存在的先后顺序，不可违反。这是因为建设程序的先后顺序是建设工作实践经验的总结，反映了建设工作所固有的客观自然规律和经济规律，是建设项目科学决策和顺利进行的重要保证。

在我国，一般的大中型和限额以上的建设项目从前期工作到建设、投产要经过项目建议书、可行性研究、初步设计、年度计划、施工准备、施工图设计、施工招投标、开工报告、施工、初步验收、试运转、竣工验收、投产等环节。具体到通信行业的建设项目和技术改造建设项目，尽管其投资管理、建设规模等有所不同，但建设过程中的主要程序基本相同。通信工程建设程序分为立项阶段、实施阶段和验收投产阶段，如图 1-1 所示。

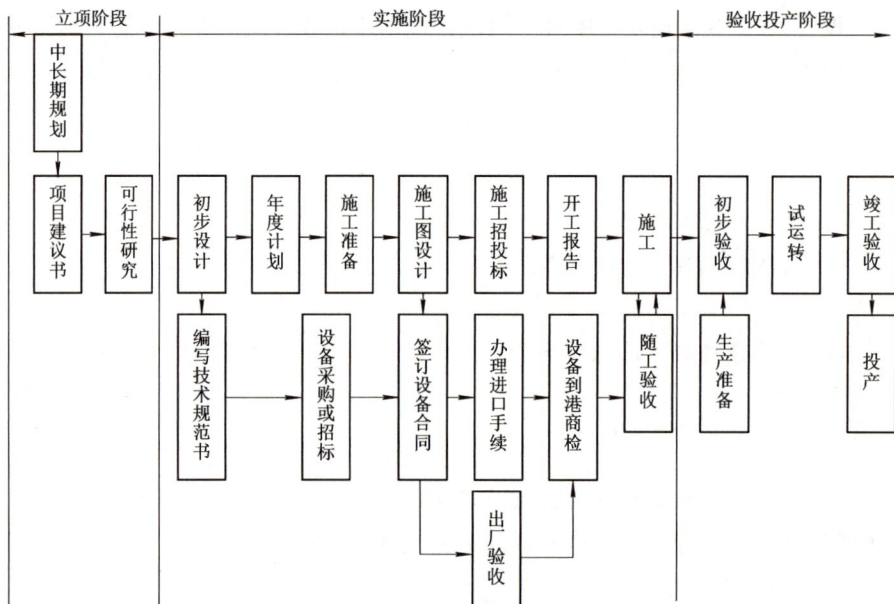

图 1-1　通信工程建设程序

1. 立项阶段

首先根据国民经济和社会发展的长远规划、行业规划、地区规划、企业发展规划等要求，通过调查、预测、分析，对建设项目制订出中长期规划和项目建议书。随后对拟建项目在技术上的可行性和经济上的合理性进行科学的分析和论证，最后形成可行性研究报告。

2. 实施阶段

(1) 初步设计。初步设计阶段要编写技术规范书。初步设计是根据批准的可行性研究报告，以及有关的设计标准、规范，并在现场勘察工作取得可靠的设计基础资料的基础上进行编制的。初步设计的主要任务是确定项目的建设方案、进行设备选型、编制总概算。其中，项目的建设方案及重大技术措施应通过技术经济分析，并进行多方案比选论证，采用方案的选定理由及未采用方案的摘要情况均应写入技术规范书中。

(2) 年度计划。年度计划包括基本建设拨款计划、设备和主材（采购）储备贷款计划、工期组织配合计划等。年度计划的编制是保证建设项目总进度的重要文件。

建设项目必须具有经过批准的初步设计和总概算，再在资金、物资、设计、施工能力等因素达到综合平衡后，才能列入年度计划。经批准的年度计划是进行基本建设拨款或贷款的主要依据。年度计划应包括整个建设项目的投资及进度计划和年度投资及进度计划。

(3) 施工准备。施工准备是建设程序中的重要环节，是衔接基本建设和生产的桥梁。建设单位应根据建设项目或单项工程的技术特点，适时组建建设项目的管理机构，做好以下几项工作：

- 制定建设工程管理制度，落实管理人员；
- 汇总拟采购设备、主材的技术资料；
- 落实施工和生产物资的供货来源；
- 落实施工环境的准备工作，如征地、拆迁、"三通一平"（水、电、路通和平整土地）等。

(4) 施工图设计。根据批准的建设方案和主要设备合同，编制施工图设计文件，绘制施工详图，标明房屋、建筑物、设备的结构尺寸，安装设备的配置关系和布线，确定施工工艺和设备、材料明细表，编制施工图预算。

(5) 施工招投标。建设单位通过工程发包，鼓励施工企业参与竞争，从中选定水平高、报价合理的中标企业。工程招标一般分为公开招标和邀请招标两种。

(6) 开工报告。与中标企业签订施工合同后，建设单位落实年度资金拨款、设备和主材的供货及工程管理组织，并于开工前一个月会同施工单位向主管部门提交开工报告。

(7) 施工。施工单位应按施工图进行施工，每一道隐蔽工程结束后应由建设单位委派的工地代表随工验收，验收合格后方可进入下一工序。

3. 验收投产阶段

(1) 初步验收。初步验收由建设单位组织相关设计、施工、维护、档案及质量管理等部门参加。验收工作包括检查工程质量、审查交工资料、分析投资效益、对发现的问题提出处理意见，并组织相关责任单位落实解决。

(2) 试运转。试运转由建设单位组织供货厂商，以及设计、施工和维护部门参加，对设备、系统的性能、功能、各项技术指标以及设计和施工质量等进行全面考核。经过试运转，如发现质量问题，由相关责任单位负责免费返修。试运转期一般为三个月。

(3) 竣工验收。竣工验收是建设程序的最后一个环节，是全面考核建设成果，检验设计、施工质量，审查投资使用是否合理的重要步骤。

竣工验收前，建设单位应向主管部门提交竣工验收报告，编制项目总决算，整理相关技术资料(包括竣工图纸、测试资料、重大障碍和事故处理记录)，清理所有财产和物资等，报上级部门审查。竣工验收后，建设单位应及时办理固定资产交付使用的转账手续，将技术档案移交维护单位统一保管。

任务1.2　掌握移动通信工程设计要求、专业分工及流程

工程设计是一门涉及科学、技术、经济和方针政策等各个方面的综合性的应用技术科学。工程设计文件是安排建设项目和组织施工的主要依据。一个建设项目，在建设资源的利用上是否合理，技术、工艺、流程是否先进规范，生产组织是否科学、严谨，能否以较少的投资取得产量多、质量好、效率高、消耗低、成本低、利润大的综合效果，在很大程度上取决于设计质量的优劣和设计水平的高低。

1.2.1　移动通信基站工程设计的专业分工

移动通信基站工程无线专业设计工作主要是基站子系统设备的安装设计，即负责NR主设备及室外天馈线的安装设计。其他如基站电源、传输、塔桅、机房、市电引入、防雷接地(地网)、消防、监控、空调等设计工作由建设单位(运营商)另行委托。

室外基站工程无线专业与其他专业的分工如下：

(1) 与传输专业的分工。以基站ODF跳纤单元外侧接口为分界线，传输专业负责将光缆送至ODF板外侧的接口。

(2) 与电源专业的分工。以基站设备的开关电源接线端为分界线，基站电源专业负责提供交直流电源，基站设备到开关电源的电源线由无线专业负责安装布放设计。

(3) 与配套专业的分工。塔桅、机房、市电引入、防雷接地(地网)、消防等配套设施由建设单位委托其他设计单位或厂家负责设计安装。

(4) 与设备供货商的分工。基站设备间所有的内部连线由设备供货商负责，设备外部端口的连接由无线专业负责。

(5) 与建设单位的分工。建设单位负责提供具备装机条件的机房及场地，设备与天馈线系统的安装布置由无线专业负责。

5G基站工程的BBU(集中放置)+AAU/RRU安装工程界面分工、BBU(本站放置)+AAU/RRU安装工程界面分工分别如图1-2、图1-3所示。

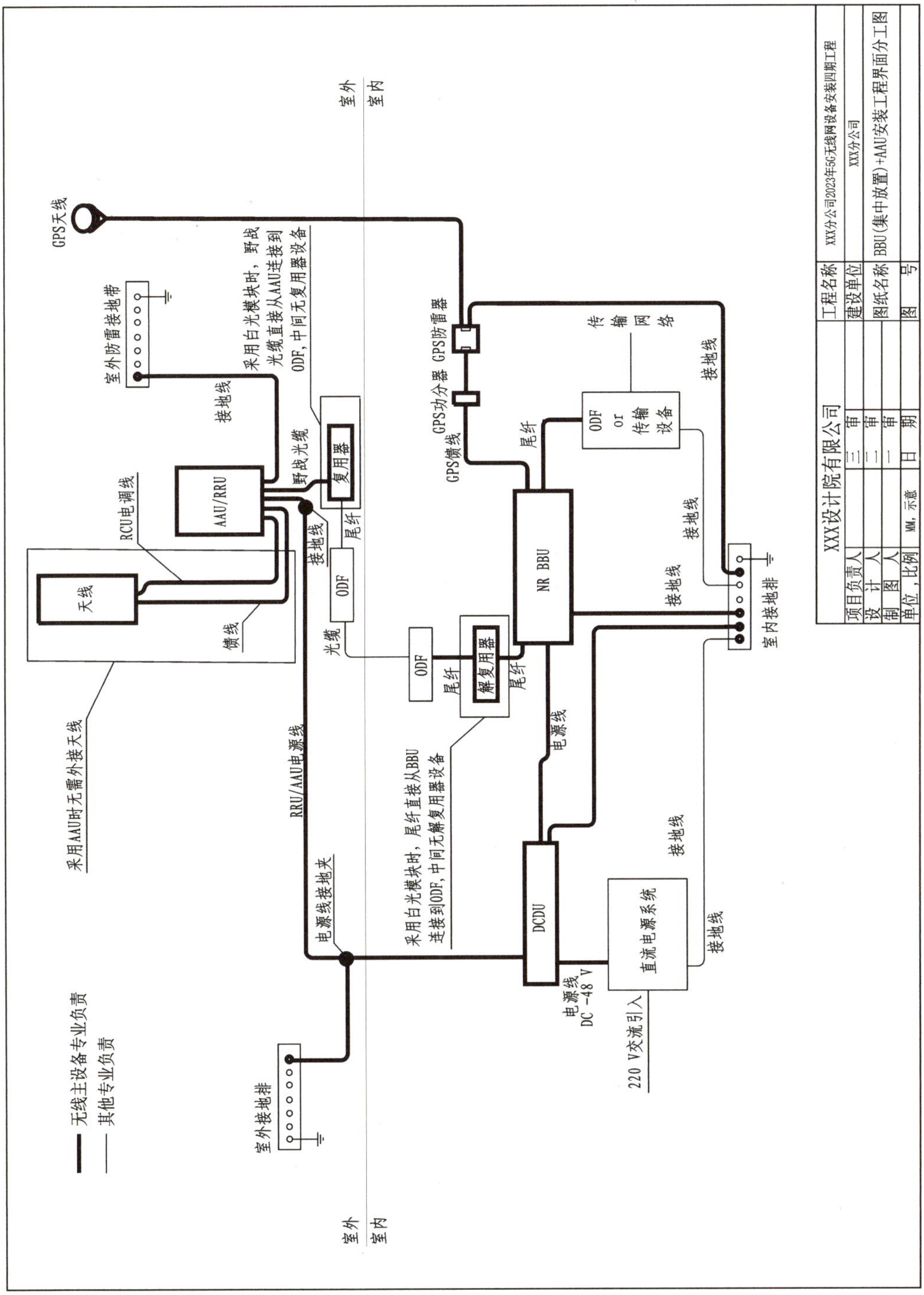

图 1-2 BBU(集中放置)+AAU/RRU 安装工程界面分工图

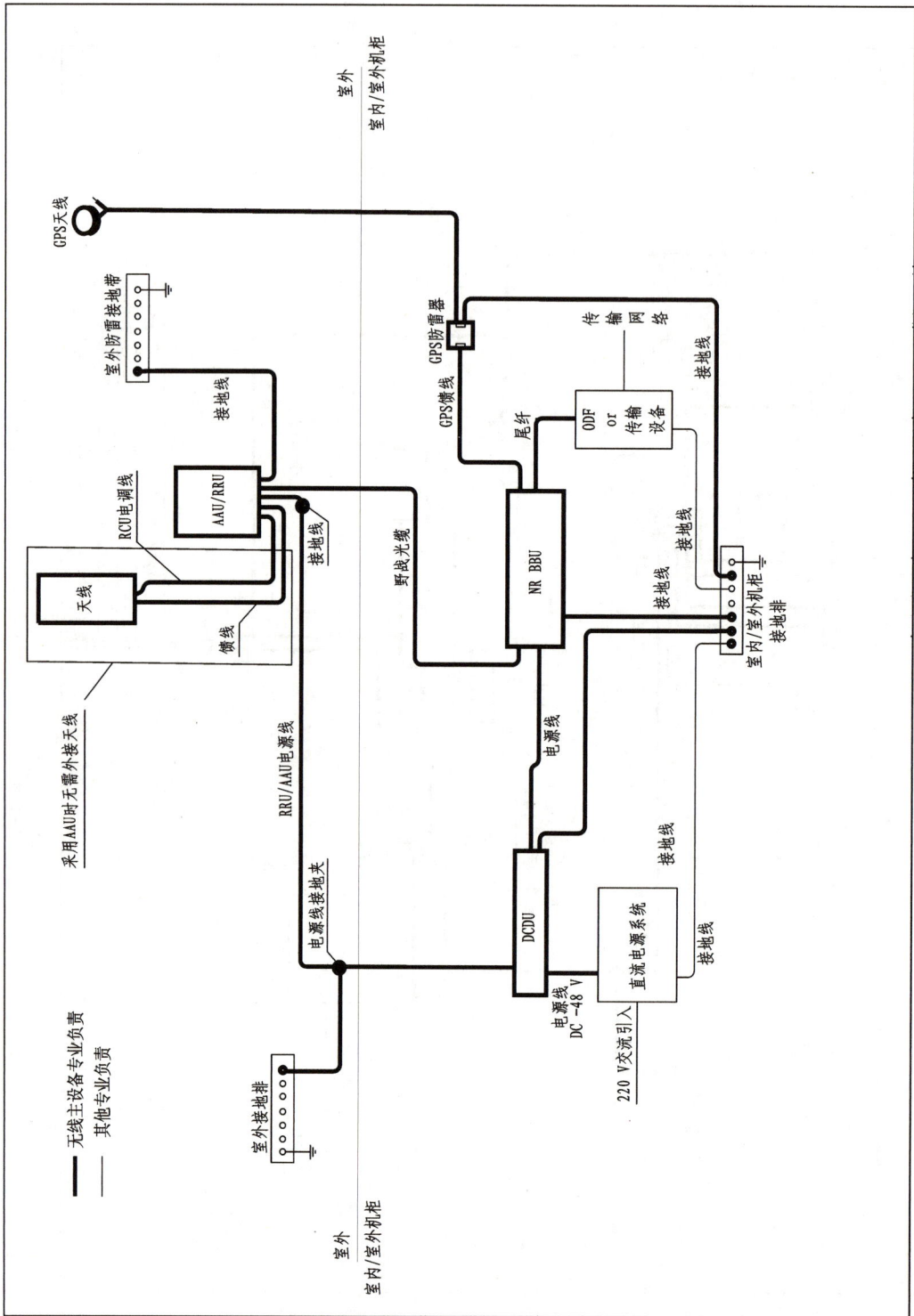

图 1-3 BBU(本站放置)+AAU/RRU 安装工程界面分工图

1.2.2 设计文件组成及要求

为了保证设计文件的质量，使设计能满足工程建设的需要，达到迅速、准确、安全、方便的目的，对工程设计的基本要求如下：

(1) 设计工作必须贯彻执行国家、行业的相关政策、法律、法规以及企业的相关规定。设计文件应体现技术先进、经济合理、安全适用的特征，并能满足施工、生产和使用的要求。

(2) 工程设计工作要处理好局部与整体、近期与远期、新技术与旧方法的关系，明确本期配套工程与其他工程的关系。

(3) 设计企业应对设计文件的科学性、客观性、可靠性、公正性负责。建设方的工程建设管理部门应组织有关单位对设计文件进行审议，并对审议的结论负责。

(4) 设计工作要加强技术经济分析，进行多方案比较，兼顾近期与远期发展的需求，合理利用已有的网络设施和设备，以保证建设项目的经济效益和社会效益，不断降低工程造价和维护成本。

(5) 设计中所采用的产品必须符合国家标准与行业标准，未经试验和鉴定不合格的产品不得在工程中使用。

(6) 设计工作必须贯彻技术进步的方针，广泛采用适合我国国情的国内外成熟的先进技术。

(7) 设计工作还应考虑到系统容量、业务流量、投资额度、经济效益和发展前景，要求保障系统正常工作的其他配套设施结构合理，施工、安装、维护便捷，以满足对系统建设的总体要求。

在满足设计基本要求的基础上，编制的设计文件组成及要求如下：

(1) 设计文件的内容包括设计总说明及附录、单项设计总图、总概(预)算编制说明及概(预)算总表。设计总说明的具体内容可参考各单项工程的内容摘要编写；总概(预)算编制说明的内容包括：扼要说明设计的依据及其结论意见，叙述本工程设计文件应包括的各单项工程编册及其设计范围分工(引进设备工程要说明与外商的设计分工)，建设地点现有通信情况及社会需要概况，设计利用原有设备及局所房屋的鉴定意见，本工程需要配合及注意解决的问题(例如地震设防、人防、安全生产、环境保护等要求，后期发展与影响经济效益的主要因素，本工程的网点布局、网络组织、主要的通信组织等)，表列本期各单项工程规模及可提供的新增生产能力并附工程量表、增员人数表、工程总投资及新增固定资产值、新增单位生产能力、综合造价、传输质量指标分析、本期工程的建设工期安排意见，以及其他必要的说明等。

(2) 各单项工程设计文件一般由设计说明、图纸和概(预)算三部分组成，具体内容依据各专业的特点而定，概括起来应包括以下内容：① 概述；② 设计依据；③ 建设规模；④ 产品方案；⑤ 原料、燃料、动力的用量和来源；⑥ 工艺流程、主要设计标准和技术措施；⑦ 主要设备选型及配置；⑧ 图纸；⑨ 主要建筑物、构筑物；⑩ 公用、辅助设施；⑪ 主要材料用量；⑫ 配套建设项目；⑬ 占地面积和场地利用情况；⑭ 综合利用、"三废"治理、环境保护设施和评价；⑮ 生活区建设；⑯ 抗震、人防、安全生产及环境保护要求；⑰ 生产组织和劳动定员；⑱ 主要工程量及概 (预) 算；⑲ 主要经济指标及分析；⑳ 需要说明的有关问题等。

另外，在初步设计阶段还应另册提供技术规范书，说明工程要求的技术条件及有关数据等。其中，引进设备的工程技术规范书应同时用中、外文编写。

施工图设计文件一般由设计说明、图纸和预算三部分组成。各单项工程施工图设计说明应包含批准的本单项工程初步设计方案主要内容，并对修改部分进行论述，注明有关批准文件的日期、文号及文件标题；提出详细的工程量表；测绘出完整的线路 (建筑安装) 施工图纸、设备安装施工图纸，包括建设项目的各部分工程的详图和零部件明细表等。施工图设计文件是初步设计 (或技术设计) 的完善和补充，是据以施工的依据。施工图设计的深度应满足设备、材料的订货，施工图预算的编制，设备在安装工艺及其他施工技术上的要求等。施工图设计可不编总体部分的综合文件。

(3) 移动通信基站工程一阶段设计文件一般由设计说明、图纸和预算三部分组成，应包括但不限于以下内容：

① 工程概况：设计依据、地市概况、设计范围及分工、工程规模及主要工程量、工程预算及经济技术指标。

② 无线网络设计：无线网络结构、无线网络基本指标 (承载业务目标、业务质量指标、业务模型)、链路预算。

③ 网络现状分析。

④ 无线网络建设目标：覆盖目标、容量指标。

⑤ 无线网络建设原则：总体原则、频率使用原则、站址选择原则、基站设备选择原则、天面建设原则、天馈线设置原则等。

⑥ 基站建设方案。

⑦ 设备选型及主要性能指标。

⑧ 资源规划及干扰协调：频率计划、资源规划、干扰协调。

⑨ 配套工程的要求：电源系统建设要求、机房建设要求、塔桅建设要求、防雷及接地系统要求、消防要求。

⑩ 传输网及中继传输配置原则：传输网配置原则、中继传输配置原则。

⑪ 设备布置安装及线缆布放要求：基站设备平面布置及安装要求、室内走线架平面布置及安装要求、基站天馈线系统布置及安装要求、抗震加固要求。

⑫ 安全生产：总体要求、施工注意事项、网络安全要求。

⑬ 共建共享、节能减排、环境保护 (包括电磁辐射、生态环境保护、噪声控制、废旧物品回收及处置)。

⑭ 工程验收要求。

⑮ 人员编制和人员培训要求。

⑯ 其他需要说明的问题。

⑰ 设计预算：工程概述、编制依据、工程预算总额、相关费用及费率的取定、工程技术经济指标分析、预算表。

⑱ 设计图纸：基站通信系统图、基站安装工程界面分工图、AAU 或 RRU+ 天线设备抱杆安装工艺示意图、×× 基站 BBU 机房设备安装平面图 (BBU 集中放置时)、×× 基站 BBU 机房设备布线路由图 (BBU 集中放置时)、×× 基站 BBU 机房电源系统图及电源端子分配图 (BBU 集中放置且新增时)、×× 基站 BBU 机房天馈线安装示意图 (BBU 集中放置且新增时)、×× 基站 BBU 及主设备直流分配单元面板图 (BBU 集中放置时)、×× 基站机房设备安装平面图、×× 基站机房设备布线路由图、×× 基站电源系统图及电源端子分配图、×× 基站天馈线安装示意图、×× 基站安全风险说明和安全生产要求图等。

1.2.3 移动通信工程设计流程

移动通信工程设计流程如图 1-4 所示。

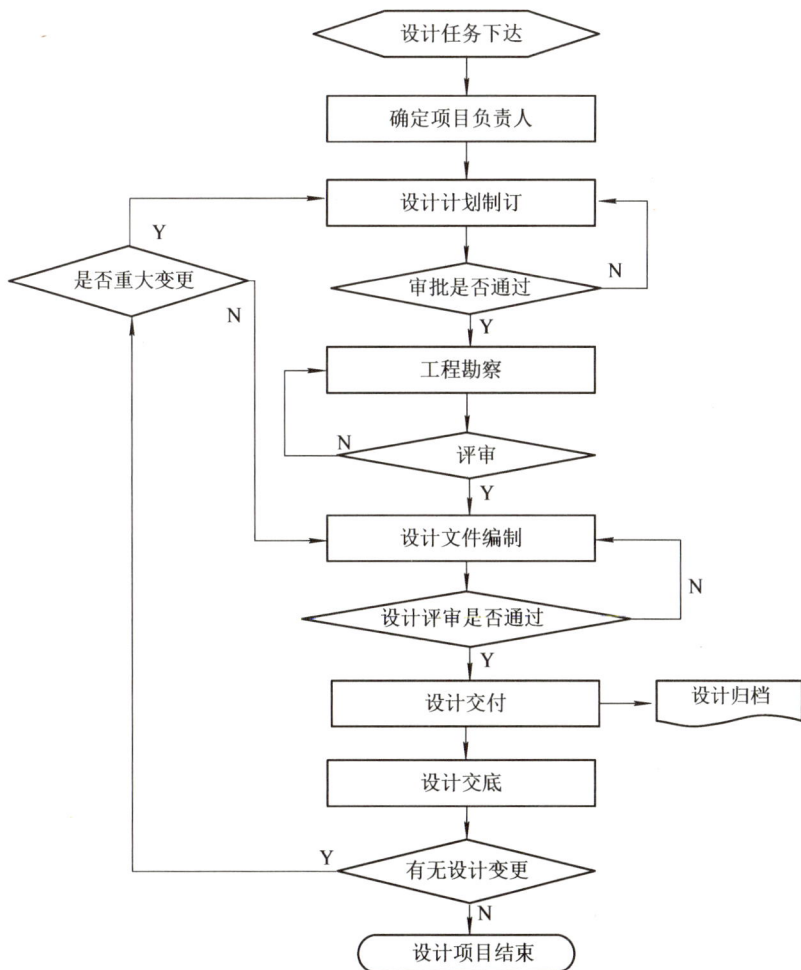

图 1-4 移动通信工程设计流程

1. 确定项目负责人及设计计划制订与审批

根据设计任务下达的要求,设计单位应确定项目负责人和项目组成员,分派设计任务,制订设计计划。具体包括以下内容:

(1) 理解设计任务书的精神、原则和要求,明确工程任务及建设规模。

(2) 查找相应的技术规范。

(3) 分析可能存在的问题,根据工程情况列出勘察提纲和工作计划。

(4) 搜集、准备前期相关工程的文件资料和图纸。

项目负责人将制订好的设计计划提交设计单位审批,必要时还需经过建设单位(在移动通信工程中,建设单位一般为电信运营商)审批。审批通过后,项目组全体成员按计划立即执行。

2. 工程勘察及评审

工程勘察的具体步骤如下:

(1) 商定勘察计划,安排配合人员。设计勘察人员应提前与建设单位相关人员联系接洽,商讨勘察计划,确定详细的勘察方案、日程安排以及建设单位方配合人员安排。

(2) 现场勘察。根据各专业勘察细则的要求深入进行现场勘察,并做好记录。

(3) 向建设单位汇报勘察情况。勘察人员整理勘察记录,并向建设单位负责人汇报结果,征求建设单位负责人对设计方案的想法和意见。确定最佳设计方案时,如有当时不能确定的问题,勘察人员应详细记录,回单位后向项目负责人反映落实。勘察资料和确定的方案应由建设单位签字认可。

(4) 回单位汇报勘察情况。勘察人员向项目负责人、部门经理及有关领导汇报勘察结果,取得指导性意见。对勘察时未能确定的问题,落实解决方案后应及时与建设单位协商确定最佳设计方案。

(5) 工程勘察结果评审。项目负责人以会议或非会议的形式组织工程勘察结果评审。设计勘察人员应作出详细的记录,并根据要求修改出最终设计方案。

3. 设计文件编制

根据勘察资料,设计人员和项目负责人制订设计方案并编制设计文件(设计说明、设计图纸、概预算)。设计文件应使用本专业最新设计模板。项目组内应对设计方案进行比选,选择最佳的设计方案,并采用传递审核或会议审核方式,对完成的设计文件初稿进行项目组内审核。

4. 设计评审

设计评审分为内部审核和外部评审两种。

(1) 内部审核针对大中型项目采用三级审核机制,针对小型项目采用二级审核机制。

① 设计文件的审核按由低到高的级别顺序共包含三级,即一审、二审、三审,分别对应设计文件的校对、审核和审定三个层次。

② 工程设计文件的审核必须严格遵循由低级别到高级别的校审顺序,各级审核人员不得越级审核。

③ 各级审核工作必须由符合规定资质要求的人员担任。

④ 所有设计文件必须经过设计人员认真自校后方能提交校审，且需要同时提交现场勘察收集的资料、勘察记录、设计过程中的工程技术会议纪要、设计工序控制记录等文件。

(2) 外部评审由建设单位或其上级主管单位组织进行。对外部评审中各评委专家提出的问题及其讨论结论，设计人员应作出详细的会议记录，并根据会议纪要的要求修改设计文件。

5. 设计交付

设计人员将内部审核和外部评审通过的设计文件最终定稿成册，发送出版单位进行出版，并将设计文件出版稿、电子稿送档案室进行归档，并根据分发表进行设计文件出版稿分发。

根据不同电信运营商的工程管理要求，设计人员应及时上传审核通过后的各个基站设计图纸、设备/物料清单等，并设置施工工序要素，每个施工点合理设置一组工序要素。如电信运营商需要电子版设计文件，应由设计负责人统一使用办公邮箱发送。

6. 设计交底

设计单位应由建设单位组织，及时完成设计交底工作。设计交底时尤其应对设计图纸内容进行交底，以加深施工单位和监理单位对设计文件特点、难点、疑点的理解，掌握关键工程部位的质量要求。设计交底应有针对性。

设计交底应包含以下内容：

(1) 施工现场的自然条件、工程地质及天面条件等。

(2) 设计的主导思想、建设要求与构思，使用的规范。

(3) 设计抗震设防烈度的确定。

(4) 设备设计。

(5) 对配套设施施工的要求。

(6) 对材料的要求，对使用新材料、新设备、新技术、新工艺的要求。

(7) 施工中应特别注意的事项等。

(8) 与本工程相关的强制性条文及安全技术要求等。

(9) 设计单位对监理单位和施工单位提出的施工图纸中问题的答复。

设计交底可根据实际情况按批次或者项目进行交底。设计交底会议纪要由设计单位整理，与会方会签；设计交底需进行拍照，照片体现交底人和被交底人签字后的设计技术交底记录；照片须由设计单位拍摄，监理单位/工程管理员审核；每单项工程应拍摄设计交底记录照片一次。

7. 设计变更

针对施工过程中有关单位提出的工程设计变更要求，设计人员要经过调查论证后进行设计变更。设计变更应由项目负责人和相关的设计人员共同完成，其输出成果应再次进行设计评审，并在实施前得到批准。设计变更的评审结果及采取的措施应予以记录和保存。同时设计变更的评审应充分考虑对已实施项目所造成的影响。当设计变更的更改涉及几个专业时，各专业须同步进行。

任务1.3　掌握移动通信蜂窝结构及覆盖策略

移动通信是指移动体之间、移动体与固定体之间的通信。按照移动体所处运动区域的不同，移动通信可分为陆地移动通信、海上移动通信和空中移动通信。目前实际使用的移动通信系统有航空（航天）通信系统、航海通信系统、陆地移动通信系统和国际卫星移动通信系统（INMARSAT）四种，其中，陆地移动通信系统又包括无线寻呼系统、无绳电话系统、集群移动通信系统和蜂窝移动通信系统等。

在蜂窝移动通信系统中，每个基站发射机的覆盖范围都被限制在一个称为"蜂窝（cell）"，即无线小区的很小的地理范围内。蜂窝移动通信系统使用一种称为"越区切换"的交换技术，可以使用户从一个蜂窝移动到另一个蜂窝时不会中断通话。蜂窝技术的提出对移动通信的发展具有划时代的意义。采用蜂窝结构组网的方式，极大地提高了系统容量，使得将移动通信技术应用于个人领域成为可能。

在蜂窝概念出现之前的移动通信系统的网络覆盖方式采用的是大区制，蜂窝小区就是相对于大区制而言的。大区制移动通信系统通过使用大功率发射机（200 W）并架设很高的天线，从而获得一个大面积的覆盖范围。大区制具有覆盖面积大、网络结构简单且无须移动交换机等优点，但也有服务性能较差、频谱利用率低及用户容量有限等缺点。

解决频谱利用率低和用户容量问题的有效方法是采用小区制，其思想是用许多小功率的发射机（小覆盖区）来代替单个的大功率发射机（大覆盖区），每个小功率发射机只提供服务范围内的一小部分覆盖，由此提出了蜂窝结构。

1.3.1　蜂窝小区原理及分类

1. 蜂窝小区原理

针对不同的服务区，小区制在覆盖方式上可分为带状服务覆盖区和面状服务覆盖区两种。带状服务覆盖区主要用于覆盖公路、铁路、海岸等环境；面状服务覆盖区主要用于覆盖较大区域的平面。在平面区域内划分小区，组成的网络称为蜂窝网。

可以证明，要用正多边形无空隙、无重叠地覆盖一个平面区域，可取的形状只能是三种，即正三角形、正方形和正六边形，如图 1-5 所示。

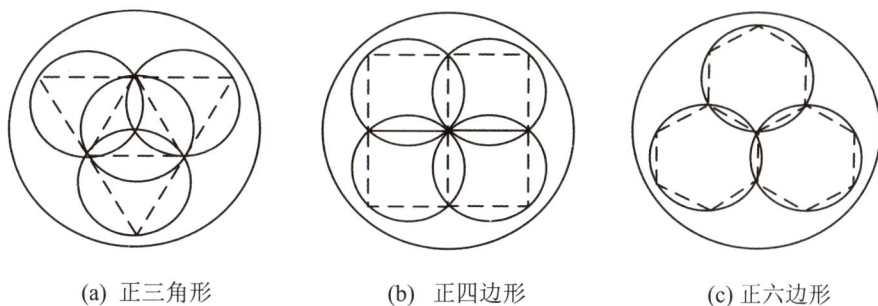

(a) 正三角形   (b) 正四边形   (c) 正六边形

图 1-5 三种多边形覆盖平面示意图

对三种多边形的特性进行对比分析，分析结果见表 1-1。

表 1-1 三种多边形特性对比分析结果

小区特征	小区形状		
	正三角形	正方形	正六边形
小区覆盖半径	r	r	r
相邻小区的中心距离	r	$1.41r$	$1.73r$
单位小区面积	$1.3r^2$	$2r^2$	$2.6r^2$
交叠区域距离	r	$0.59r$	$0.27r$
交叠区域面积	$1.2r^2$	$0.73r^2$	$0.35r^2$
最少频率个数	6	4	3

从表 1-1 可以看出，正六边形覆盖的小区面积最大，交叠面积最小，这就意味着在服务区面积一定的情况下，采用正六边形进行覆盖时需要的小区数目最少，即所需基站最少，费用也是最低。

当用正六边形作为蜂窝小区的理论模型时，基站如果安装在小区的中心，即采用全向天线实现无线区的覆盖，则称之为中心激励，如图 1-6(a) 所示；基站如果安装在正六边形相同的三个顶点上，即采用定向天线实现无线区的覆盖，则称之为顶点激励，如图 1-6(b) 所示。

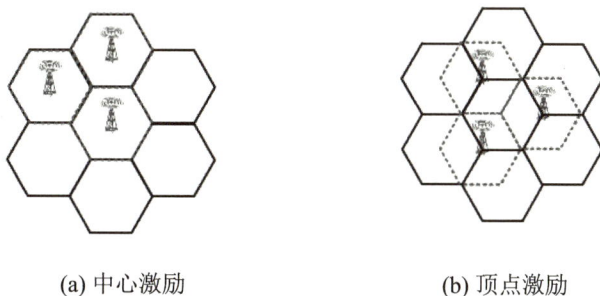

(a) 中心激励   (b) 顶点激励

图 1-6 中心激励和顶点激励蜂窝小区形状

由于顶点激励方式采用定向天线，对来自本扇区主瓣之外的同信道干扰信号来说，天线的方向性能够提供一定的隔离度，降低干扰信号，因此顶点激励方式是目前移动通信网络的主要使用方式。

2. 蜂窝小区分类

一般根据蜂窝小区覆盖半径的不同可将其划分为宏蜂窝、微蜂窝、微微蜂窝 3 种。

(1) 宏蜂窝。

传统的蜂窝网络由宏蜂窝小区构成，每个小区的覆盖半径大多为 0.2 ～ 20 km。由于宏蜂窝的覆盖半径较大，所以基站的发射功率较强，一般在 10 W 以上，天线架设也较高。采用宏蜂窝时每个小区分别设有一个基站，它与处于其服务区内的移动台能够建立无线通信链路。

(2) 微蜂窝。

微蜂窝小区是在宏蜂窝小区的基础上发展起来的技术，它的覆盖半径为 0.1 ～ 0.2 km；发射功率较小，一般为 1 ～ 5 W；基站天线置于相对低的地方，如屋顶下方，高于地面 5 ～ 10 m。由于微蜂窝的无线传播主要沿着街道的视线进行，信号在楼顶的泄漏小，因此，微蜂窝最初被用来加大无线电覆盖范围，消除宏蜂窝中的"盲点"；同时，由于具有低发射功率的微基站允许较小的频率复用距离，因此业务密度得到了巨大的增长，且微蜂窝的无线干扰很低，将它安置在宏蜂窝的"热点"上，可同时满足该微小区域质量与容量两方面的要求。

(3) 微微蜂窝。

微微蜂窝小区实质上是微蜂窝的一种，只是它的覆盖半径更小，一般只有几十米；基站发射功率更小，大约在几十到几百毫瓦，其天线一般装于建筑物内业务集中地点。微微蜂窝也是作为网络覆盖的一种补充形式而存在的，主要用来解决商业中心、会议中心、地下停车场等室内覆盖的通信问题。

1.3.2　覆盖区域类型划分

无线传播特性主要受地形地貌、建筑物材料和分布、植被、车流、人流、自然和人为电磁噪声等多个因素影响。移动通信网络的大部分服务区域按无线传播环境可分为密集城区、一般城区、郊区 (乡镇) 和农村 4 大类，其中农村又可分为平原、丘陵、山区。其不同传播环境的特征如表 1-2 所示。

表 1-2　不同无线传播环境的特征

区域分类	特　征　描　述
密集城区	错综复杂的楼群没有明显的分界线，典型的街道不是平行的，而是交错的，建筑物平均高度高于 40 m，中高层建筑物较多
一般城区	建筑可较明显地区分为建筑群区 (块)，建筑物平均高度低于 40 m
郊区 (乡镇)	有明显大街道的大片区域，建筑物一般为 30 m × 30 m，经常看到零散的房屋，且有植被覆盖，建筑物平均高度低于 20 m
农村	大的较空旷的区域中零散地分布着小的建筑物，其平均高度低于 20 m，平均密度小于 3%。 平原：平均起伏在 50 m 以内； 丘陵：平均起伏在 50 ～ 200 m 以内； 山区：平均起伏在 200 m 以上

这4类无线传播环境的典型特征照片如图1-7所示。

密集城区

一般城区

郊区（乡镇）

农村（平原）

农村（丘陵）

农村（山区）

图1-7 无线传播环境的典型特征

由于我国幅员辽阔，各省、市的无线传播环境千差万别，除上述4类基本的区域类型外，还包括山地、林区、湖泊、海面、岛屿等特殊地形，各地电信运营商应根据当地的实际情况进行分类，对覆盖方式进行适当调整。对于目标用户极少或根本不存在的无效区域（如沙漠、高山、林区等），一般情况下不必进行移动通信网络覆盖。

1.3.3 无线网覆盖策略

移动通信无线组网的方式应以宏蜂窝基站（简称"宏基站"）为基础，微蜂窝基站（简称"微基站"）、射频拉远、直放站、室内分布系统等作为有力补充（详情见任务3.2）。在实现覆盖目标的过程中，既应满足系统的技术指标，又应遵循经济实用、实施方便的原则，因地制宜充分利用多种技术、多种方式，低成本、有创新地解决广覆盖的问题。

广覆盖和深度覆盖应当有机结合、统筹规划，通过有效结合室外基站覆盖和室内分布系统两种方式来完善室内覆盖。室内分布系统需要在室内布线及安装天线（或泄漏电缆），将信号源（宏基站、微基站、射频拉远、直放站）的信号通过分布系统比较均匀地分布在建筑内部，该方法可有效解决大型建筑的深度覆盖问题，在室内形成稳定的主导信号，但室内分布系统存在建设数量大、投资大的问题。因此，能够采用室外基站信号覆盖的建筑物，应尽可能地不采用室内分布系统。

不同的覆盖类型应采取不同的覆盖策略，具体如下：

(1) 城区基站的设置应结合城市地理环境、建筑物分布等情况，灵活选用多种类型的基站。例如采用两扇区基站、射频拉远、微蜂窝基站、射灯天线对打覆盖等，可以解决局部建筑物阻挡区域、话务热点区域等的覆盖。

具有一定规模和话务需求的城镇和市郊主要采用宏基站来解决覆盖和容量的双重需要；对于话务需求不大或在偏远山区并且分布范围有限的乡镇可采用微基站或直放站来覆盖。

山区基站的设置，在考虑经济性的前提下，应尽量选择合适的站址来扩大覆盖范围，例如站址可以选择在附近的一些小山头上，使其能够照顾到周边更多的覆盖区域。

全国不同的风景区都具有各自不同的特色，有山区中的、有岛屿上的、有城区内的，覆盖时需要根据景区的情况灵活制定覆盖方案，同时还要考虑设站对风景区整体感官的影响 (如使用仿生树、美化天线等)。例如，对于各种山间景点的覆盖，可由室外微蜂窝、室外直放站来予以解决。

海岸线、草原、戈壁滩等区域应利用大功率基站进行超远覆盖，尽量选择合适的站址，保证足够的天线高度，利用高增益天线，达到大范围覆盖的目的。

(2) 对于交通干线 (高铁、普通铁路、高速公路、江河航道、国道和省县道) 的覆盖，应综合考虑建设成本并兼顾沿线乡镇、景点覆盖，从而制定合理的建设方案。平原地区的道路主要通过在其周围覆盖乡镇的基站来解决覆盖；山区部分的道路可采用直放站、室外微基站、射频拉远基站、宏基站的扇区分裂等多种手段相结合的覆盖方式来达到最有实效的覆盖效果。

(3) 对于一些重要建筑物，如旗舰营业厅及自有办公楼、交通枢纽、大型场馆、商场超市、酒店宾馆、综合医院、政企单位、园区 / 厂区、居民住宅、高校校园、写字楼、隧道、文体娱乐等场所，建议采用室内分布系统解决室内深度覆盖问题。室内分布系统应结合具体建筑物的特点，选择合适的分布系统进行建设。对于一些小面积的地下区域，如地下停车场、地下通道等，可以采用直放站、微分布系统等进行覆盖。

目前 5G 无线网建设策略如下：基于场景特征和业务需求，制定 5G 建设方案；落实精准规划建设总体要求，通过设备站型精准配置提高投资效益；充分利用现有站址和配套资源，采用绿色低碳方式部署，降低运营成本，提供与价值匹配的网络能力。具体建设策略分为以下四点。

(1) 城区、县城和郊区 (乡镇)5G 网络应做到全覆盖，并加强深度覆盖水平。覆盖时需充分利用大数据手段精准分析，结合网络测试和运行数据深入分析，精准定位问题点，重点聚焦在 TOP 投诉、"两图两单"、5G 高倒流等场景的网络覆盖需求上，按照建优结合的原则，以提升网络质量和用户体验为目标，做实方案，使室外达到 4G 网络同等覆盖水平。

(2) 农村拓展应以 4G 业务量为参考，优先聚焦于忙时 4G 业务量达到 20 GB/ 站的热点行政村的建设,然后根据投资预算和效益逐步推进5G广覆盖。

(3) 做好重要交通干线的5G网络覆盖,打造精品网络,形成竞争优势。例如高铁覆盖策略,应综合考虑4G/5G业务量(发车频次)、4G配套条件、新建线路时间窗等因素,优先选取部分重要高铁线路开展5G建设,然后根据投资预算逐步推进高铁5G全覆盖。

(4) 加强室分建设,灵活采用低成本覆盖方式,快速提升深度覆盖。对于存量室分,应充分利旧4G现有室分系统,基于业务量采用多种升级方式,提升5G深度覆盖水平;对于增量室分,应基于业务量和资源利用率要求,严控高成本建设方式,扩大低成本建设手段,以达到TCO最优。

任务1.4 掌握链路预算及站间距取定

1.4.1 无线网工作频率

频谱资源是移动通信发展的核心资源,由国际电信联盟(ITU)进行统一分配。每一代移动通信都会被分配相应的频率,以方便用户实现全球漫游。同时,各国最新一代移动通信商用网络也可以根据本国移动通信的发展策略和建设策略,采用频率重耕方式使用在用的前几代移动通信网络频率。

目前3GPP定义的5G频率范围(Frequency Range,FR)分为FR1和FR2,如表1-3所示。

表1-3 FR1和FR2的具体范围

频率范围名称	对应的频率范围/MHz
FR1	450 ～ 6000
FR2	24 250 ～ 52 600

5G频谱详情如表1-4、表1-5所示。

表1-4 FR1中的频段编号

频段编号	上行/MHz	下行/MHz	带宽/MHz	双工模式
n1	1920 ～ 1980	2110 ～ 2170	60	FDD
n2	1850 ～ 1910	1930 ～ 1990	60	FDD
n3	1710 ～ 1785	1805 ～ 1880	75	FDD
n5	824 ～ 849	869 ～ 894	25	FDD
n7	2500 ～ 2570	2620 ～ 2690	70	FDD
n8	880 ～ 915	925 ～ 960	35	FDD
n20	832 ～ 862	791 ～ 821	30	FDD

频段编号	上行 /MHz	下行 /MHz	带宽 /MHz	双工模式
n28	703 ～ 748	758 ～ 803	45	FDD
n38	2570 ～ 2620	2570 ～ 2620	50	TDD
n41	2496 ～ 2690	2496 ～ 2690	194	TDD
n50	1432 ～ 1517	1432 ～ 1517	85	TDD
n51	1427 ～ 1432	1427 ～ 1432	5	TDD
n66	1710 ～ 1780	2110 ～ 2200	90	FDD
n70	1695 ～ 1710	1995 ～ 2020	25	FDD
n71	663 ～ 698	617 ～ 652	35	FDD
n74	1427 ～ 1470	1475 ～ 1518	43	FDD
n75	N/A	1432 ～ 1517	85	SDL
n76	N/A	1427 ～ 1432	5	SDL
n77	3300 ～ 4200	3300 ～ 4200	900	TDD
n78	3300 ～ 3800	3300 ～ 3800	500	TDD
n79	4400 ～ 5000	4400 ～ 5000	600	TDD
n80	1710 ～ 1785	N/A	75	SUL
n81	880 ～ 915	N/A	35	SUL
n82	832 ～ 862	N/A	30	SUL
n83	703 ～ 748	N/A	45	SUL
n84	1920 ～ 1980	N/A	60	SUL

注：SUL 为上行辅助频段，SDL 为下行辅助频段，分别用于补偿上 / 下行覆盖不足的缺陷。

表 1-5　FR2 中的频段编号

频段编号	上行和下行 /MHz	带宽 /MHz	双工模式
n257	26 500 ～ 29 500	3000	TDD
n258	24 250 ～ 27 500	3250	TDD
n260	37 000 ～ 40 000	3000	TDD

　　FR1 就是通常说的 Sub 6 GHz，即低于 6 GHz 的部分，这部分是 5G 当前的主流应用范围。众所周知，频率越低，覆盖能力越强，绕射能力也越好，但很多频段已经在之前的

网络中被使用，且各国使用状况不同。目前阶段，3.5 GHz 是 5G 应用最广泛的频谱。

3.5 GHz 所在的 FR1 后半段即 3 ～ 6 GHz 频段，是 5G 的主力频段，因为这个频段不但频率比较低，而且可用带宽大，能提供连续的 100 MHz 及以上的频谱给 5G 使用，所以这个频段又叫作 C-band。

FR1 剩下的频段，也就是 3 GHz 以下的频段，叫作 Sub 3 GHz，虽然频段更低，覆盖更好，但是连续带宽少，无法提供 100 MHz 给 5G 大带宽使用，所以可用来做 5G 网络的基础覆盖层，也就是实现连续覆盖，热点区域再用 C-Band 或者毫米波进行补充。

而 FR2 频率的电磁波波长是毫米级别的，比较短，因此称为毫米波。毫米波的频率高，虽然覆盖能力很差，覆盖效果不好，但是频段资源充裕，有大量可利用的带宽，且没有什么干扰源，频谱干净，可用作热点区域，使 5G 用户拥有速率、容量相对 Sub 6 GHz 几倍的提升体验。

我国四大电信运营商的 5G 频率分配如下：

中国电信：3400 ～ 3500 MHz 共 100 MHz，其中 3300 ～ 3400 MHz 为中国电信、中国联通、中国广电共同用于 5G 室内覆盖。

中国联通：3500 ～ 3600 MHz 共 100 MHz，其中 3300 ～ 3400 MHz 为中国电信、中国联通、中国广电共同用于 5G 室内覆盖。

中国移动：2515 ～ 2675 MHz、4800 ～ 4900 MHz 频段共 260 MHz，其中 2515 ～ 2575 MHz、2635 ～ 2675 MHz 和 4800 ～ 4900 MHz 频段为新增频段，2575 ～ 2635 MHz 频段为重耕中国移动现有的 TD-LTE(4G) 频段。

中国广电：703 ～ 733 MHz(上行) 和 758 ～ 788 MHz(上行)、4900 ～ 4960 MHz 共 120 MHz。

1.4.2 5G 无线传播模型

由于移动信道是一个变参信道，想对无线电磁波信号场强进行准确计算很困难，因此工程上采用无线经典传播模型来预测地形和人为环境对无线电波传播中路径损耗的影响。经典的无线传播模型是科学家通过 CW 测试数据逐步拟合出来的，无线传播模型是链路预算和无线网络覆盖规划的基础，好的模型可以保证无线网络规划有较高的精确度。无线传播模型会受系统工作频率的影响，不同的传播模型有不同的工作频率范围，而且有室内环境传播模型和室外环境传播模型之分，本节仅介绍室外环境传播模型。

Cost231-Hata 模型为室外环境传播模型之一，由于 Cost231-Hata 模型只适用 1.5 ～ 2 GHz 的频率范围，因此 5G 网络的 2 GHz 以上频段组网建议选用 3GPP TR 36.873 (2 ～ 6 GHz) 和 TR 38.900(2 ～ 100 GHz) 两个协议明确的传播模型。3GPP 模型新增建筑物高度 H、街道宽度 W 两个 3D 维度参数，可以适用于更具体的环境条件；同时该模型新增参数更加切合 5G 波束性能的需求，能够更好地反映 5G 网络特点。

根据不同传播环境，3GPP 模型分为城区宏蜂窝模型 Uma、农村宏蜂窝模型 Rma、城区微蜂窝模型 Umi 和室内模型 InH 4 种类型，每种模型又细分为视距 LOS 和非视距

NLOS 两种情况。一般情况下，城区和农村 5G 宏蜂窝的 2 GHz 以上频段组网建议分别选用 3GPP Uma NLOS 模型和 3GPP Rma NLOS 模型。

(1) 5G 链路预算城区采用 Uma NLOS 模型，工作频率范围不同时，公式表达方式不同。

① 当工作频率在 0.5 ～ 6 GHz 范围时，公式如下：

$$L_p = 161.04 - 7.1 \lg W + 7.5 \lg h - \left(24.37 - 3.7\left(\frac{h}{h_{BS}}\right)^2\right)\lg h_{BS} + \left(43.42 - 3.1 \lg h_{BS}\right)\left(\lg d - 3\right) +$$
$$20 \lg f - \left(3.2\left(\lg(17.625 h_{UT})\right)^2 - 4.97\right) - 0.6\left(h_{UT} - 1.5\right) \tag{1-1}$$

② 当工作频率在 6 ～ 100 GHz 范围时，公式如下：

$$L_p = 13.54 + 39.08 \lg d + 20 \lg f - 0.6(h_{UT} - 1.5) \tag{1-2}$$

其中，L_p 为路径损耗 (dB)；f 为频率 (GHz)；h_{BS} 为基站天线高度 (m)；h_{UT} 为移动终端高度 (m)，一般取 1.5 m(城区 1 m< h_{UT} <22.5 m，农村 1 m< h_{UT} <10 m)；d 为距离 (km)；W 为街道宽度 (m)，一般有 5 m < W < 50 m，一般取 20 m；h 为建筑物高度 (m)，一般有 5 m < h < 50 m，一般取 20 m。

(2) 5G 链路预算农村采用 Rma NLOS 模型，工作频率在 0.5 ～ 30 GHz，公式如下：

$$L_p = 161.04 - 7.1 \lg W + 7.5 \lg h - \left(24.37 - 3.7\left(\frac{h}{h_{BS}}\right)^2\right)\lg h_{BS} + \left(43.42 - 3.1 \lg h_{BS}\right)\left(\lg d - 3\right) +$$
$$20 \lg f - \left(3.2\left(\lg(11.75 h_{UT})\right)^2 - 4.97\right) \tag{1-3}$$

另外适用于 4G 及以下移动通信系统的无线传播模型如下：

(1) Okumura-Hata，工作频率在 150 ～ 1500 MHz，公式如下：

$$L_p = 69.55 + 26.16 \lg f - 13.82 \lg h_b + (44.9 - 6.55 \lg h_b)\lg d - A_{h_m} \tag{1-4}$$

其中，中小城市：

$$A_{h_m} = (1.1 \lg f - 0.7)h_m - (1.56 \lg f - 0.8) \tag{1-5}$$

大城市：

$$A_{h_m} = 3.2(\lg 11.75 h_m)^2 - 4.97 \tag{1-6}$$

在郊区，标准模型可以修正为：

$$L_{ps} = L_p(\text{市区}) - 2\left[\lg\left(\frac{f}{28}\right)\right]^2 - 5.4 \tag{1-7}$$

在农村 (开阔地)，标准模型可以修正为：

$$L_{po} = L_p(\text{市区}) - 4.78(\lg f)^2 + 18.33 \lg f - 40.94 \tag{1-8}$$

在农村 (准开阔地)，模型可以修正为：

$$L_{po} = L_{p}(市区) - 4.78(\lg f)^2 + 18.33 \lg f - 35.94 \qquad (1-9)$$

(2) Cost231-Hata，工作频率在 1500 ～ 2000 MHz，公式如下：

$$L_{p} = 46.3 + 33.9 \lg f - 13.82 \lg h_{b} + (44.9 - 6.55 \lg h_{b}) \lg d - A_{h_{m}} + C_{m} \qquad (1-10)$$

其中，

$$A_{h_{m}} = (1.1 \lg f - 0.7) h_{m} - (1.56 \lg f - 0.8) \qquad (1-11)$$

中等城市和郊区中心区：C_{m}=0 dB，大城市：C_{m}=3 dB。

以上两个公式中：L_{p} 为路径损耗 (dB)；f 为频率 (MHz)；h_{b} 为基站天线高度 (m)；d 为基站与移动台间距离 (km)；h_{m} 为移动台天线高度 (m)；$A_{h_{m}}$ 为移动台天线修正因子 (dB)。

1.4.3 5G 链路预算过程

链路预算是指在保证通话质量的前提下，确定基站和移动台之间的无线链路所能允许的最大路径损耗，然后再结合无线传播模型公式计算出小区的覆盖半径。

相同条件下，小区的上行覆盖半径小于下行覆盖半径，即移动通信网络都是上行链路覆盖受限，因此在预测基站覆盖能力时仅计算上行链路预算即可。上行链路损耗计算公式如下

上行链路损耗 (dB)＝移动台最大发射功率 (dBm)＋移动台天线增益 (dBi)－人体损耗 (dB)＋
基站天线增益 (dBi)－基站天馈线损耗 (dB)－基站灵敏度 (dBm)－
干扰裕量 (dB)－阴影衰落储备 (dB)－建筑物穿透损耗 (dB)

$$(1-12)$$

下面举例分析 5G 链路预算过程，首先对链路预算中的重要参数进行分析。

1. 小区边缘速率

5G 网络能提供多样化和差异化的业务应用，不同业务对网络上下行速率的要求不同，应综合考虑业务的分布特点、特定场景的业务需求、品牌影响、市场竞争等因素来规划小区边缘速率。小区边缘速率的取定直接关系到接收机灵敏度的计算，与覆盖半径直接相关。5G 下行边缘速率建议取 20 ～ 100 Mb/s，上行边缘速率取 1 ～ 5 Mb/s。

2. Massive MIMO 天线增益

Massive MIMO 天线技术通过多端口空时编码技术，能够形成多个波束赋形，从而实现空间复用，降低邻区的干扰，提升系统容量。

一般而言，Massive MIMO 天线增益主要由阵列增益、分集增益或者波束赋型增益组成，如 192 振子的 64T64R 的阵列增益为 10 dBi，上行分集增益或者下行波束赋型增益为 14 ～ 15 dBi，比传统的 4G 双极化天线多 7 ～ 9 dB 的增益，可以在一定程度上弥补 3.5 GHz 信号在空间传播和穿透损耗方面的劣势。

3. 设备发射功率

目前，主流厂家宏基站 64T64R、32T32R 的 AAU 设备的最大发射功率都为 320 W；8T8R 的 AAU 设备的最大发射功率为 8 ×50 W；UE 和 CPE 设备的最大发射功率为 200 mW，其中 CPE 设备的天线增益约为 4 dBi。

4. 接收机灵敏度

接收机灵敏度即为保证一定的业务呼叫质量，业务信道所需的最低接收电平。它与热噪声功率谱密度 (常温下等于 −174 dBm/Hz)、小区边缘速率对应的带宽、接收机噪声系数、接收机解调门限等因素有关。

$$S_{BS} = KTW + 10 \lg(BW) + NF_{BS} + SINR \tag{1-13}$$

其中，KTW 为热噪声功率谱密度，常温下等于 −174 dBm/Hz；BW 为边缘速率对应的带宽；NF_{BS} 为接收机噪声系数；SINR 为基站接收机解调门限，通过链路仿真和实测得到，与业务类型、传播环境、接收机解调性能、配置条件 (收分集、功控等) 等因素相关。

5. 穿透损耗

由于 5G 网络工作频段较高，物体穿透损耗较大，因此室外覆盖室内的效果差。5G 宏基站规划以室外连续覆盖或室内浅层覆盖的方式为主。根据前期试验网测试结果，在 3.5 GHz 频段的钢筋混凝土墙穿透损耗为 26.2 dB，普通水泥墙为 20.4 dB。3.5 GHz 与 1.8 GHz 频段相比，穿透损耗增大约 6 ～ 8 dB。典型物体穿透损耗差异如图 1-8 所示 (数据源自 2019 年 3 月《中国电信 5G 网络规划指引 (暂行)》)。

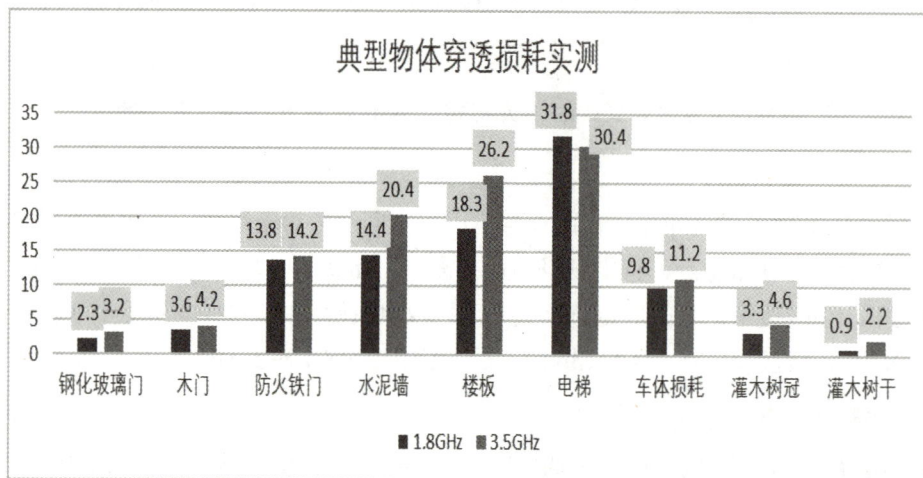

图 1-8　3.5 GHz 与 1.8 GHz 频段典型物体穿透损耗

表 1-6 为工作频率在 3.5 GHz 的 5G 宏基站链路预算表示例，其中上行边缘速率取 2 Mb/s，对应的分配 RB 数取 144 个，目标 SNR 为 −7.34 dB(由于 3 GPP 协议没有提供 5G TBS 表，因此不同边缘速率对应的 RB 数和目标 SNR 由主设备厂家提供)。

表1-6 工作频率在3.5 GHz的5G宏基站链路预算表

传播模型	密集市区	一般城区	郊区	农村
	Uma NLOS			Rma NLOS
工作频率 /GHz	3.5	3.5	3.5	3.5
占用带宽 /MHz	100	100	100	100
基站天线高度 /m	35	25	30	35
a 常数（斜率）	38.63	39.09	38.84	38.63
b 常数（截距）	24.43	24.43	20.35	14.51
边缘速率 /(Mb/s)	2	2	2	2
基 站 端				
调制编码格式 /MCS 等级	MCS0	MCS0	MCS0	MCS0
TBS	4360	4360	4360	4360
分配 RB 数	144	144	144	144
子载波带宽 /kHz	30	30	30	30
使用带宽 /kHz	51 840	51 840	51 840	51 840
基站天线类型	64TR	64TR	64TR	64TR
基站天线增益 /dBi	25	25	25	25
基站天线接收分集增益 /dB	0	0	0	0
发射天线馈线、接头和合路器损耗 /dB	0	0	0	0
等效全向辐射功率 (EIRP)/dBm	25.00	25.00	25.00	25.00
热噪声密度 /(dBm/Hz)	−174	−174	−174	−174
热噪声 /dBm	−96.85	−96.85	−96.85	−96.85
NF 噪声系数 /dB	3	3	3	3
目标 SNR/dB	−7.34	−7.34	−7.34	−7.34
接收机灵敏度 /dBm	−101.19	−101.19	−101.19	−101.19
干扰余量 /dB	3	3	3	3
用 户 端				
UE 天线类型	2T4R	2T4R	2T4R	2T4R
UE 最大发射信号 /dbm	23	23	23	23
UE 天线分集增益 /dBi	3	3	3	3
UE 端增益 /dB	26.00	26.00	26.00	26.00

续表

传播模型	密集市区	一般城区	郊区	农村
	Uma NLOS			Rma NLOS
衰落储备及其他				
小区区域覆盖率 /%	95%	95%	90%	90%
边缘覆盖概率 /%	86.20%	86.20%	75.10%	75.10%
阴影标准偏差 /dB	8	8	8	8
阴影衰落储备 /dB	8.71	8.71	5.42	5.42
快衰落储备 /dB	0	0	0	0
室内建筑物穿透损耗 /dB	26.2	20.4	18	12
人体损耗 /dB	3	3	3	3
上行损耗合计 /dB	37.91	32.11	26.42	20.42
最大允许空间路径损耗	111.28	117.08	122.77	128.77
单站覆盖半径 /m	176.97	234.62	433.35	906.55
站间距 /m	265.46	351.93	650.03	1359.83

1.4.4　5G 站间距取定

根据链路预算的计算结果及 5G 商用网络测试分析结果，能够得出 5G 网络宏基站在不同传播环境下的站间距和站高建议。表 1-7 为三个典型频段 5G 宏基站站间距和站高建议。

表 1-7　三个典型频段 5G 宏基站站间距和站高建议

无线传播环境	站高 /m	2.6 GHz 宏站站间距 /m	3.5 GHz 宏站站间距 /m	4.9 GHz 宏站站间距 /m
密集城区	30～40	250～350	200～300	200～250
一般城区	30～40	350～450	300～400	250～350
郊区	40～50	450～800	400～700	400～600
农村	45～60	800～2000	700～2000	600～1500

商业圈、高校校园、大型公寓等人流量大的热点室外区域站间距取值可参照密集城区。

练 习 题

一、填空题

1. 小型建设项目中技术简单、技术成熟或套用标准设计的工程，可直接做施工图设计，称为_____。

2. 各单项工程设计文件一般由_____、_____和_____三部分组成。

3. 根据蜂窝小区覆盖半径的不同划分，移动通信蜂窝结构可分为_____、_____和_____。

4. 根据无线传播环境的特点进行划分，移动通信网络的大部分服务区域可分为_____、_____、_____和_____。

5. 40 W 的功率，换算为功率绝对值，应等于_____dBm。

6. 适用于 1500 ～ 2000 MHz 宏蜂窝预测的经典传播模型是_____。

7. Uma NLOS 模型适合频段范围是___～___GHz。

二、选择题

1. 一般情况下，移动通信工程设计采用 (　　) 方式完成。

A. 一阶段设计　　　B. 初步设计　　　　　C. 技术设计　　　D. 施工图设计

2. (　　) 多址方式是在同一时间同一频段上，根据不同的扩频码进行用户区分。

A. TDMA　　　　　B. CDMA　　　　　　C. FDMA　　　　D. SC-FDMA

3. 电磁波的极化方向就是 (　　) 方向。

A. 电场方向　　　B. 磁场方向　　　　　C. 传播方向　　　D. 以上都不是

4. 在移动通信中，基站与移动台之间一般不需考虑 (　　) 的影响。

A. 反射波　　　　B. 绕射波　　　　　　C. 地波　　　　　D. 直达波 (或称为直射波)

5. 以下关于天线的描述，(　　) 是错误的。

A. 天线的辐射能力与振子的长短和形状有关

B. 振子数量增加一倍，天线的增益就增加一倍

C. 天线的增益越高，波束宽度也越大

D. 宽频段天线在工作带宽内的辐射和接收信号的能力也是不一样的

6. 2018 年 12 月，工信部给中国电信分配的 5G 频率资源是 (　　)。

A. 2515 ～ 2675 MHz

B. 3300 ～ 3400 MHz

C. 3400 ～ 3500 MHz

D. 3500 ~ 3600 MHz

7. 3GPP 建议采用 (　　) 传播模型用于 5G 城区宏站的链路预算。

A. Cost231-Hata

B. Uma NLOS

C. Okumura-Hata

D. Rma NLOS

8. 已知基站覆盖半径为 R，那么 S111 基站的覆盖面积是 (　　)。

A. $3.14 \times R^2$　　　　B. $2.6 \times R^2$　　　　C. $1.95 \times R^2$　　　D. $1.9 \times R^2$

9. 目前 64TR 实际产品的天线增益是 (　　)。

A. 27　　　　　　B. 25　　　　　　C. 18　　　　　　D. 15

10. 3.5 GHz 与 1.8 GHz 频段相比，穿透损耗增大约 (　　)dB。

A. 6 ~ 8　　　　B. 8 ~ 10　　　　C. 5 ~ 6　　　　D. 10 ~ 12

11. 已知 5G 子载波带宽为 30 kHz，2 Mb/s 边缘速率所需的最大 RB 数为 72 个，解调门限 SINR 为 -7.34 dB，那么基站接收机灵敏度为 (　　) dBm。

A. -101.19　　　B. -103.19　　　C. -104.19　　　D. -107.19

12. 网络规划中，3.5 GHz NR 一般城区宏站站间距取 (　　) m。

A. 200 ~ 250　　B. 300 ~ 400　　C. 350 ~ 450　　D. 250 ~ 350

三、简答题

1. 简述通信工程建设各个程序的名称及其主要工作内容。

2. 简述基站无线专业与传输专业的分工。

3. 简述基站无线专业与电源专业的分工。

4. 简述移动通信工程设计的各个流程名称及其主要工作内容。

5. 简述 5G 无线网覆盖策略。

6. 简述 5G 链路预算编制方法。

实践任务：链路预算编制

【实践目的】

通过本任务的实践，检测对移动通信链路预算编制知识及技能的掌握程度，加强对 5G 宏基站链路预算编制技能的训练，达到训练初步具备链路预算编制能力的目标。

【实践要求】

(1) 熟悉移动通信工作频率和无线传播模型选择；

(2) 熟悉移动通信链路预算编制要求及方法；

(3) 能完成 5G 宏基站链路预算编制；

(4) 链路预算编制过程中，不损坏工具，无安全事故发生。

【实践准备】

(1) 基站链路预算编制相关知识；

(2) 预装好 Excel 软件的计算机、本次拟编制链路预算的网络基本条件等；

(3) 配备 40 台以上计算机的实验室机房。

【实践组织】

以个人为单位完成基站链路预算编制。根据给定的基本条件，完成 5G 宏基站链路预算编制，具体要求如下：

(1) 工作频率在 2.6 GHz，带宽为 100 MHz；

(2) 密集城区、一般城区、郊区 (乡镇) 和农村站高分别取 35 m、25 m、30 m、35 m；

(3) 上行边缘速率取 5 Mb/s，对应的分配 RB 数取 220 个，目标 SNR 为 -3.88 dB(由于 3GPP 协议没有提供 5G TBS 表，因此不同边缘速率对应的 RB 数和目标 SNR 由主设备厂家提供)；

(4) 城区区域覆盖率取 95%，郊区和农村区域覆盖率取 90%，阴影标准偏差取 8 dB。

【实践成果】

完成 5G 宏基站链路预算表格一份，如表 1-8 所示。

表 1-8　5G 宏基站链路预算表

传播模型	密集市区	一般城区	郊区	农村
	Uma NLOS			Rma NLOS
工作频率 /GHz				
占用带宽 /MHz				
基站天线高度 /m				
a 常数 (斜率)	38.63	39.09	38.84	38.63
b 常数 (截距)	21.68	21.67	17.60	11.93
边缘速率 /(Mb/s)				
基站端				
调制编码格式 /MCS 等级	MCS1	MCS1	MCS1	MCS1
TBS				
分配 RB 数				
子载波带宽 /kHz				
使用带宽 /kHz				

传播模型	密集市区	一般城区	郊区	农村
	Uma NLOS			Rma NLOS
基站天线类型				
基站天线增益 /dBi				
基站天线接收分集增益 /dB				
发射天线馈线、接头和合路器损耗 /dB				
等效全向辐射功率 (EIRP)/dBm				
热噪声密度 /(dBm/Hz)				
热噪声 /dBm				
NF 噪声系数 /dB				
目标 SNR/dB				
接收机灵敏度 /dBm				
干扰余量 /dB				
用 户 端				
UE 天线类型				
UE 最大发射信号 /dbm				
UE 天线分集增益 /dBi				
UE 端增益 /dB				
衰落储备及其他				
小区区域覆盖率 /%				
边缘覆盖概率 /%				
阴影标准偏差 /dB				
阴影衰落储备 /dB				
快衰落储备 /dB				
室内建筑物穿透损耗 /dB				
人体损耗 /dB				
上行损耗合计 /dB				
最大允许空间路径损耗				
单站覆盖半径 /m				
站间距 /m				

【实践考核】

强调过程考核，以个人为单位，根据表1-9所示的实践考核内容及考核点，给出实践考核成绩并计入登分册。

表 1-9　实践考核内容及考核点

评价内容		配分	考核点	得分
职业素养与规范 （20分）		5	做好链路预算编制前的工作准备：检查计算机、Excel 软件，并将设备摆放整齐，着装符合要求。未清点设备软件资料或着装不符合要求，每项扣2分，扣完为止	
		5	正确开关计算机和软件。动作不规范扣2分，计算机和软件开关每选错一项扣1分，扣完为止	
		5	具有良好的团队合作精神和职业操守，做到安全文明生产，有环保意识，否则扣1～2分。保持操作场地的文明整洁，否则扣1～3分	
		5	任务完成后，整齐摆放工具及凳子，回收工具及耗材等并符合要求，否则扣1～5分	
技能考核 （80分）	操作流程	10	能掌握任务完成的流程，否则扣1～10分	
	参数取定或计算	40	链路预算参数取定或计算正确。参数取定或计算错误，每错1处扣1分，扣完为止	
	路径损耗、半径和站间距计算	20	链路预算中最大允许空间路径损耗、覆盖半径和站间距的计算方法和结果正确。计算方法和结果错误，每错1处扣1分，扣完为止	
	操作熟练度	10	在规定时间内完成指定任务，操作熟练，否则扣1～10分	
总分		100		

备注：出现明显失误造成器材或仪表、设备损坏、人员受伤害等安全事故，以及严重违反实践教学纪律，造成恶劣影响的，本实践环节成绩记0分。

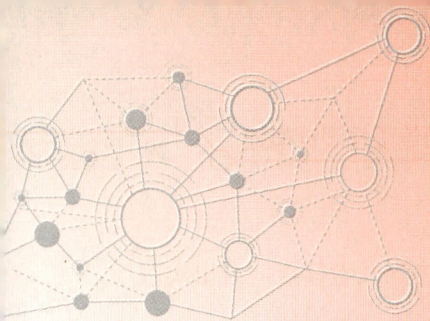

项目 2　移动通信基站工程勘察

　　移动通信基站工程勘察是工程设计的初步阶段，是工程安装的必要准备。勘察所取得的资料是编制设计文件的重要基础资料，它直接影响到工程的准确性、施工进度及工程质量，也是确定工程设计最佳方案、降低工程造价、提高技术经济效益的依据。

　　在一般大型工程中，工程勘察可分为方案勘察(网络规划或可行性研究报告)、初步设计勘察(初步设计)、现场设计勘察(施工图设计)3 个阶段。一般情况下，由于移动通信工程采用"一阶段设计"方式，因此移动通信工程在设计阶段仅进行现场设计勘察。

　　现场设计勘察是在设计合同签订之后对工程现场进行的勘察，包括对工程安装环境、安装材料的勘察和工程安装方案的确定。通过现场设计勘察可以使运营商了解工程的安排和准备要求，并与运营商达成一致的安装方案。本书仅讨论移动通信室外基站现场设计勘察。

　　室外基站现场设计勘察主要分为新建站勘察、扩容站勘察、搬迁站勘察、替换站勘察、改型站勘察五种，在实际工程中，基本上以前两种为主，新建站又分为新址新建站和共址新建站两种，共址新建站的勘察要求与扩容站类似。勘察的内容主要包括站址位置核实及周围环境的勘察、基站主设备摆放位置、天线安装位置及工程参数确定、线缆走线路由、已有设备及设施情况、配套电源、配套机房及塔桅、配套承载网等。勘察的细致与否和信息的记录完整情况，将直接关系到设计方案是否能够正确指导施工，以及是否能够准确反映工程投资。

💡 知识目标

(1) 熟悉基站选址要求；
(2) 掌握基站工程勘察前的准备工作；
(3) 掌握基站工程勘察要求；
(4) 掌握基站工程现场勘察的工作要点。

💡 能力目标

(1) 能够熟练使用基站工程勘察工具；

（2）能够列出新址新建站和扩容站（或共址新建站、BBU 集中机房）的工程勘察要求与内容；

（3）能够完成基站工程现场勘察工作。

素养目标

（1）遵循国家和行业标准、规范，培养严谨细致的职业素养。

（2）通过基站工程现场勘察实施与协作，培养良好的团队合作意识、规范意识、安全意识。

任务2.1　熟悉基站选址原则及要求

在无线网预规划或可行性研究的基础上，首先通过现场勘察验证并确定基站站址，进而确定可行的建设方案。基站建设的可行性主要从该站所带来的经济效益和社会效应进行衡量，而判定一个站点的好坏，还应结合能否达到既定的覆盖目标和建设需求等因素。因此，在基站建设前应明确建设目的，再选择合理的站址。

2.1.1　基站选址原则

基站选址基本原则如下：

（1）网络覆盖应按密集城区→一般城区→郊区（乡镇）→农村的优先级考虑，此外对重要风景区、重要交通干线也应优先考虑。

（2）新选站址应满足链路预算要求和目标区的覆盖要求，一般选择需覆盖区域的中心地带，使其既能满足覆盖目标又能均衡各扇区的话务负荷。

（3）结合业务分布和业务量需求，基站选址优先选择业务热点地区。

（4）基站站址分布应满足网络结构要求，与标准蜂窝结构的偏差应小于站间距的 1/4，密集覆盖区域的偏差应小于站间距的 1/8。

（5）站址选择时应充分考虑基站周围环境的影响，尽量选择空间开阔区域，避免基站信号被阻挡；站址四周应视野开阔，城区站址应确保天线主瓣方向 100 m 范围内无明显阻挡，乡村站址应确保覆盖方向上 1/2～1/3 基站覆盖半径附近没有高山（高于基站天线高度）的阻挡。

（6）基站选址时，应同时兼顾传输线路路由情况，避免传输线路过长。

（7）考虑降低建设成本，市电引入应方便、可靠。

（8）针对当地地质条件，应充分考虑基站所处位置的土质情况，避免由于土质疏松和结构不稳定引起基站的安全问题，尤其是需建设铁塔和机房的站址，需综合考虑站址的土质和基站建设空间。

(9) 结合网络布局和业务需求，应充分考虑与其他运营商的共建共享。

(10) 优选党政军、国有企事业单位、社会各类塔杆资源、公共区域等站址资源，同时又要满足通信发展规划和城乡建设规划的要求。

(11) 选址应充分衡量工程建设难度，在满足基站建设要求的前提下，优先选择建设难度小、后期维护便利的站址。

2.1.2 基站选址要求

在满足上述基本原则的前提下，实际勘察中，移动通信基站选址还要满足以下要求：

(1) 避免在易燃、易爆的仓库和加油站，以及生产过程中容易发生火灾和爆炸危险的工业、企业附近设站；基站距离易燃易爆源 (例如油库) 不小于 50 m。

(2) 避免在高压线、高压变电站附近设站。根据《电力设施保护条例》架空电力线路保护区要求：导线边线向外侧水平延伸并垂直于地面所形成的两平行面内的区域，在一般地区各级电压导线的边线延伸距离应满足表 2-1 的要求。

表 2-1　站址与高压电线水平间距要求

高压线电压 /kV	$1 \sim 10$	$3 \sim 110$	220	500
间距 /m	$\geqslant 5$	$\geqslant 10$	$\geqslant 15$	$\geqslant 20$

在厂矿、城镇等人口密集地区，以及架空电力线路保护区的区域可略小于上述规定。如果在高压电线旁建设铁塔站，则铁塔高度应小于铁塔离高压线的水平距离。

(3) 避免在大功率无线发射台附近设站 (如雷达站、电视台等)。如要设站，应先进行干扰测试，核实是否存在相互干扰，并采取措施防止相互干扰，如图 2-1 所示。

图 2-1　选址避免干扰源

(4) 不应在公路、铁路、江河航道的控制区内选择站址。《公路安全保护条例》第十一条严格规定：公路两侧边沟 (截水沟、坡脚护坡道) 外缘起的下列范围以内为公路建筑控制区，在公路建筑控制区内，除公路防护、养护需要以外，不得新建、改建、扩建建筑物或者构筑物。即站址与公路的水平间距应满足表 2-2 的要求。

表 2-2　站址与公路的水平间距要求

公路类别	高速公路 (含匝道)	国道	省道	县道	乡道
间距 /m	30	20	15	10	5

注：高速公路的连接道不少于 20 m。

站址距离普通铁路不小于 15 m，距离高铁不小于 20 m。

(5) 严禁将基站设置在矿山开采区和易受洪水淹灌、易塌方的区域。

(6) 避免将基站设置在生产过程中散发较多粉尘或有腐蚀性排放物的工业企业附近。

(7) 基站尽可能避免设在雷击区。

(8) 避免在高山上设站。在城区设高站易带来干扰；在郊区或农村设高站往往对处于小盆地的人口聚居区覆盖不好，如图 2-2 所示。

图 2-2　避免高山设站

(9) 避免在江边、湖边设站，防止越区覆盖。如要设站，天线方向切忌朝向水域。

(10) 避免在树林中设站。如要设站，应保持天线高于树顶，如图 2-3 所示。

图 2-3　树林设站要求

(11) 市区基站应避免天线前方的近处有高大楼房而造成覆盖阻挡或反射后干扰其他基站。

(12) 对新规划发展区域，应充分考虑政府规划方案，避免因与市政规划冲突而造成工程调整。

(13) 拟建地面塔的站址距离电力、通信线路、加油站、加气站、铁路、其他建筑物等危险、重要设施的水平距离宜不小于地面塔高的 1.3 倍。

任务2.2　掌握基站工程勘察前的准备

2.2.1　勘察计划

勘察人员接到勘察通知单后，应做好勘察计划和相应的准备。

(1) 阅读勘察通知单。通常勘察通知单包含工程名称、站点类型、站点规模、站点的基本信息和勘察周期等内容。

(2) 确定勘察联系人和勘察内容。如果有疑问或者不能及时完成，要反馈给上级，并提出相应的解决办法，例如申请人力支援或放宽勘察周期。

(3) 阅读合同清单、技术建议书、组网图、分工界面图等资料，熟悉局点配置、工程要求、建设单位背景等信息，充分理解产品配置和产品性能。如有不清楚或者不懂的地方，应在勘察前进行解决。

(4) 在现场勘察前需与建设单位进行联系，确认是否具备勘察条件。

(5) 到达建设单位后，要拜访建设单位相关领导，并向本次工程有关人员介绍本次勘察的目的和工程概况，并要求指派相关人员共同勘察，有条件的可以协调建设单位提供勘察用车辆。

2.2.2　勘察工具与仪表

移动通信基站工程勘察需要准备 GPS 定位仪、指南针、数码相机、卷尺、笔记本电脑、勘察记录本、设计勘察记录表等必备工具与仪表，还包括激光测距仪、望远镜、坡度仪、罗盘、海拔表、频谱仪等选配工具与仪表。勘察前，需做好必备工具与仪表的相关调试工作，确保工具与仪表完好可用。部分常用工具与仪表如图 2-4 所示。

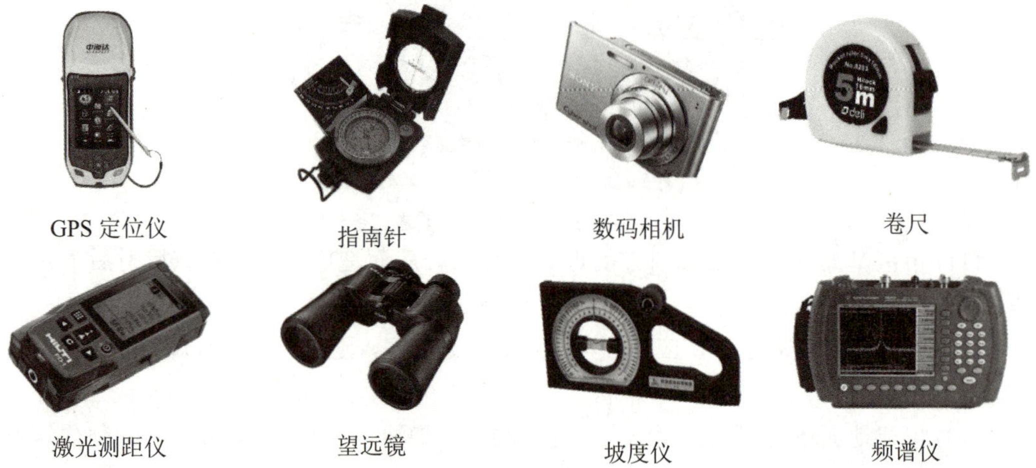

| GPS 定位仪 | 指南针 | 数码相机 | 卷尺 |

| 激光测距仪 | 望远镜 | 坡度仪 | 频谱仪 |

图 2-4　常用工具与仪表

常用工具与仪表的作用及使用要求如下：

(1) GPS 定位仪：主要用于测量基站的经纬度及海拔。常用的 GPS 定位仪最多可接收到太空中 24 颗卫星中 8～12 颗卫星的信号，为保证良好的接收信号，GPS 定位仪应置于开阔地或楼顶。首次使用 GPS 定位仪时要开机等待 10 s 以上，最少要三颗卫星才能定位。开机后，待显示屏上的数据变化平稳后再读数。

(2) 指南针：用于测量机房坐落方向及天线方位角，使用时应保持水平。测量时应尽量对准目标方向，减少人为误差，使指南针上的刻度线与房屋平行后，再读出房屋与正北方向的角度。指南针使用时应防止靠近金属物体，避免磁化导致测量偏差过大。

(3) 数码相机：主要用于拍摄周围环境照片、天面照片、机房照片等。用数码相机拍摄周围 360° 照片时，拍摄位置应尽量选择在天线挂高平台上。如果拍摄位置无法到达，则应寻找邻近的与天线挂高位置相仿的地点拍摄，并记录拍摄地与天线的相对位置。若由于地形条件限制，在天线安装位置拍摄的全景照片无法很好地反映周围环境的情况，则可到远处拍摄一些补充照片，但要记录好拍摄位置。

(4) 卷尺：主要用于测量设备或物体尺寸、空间距离等。使用卷尺时应注意选择好测量起止点，测量时需将尺带绷直，以保证测量数据准确。有些长卷尺的计量 0 点不在卷尺末端，需加以注意。

(5) 笔记本电脑：用于查看数据、处理数据、编写报告。

(6) 激光测距仪：可用于快速、精确地测量楼高或铁塔上的天线挂高，测距线应尽量保持与地面垂直，在楼顶使用测距仪进行楼高测量时应注意安全。当不具备使用测距仪条件的时候，可以首先使用卷尺测量单层楼高，再乘以楼层的层数以得到楼高。

(7) 望远镜：用来观察基站周围环境的细节，或铁塔平台上的细节。

(8) 坡度仪：用来测量天线的俯仰角度。

(9) 罗盘：用来测量站点各扇区的方位角，有的罗盘还具有天线俯仰角测试功能。

(10) 海拔表：用于测量站点的海拔高度。

(11) 频谱仪：用于确认该频段是否存在其他干扰信号。

2.2.3　勘察准备协调会

勘察前，勘察项目负责人应集中相关人员召开勘察准备协调会，会议内容包括如下几点：

(1) 确定勘察及协调人员。记录好基站勘察相关联系人及联系方式，相关联系人包括无线设计人员、土建设计人员、传输设计人员、电源设计人员、建设单位相关人员、代维人员或施工单位人员、租赁机房业主、站址物业联系人等。

(2) 车辆、工具准备。

(3) 制订勘察计划，确定勘察路线。

(4) 集中学习本期工程设计勘察指导书 (含选址、基站设备、配套电源、配套机房及塔桅、配套承载等要求)、本期工程设计勘察记录表 (一般为纸质，用于现场勘察填写)、本期工程设计勘察报告 (一般为电子版，用于勘察完站点信息的填报) 等资料，明确填报要求。

任务2.3 掌握基站工程勘察要求

首先应明确勘察的工程性质：新建站、扩容站或搬迁站等。

(1) 新建站需结合周边基站分布情况及配置确定基站类型，并根据实地勘察数据确定塔桅类型。其中共址新建站勘察要求参考扩容站。

(2) 扩容站需确定是否增加设备 (或机柜)、扩容的站型等因素，若要新增机柜，需考虑机房是否有足够安装空间。

(3) 搬迁站需考虑天馈线的变化、电源的配置、传输和机房的产权等因素。

2.3.1 站址勘察要求

站址的勘察要求包括以下几点：

(1) 需了解当地经济情况、地理环境、业务区需求，确定建站目的和基站类型。

(2) 需了解同网周边站点分布情况，并在地图上标识站点位置。

(3) 勘察核实基站位置，记录站址的经纬度、海拔高度、详细地址，并拍摄周围环境的八方位照片。

(4) 勘察确定机房类型。

(5) 根据勘察结果确定天线挂高和塔桅类型。

(6) 查看站址周围是否有其他运营商基站，并确定是否可作为选用站址，同时记录其经纬度、机房、塔桅及方位信息，拍摄相关照片等。

2.3.2 机房勘察要求

机房的勘察要求包括以下几点：

(1) 勘察确定基站机房类型，勘察清楚机房基本信息及建筑结构。若采用租赁机房，机房应选择靠近顶层的位置，最好是倒数第二层，这样既可缩短传输线的长度，又可避免机房受太阳照射，从而节省空调消耗的能量。如有铁塔，应画出铁塔的相对位置。

(2) 记录好机房主梁位置，核实承重情况。BTS 机柜承重要求大于等于 $600\,\text{kg/m}^2$，一般的民房承重在 $200 \sim 400\,\text{kg/m}^2$，需采取措施增加承重能力；钢筋混凝土结构楼房一般能满足要求。对于承重不满足或不确定的机房，应同土建设计人员及时落实。

(3) 勘察前, 应明确基站主设备及配套设备的尺寸及安装方式。机房内设备摆放应合理、可行、美观，有利于走线，避免发生交、直流线和信号线走线冲突的情况；应最大化利用机房空间，设备机柜 (BTS 机柜、传输机架、电源设备机架等) 应排成一直线；BTS 机柜尽量靠近馈线窗，以减少上天面线缆长度；传输机架与 BTS 机柜并列，如为分布式基站，原则上应将基站 BBU 与传输设备放在同一综合机架内；电源设备机架尽量靠近交流配电箱或交流配电柜，交流线的引入不能走馈线窗，以避免与馈线、信号线交叉或平行走线。

新增机架式安装的设备时，应优先利旧。先勘察原有机架是否有安装空间，如没有空间再选择新增机架的安装位置。对于扩容站，应记录已有设备的位置、尺寸。

(4) 设备周围应留有足够空间，确保机柜正面能开门，并使调试操作背面有维护开盖的空间。间距宜满足主走道大于等于 1200 mm，副走道大于等于 800 mm；每列设备间的间距不得小于 800 mm；机架正面到墙的距离不得小于 800 mm，当设备不支持靠墙安装时，侧面和反面到墙的距离不得小于 600 mm。

(5) 环境控制箱、配电箱、避雷箱应靠门壁挂安装，挂高离地 1.5 m 左右，配电箱应靠门挂墙安装，离门 30 ～ 50 cm。

(6) 室内接地排应靠近走线架挂墙布放，室外接地排设在外墙，靠近馈线洞。

(7) ODF 架安装在走线架附近。

(8) 勘察机房的供电情况，包括交流市电的引入方式、交流容量、已有交流配电柜的端子占用情况。如直流电从其他机房直接引入，要勘测走线路由情况。

(9) 勘察机房电源负荷，并结合设备功耗确定电源容量、端子数是否满足本期工程需求。若需改造电源端子，需要确定改造类型 (熔丝 / 空开)。

(10) 蓄电池组应放在梁上或靠墙分开放置，且应设置爬墙走线架，并与机房走线架对接。对于扩容站，应记录蓄电池容量，确定是否满足本期工程需求，是否需扩容。

(11) 勘察机房传输情况，包括传输方式、阻抗、已有传输设备的端子占用情况及传输走线路由。

(12) 壁挂式空调应离地 2 m 挂放，避免安装在电池或设备上方，以防漏水损坏设备，同时应考虑空调室外部分的布放，尽量缩短室内外之间导管的长度。对于扩容站，应记录空调类型 (壁挂式或柜式空调机)、安装位置、功率等情况。

(13) 室内走线架高度根据机房高度视情况确定，双层机房一般要求架设高度离地 2.3 m 和 2.6 m，单层机房一般要求架设高度离地 2.4 m。根据设备布放位置确定架设方向及方式，要求走线架架设在设备正上方，并与设备前沿齐平。同时为连接不同列间设备的连线，需要增加列间走线架，宽度一般和设备宽度相同，主要采用 400 mm。

(14) 应仔细考虑机房各设备的走线路由，使用最少的走线架完成线缆的布放。布置走线架要结合具体设备的安装情况，以利于走线合理、美观。

(15) 走线洞尽量开在侧墙，同时要考虑施工的方便性。

(16) 电源线与信号线应分开布放。如单层走线，则电源线与信号线间距不宜小于 200 mm；如通过不同层走线架分开，则下层敷设电源线，上层敷设信号线。

2.3.3　天面勘察要求

天面勘察要求包括以下几点：

(1) 根据覆盖目标和容量需求，确定基站塔桅类型。若需在楼面建塔，则需与土建专业的人员确认屋面是否满足承重要求。

(2) 应画出完整、详细的天面图，楼面站要标明楼面所有设施 (楼梯间、水塔、广告牌、女儿墙等对天线布放有影响的设施)，并确定指北方向，标明层高、楼高。

(3) 确定天线安装位置，天线位置的确定应注意有无阻挡，是否能达到目标区域覆盖要求。同时记录好基站周围敏感点情况 (其他运营商基站、学校、医院、居民区、高压线、发射塔等)。

(4) 对于市区基站天线选取，需考虑天线的美化问题，可根据业主要求、周围环境情况等选择合适的美化天线。

(5) 根据基站的覆盖及隔离度要求合理设置天线挂高、天线下倾角。多网共址时，需明确天线的选型和建设方式，注意保证天线之间的隔离度。

(6) 根据 BDS/GPS 天馈线设计要求，确定 BDS/GPS 天线的安装位置，以及馈线走线路由。

(7) 合理布设室外走线架，尽量减少对天面的占用和干扰，尽量缩短馈线的长度。

(8) 设计中应画出室外走线架及天馈线的防雷接地。

任务2.4　掌握基站工程现场勘察

2.4.1　新址新建站现场勘察内容

新址新建站现场勘察和需要记录的主要内容包括：

(1) 勘察站点位置信息，包括经纬度、海拔、方位、详细地址等。

(2) 记录基站各扇区覆盖的区域类型及覆盖的主要目标区域，并估算基站覆盖面积和覆盖人口。

(3) 勘察站点现场环境，包括站点四周有无阻挡、站点与覆盖目标区间有无明显阻挡、所勘察站点是否满足建站要求、站址空间是否具备新建机房条件等。

(4) 根据覆盖目标和容量需求，确定基站站型 (BBU 集中放置 +AAU 或 RRU、BBU+AAU 或 RRU、微基站、直放站等) 和载频数。

(5) 根据覆盖目标和容量需求，现场确定塔桅类型、高度、安装位置，同时确定天线方位角、挂高、下倾角，以及线缆走线路由及长度。

(6) 现场确定机房建设方案及总体布局。如为新增租赁机房，勘察的主要内容包括：

① 机房尺寸、位置；

② 门、窗、立柱和主梁等的位置和尺寸，孔洞槽道位置、尺寸及用途；

③ 机房布局 (设备安装位置、走线架)；

④ 机房承重及负荷分担；

⑤ 馈线窗情况；

⑥ 确定新增线缆走线路由及长度；

⑦ 接地。

(7) 交流电引入情况。

(8) 传输引入情况。

(9) 记录好基站周围的地形地貌，主要街道、建筑物、旁边是否有其他电信运营商的基站、其他发射塔等，并用相机记录周围各方位环境。

2.4.2　扩容站现场勘察内容

扩容站 (与共址新建站、BBU 集中机房类似) 现场勘察和需要记录的主要内容包括：

(1) 勘察站点位置信息，包括经纬度、海拔、方位、详细地址等。

(2) 记录基站各扇区覆盖区域的类型及覆盖的主要目标区域，并估算基站覆盖面积和覆盖人口。

(3) 根据覆盖目标和容量需求，确定基站站型 (BBU 集中放置 +AAU 或 RRU、BBU+AAU 或 RRU、微基站、直放站等) 和载频数。

(4) 记录好基站周围的地形地貌，主要街道、建筑物、旁边是否有其他运营商基站、其他发射塔等，并用相机记录周围各方位环境。

(5) 记录机房勘察结果，具体包括：

① 机房尺寸、位置；

② 门、窗、立柱和主梁等的位置和尺寸，孔洞槽道位置、尺寸及用途；

③ 已有设备安装位置；

④ 新增设备安装位置；

⑤ 开关电源容量、负荷、电源端子容量及使用情况；

⑥ 交流配电箱数量、电源端子容量及使用情况；

⑦ 蓄电池组数；

⑧ 走线架布局、层数及各层离地高度；

⑨ 传输系统情况；

⑩ 机房现有馈线窗情况及是否需新增馈线窗；

⑪ 接地排位置；

⑫ 新增线缆的走线路由及长度；

⑬ 空调的类型 (壁挂式或柜式空调机)、安装位置、功率等。

(6) 记录天面勘察结果，具体包括：

① 周边有无遮挡；

② 现有塔桅位置、类型、高度、平台使用情况等；

③ 根据覆盖目标及现场勘察情况确定天线方位角；

④ 确定塔桅方案；

A. 若利旧现有塔桅，则需确定占用平台位置、新增天线挂高及下倾角；

B. 若新建塔桅，则需确定塔桅类型、高度、安装位置，同时确定天线挂高及下倾角；

⑤ 确定新增线缆走线路由及长度；

⑥ 初步确定 AAU/RRU 安装位置。

2.4.3 勘察照片拍摄及整理要求

勘察照片拍摄及整理要求有以下几点：

(1) 具体站址记录 (共 2 张)：整体拍摄一张站址所在建筑物照片，记录建筑物的整体情况，并在入口处拍摄一张照片记录门牌号码。如果有铁塔需要单独拍摄一张铁塔整体照片。基站站址基本信息示例照片如图 2-5 所示。

(a) 建筑物全貌   (b) 显著标志

图 2-5　基站站址基本信息照片

(2) 覆盖区域记录 (共 8 张)：从 0°（正北方向）开始拍摄，每间隔 45° 拍摄一张，共计 8 张，方位相邻的两张照片须有少量重叠以便于识别站址周围 360° 的无线传播环境。在天线安装位置朝天线主瓣方向每扇区一张，双系统扇区方位角的照片需单独拍照。基站覆盖区域照片示例如图 2-6 所示。

0° 方向   45° 方向   90° 方向   135° 方向

180° 方向   225° 方向   270° 方向   315° 方向

图 2-6　基站覆盖区域环境照片

（3）天面记录（至少 1 张或 3 张）：如采用铁塔或铁架上安装的方式，需对天面拍摄一张完整的照片；如采用抱杆安装的方式，则需同时在每个扇区的天线抱杆安装位置各拍摄一张照片。基站天面照片示例如图 2-7 所示。

塔桅（抱杆 1）

塔桅（抱杆 2）

塔桅（抱杆 3）

图 2-7　基站天面天线安装位置照片

如共址 LTE 基站的新建，首先需要对现有 LTE 基站的天线拍照，特别是抱杆和美化天线基站拍摄时，应单独拍摄 LTE 各天线的具体位置、现有天面走线架的路由、机房或室外机柜的位置照片；然后拍摄本期新增天线位置、室外机柜安装位置、BDS/GPS 安装位置、光缆 / 电源线 / 天馈线的走线路由等照片，使其尽量能详细反映整个天面的情况，条件许可的情况下可以进行录像。

（4）如果基站有机房，则拍摄机房照片若干张。要求照片能充分反映机房设备的摆布位置和相对位置，以及各个机架的具体型号和配置情况（与本期工程相关的开关电源、蓄电池、交直流配电箱、ODF 单元等），并单独拍摄反映本期各个新增设备的安装位置照片（多组照片）。机房若采用室外一体化机柜安装的方式，则要求打开原有一体化机柜，多方位拍摄机柜情况，要求照片能清楚地反映机柜内的空余空间，开关电源、蓄电池的相关容量和端子信息；若室外一体化机柜不能满足本期工程需求，则需要拍摄本期一体化机柜的安装位置。基站机房相关设备信息照片示例如图 2-8 所示。

机房全照 1

机房全照 2

蓄电池

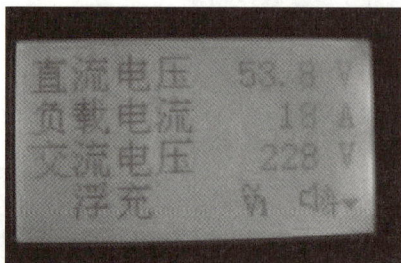

室内地排、走线架　　　　　　　　　　电源负荷

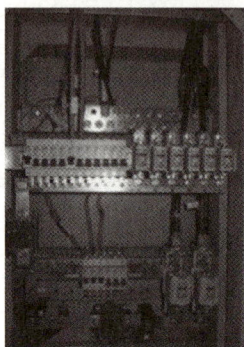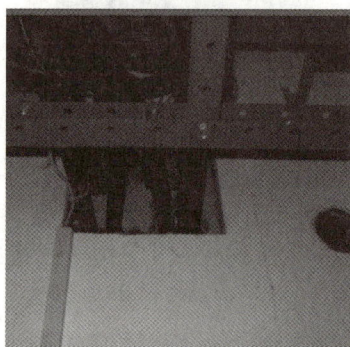

电源端子　　　　　　传输端子　　　　　　馈线洞

图 2-8　基站机房相关设备信息照片

（5）照片整理：每张照片需要按照站址名称分别整理，每个站址分别整理一个文件夹。整理时应分别对各照片进行命名，命名后的照片名称应能较好反映该照片的用途和该照片能体现的信息量，所有照片名称须做到见名知义。比如文件夹"唐人神办公楼"下面应该有"唐人神办公楼 0°"→"唐人神办公楼 315°""唐人神办公楼基站大楼全貌""唐人神办公楼基站大楼入口""唐人神办公楼 5G 第一扇区方位角"→"唐人神办公楼 5G 第三扇区方位角""唐人神办公楼 5G 第一扇区抱杆安装位置"→"唐人神办公楼 5G 第三扇区抱杆安装位置""唐人神办公楼现有 LTE 抱杆位置"等照片。

2.4.4　勘察记录表填写

根据基站工程现场勘察结果完成基站勘察记录表填写。基站勘察记录表模板详见附录B：基站勘察记录表，下图的勘察结果数据与项目 4 中的 35 m 景观塔地面站示例保持一致。实际勘察的机房（柜）及设备勘察记录表、塔桅及天馈系统勘察记录表分别如图 2-9 和图2-10 所示。考虑到信息安全，故隐去站点名称、基站地址、综合接入区机房名称。

机房（柜）及设备勘察记录表

站点名称：__XX__　　　　　　基站地址：__XX__

勘察时间：__XX__　勘察人：__李四__　经度：__113.142886__　纬度：__28.213895__

类别	勘察项	勘察子项	勘察记录
机房及设备勘察	1、机房配套	机房类型	砖混机房□；土建机房□；□彩钢板机房；室外一体化柜☑；其他（　　　　　）
		机房情况	位于第（1）层；机房净高（1.8）米
		机房性质	新建□；利旧□；租用□；共享□
		机房产权	移动□；联通□；电信□；铁塔□；综合接入区机房名称：XX（BBU集中设置机房）
	2、BBU现状 （BBU集中设置机房）	机架（1）	2G BBU（0）台；4G BBU（0）台；5G BBU（5）台；
		机架（2）	2G BBU（0）台；4G BBU（3）台；5G BBU（5）台；
		机架（3）	2G BBU（0）台；4G BBU（3）台；5G BBU（5）台；　注：机柜、BBU槽位占用情况在草图记录
		机柜配电单元、ODF、传输使用情况	注：详细情况在草图记录
		本期BBU建设方式	新增/替换BBU位置：　　　　　　　　　　利旧BBU☑；新增GPS/北斗天线□；　馈线长度：
	3、开关电源	开关电源（1）	开关电源规格型号：嵌壁式插入式　系统容量（400）A　当前负荷 20.6A；整流模块（50）A，（2）个
		开关电源（　）	开关电源规格型号：　　　　　　系统容量（　）A　当前负荷（　）A；整流模块（　）A，（　）个
		电源端子及直流分配单元端子使用情况	注：使用情况在草图记录
	6、传输	光缆资源是否满足	可直接利用现有光纤□；光纤到站但资源不足□；光纤未到站□
		光缆A方向路由	
		光缆A方向纤芯数	24芯
		光缆A方向剩余纤芯	19芯
		传输设备1	设备型号：　　　　　；板卡端口占用情况：　　　搭载5G需业务侧传输适配
		传输设备2	设备型号：　　　　　；板卡端口占用情况：
	7、地排	室内地排	总孔洞数（14）　剩余孔洞（8）
		室外地排	总孔洞数（18）　剩余孔洞（12）
		是否新增	室内地排：是□　否□　室外地排：是□　否☑
	其他特殊情况	周边不利因素	临近油罐□　米；油库□　　米；高压线□　米；其他：不利因素/安全风险提示：
		其他	
机房及走线架图/电源端子及综合机架面板图/BBU面板图			

图 2-9　××基站机房（柜）及设备勘察记录表

塔桅及天馈系统勘察记录表

站点名称：　XX　　　　基站地址：　XX　
勘察时间：　XX　　勘察人：李四　经度：113.142886　纬度：28.213895

类别	勘察项	勘察子项	勘察记录
站址基本信息	站址信息	覆盖区域类型	密集市区□；市区□；郊区□；县城区☑；乡镇□；行政村□；万人重镇□；普通乡镇□；老乡镇□；普通农村□；热点农村□；5A级景区□；4A级景区□；3A级景区□；3A级以下景区□；其他□
		现有运营商情况	移动□；联通□；电信□；CDMA □；LTE FDD1.8G□；LTE FDD2.1G□；LTE FDD 800M□；NR TDD 3.5G□；NR FDD 2.1G□；其他□（　）；现有系统数量　0　个
塔桅及天馈系统	已有塔桅	塔桅类型	抱杆□；六方塔□；拉线塔□；四角铁塔□；三角铁塔□；单管塔□；景观塔☑；路灯杆□；支撑杆□；集束型□；一体化□；方柱形□；排气管□；仿生树□；其他（　）高度（25）米
		塔桅所在位置	地面□；楼面□（楼面标高　米）
		塔桅平台情况	平台数量（4）；可用平台数量（4）；注：各平台使用情况在草图中记录
		已安装RRU数	CDMA（　）个；L800M（　）个；占用位置拍照
		已安装天线挂高	CDMA（　）副；L800M（　）副；占用位置拍照
		已安装天线挂高	CDMA天线平台（　）米，L800M天线平台（　）米；其他系统天线平台（　）米；占用位置拍照
	塔桅建设方案	塔桅建设方式	新建□；利旧□；租用□；共享□；改造□
		新建塔桅方案	抱杆□；六方塔□；拉线塔□；四角铁塔□；三角铁塔□；单管塔□；景观塔□；路灯杆□；支撑杆□；集束型□；一体化□；方柱形□；排气管□；仿生树□；其他（　）高度（　）米
		新建塔桅所在位置	地面□；楼面□（楼面标高　米）
		改造塔桅方案建议	
		女儿墙	无□；有□（　）米
	室外走线架	建设情况	利旧☑；新建（　）米
	防雷接地情况		利旧☑；改造□；新建□
	GPS	新增GPS安装方案	新建小抱杆□；利旧小抱杆□；新增GPS馈线长度（　）米
	天线	建设方式	新增□；替换□；利旧原有□；平台变更□
		原天线类型	板状天线□；集束天线□；排气管天线□；方柱形美化天线□；其他（　）；通道数：2通道□；4通道□；6通道□；8通道□；12通道□
		本期后天线类型	板状天线□；集束天线□；排气管天线□；方柱形美化天线□；其他（5G AAU）；通道数：2通道□；4通道□；6通道□；8通道□；12通道□
塔桅及天馈系统	天线参数	挂高（米）	CELL1（33）；CELL2（33）；CELL3（33）
		方位角（度）	CELL1（0）；CELL2（120）；CELL3（240）
		下倾角（米）	CELL1（3+2）；CELL2（3+2）；CELL3（3+2）
	线缆长度	野战光缆长度（米）	CELL1（50）；CELL2（50）；CELL3（50）
		电源线长度（米）	CELL1（50）；CELL2（50）；CELL3（50）
		RRU地线长度	CELL1（3）；CELL2（3）；CELL3（3）
		单根跳线长度（米）	CELL1（　）；CELL2（　）；CELL3（　）
	纤芯占用情况	光缆资源是否满足	纤芯总数（24）芯，占用纤芯数（6）芯，
	其他特殊情况	周边不利因素	临近油罐□　米；油库□　米；高压线□　米；其他：不利因素/安全风险提示：
		其他	
天面及天馈系统图（含俯视和侧视）			

图2-10　××基站塔桅及天馈系统勘察记录表

2.4.5　勘察草图绘制

根据基站现场勘察结果绘制机房和天面相关草图。勘察草图绘制要求如下：

1. 绘制正北方向

绘制勘察草图的过程中，一般可以根据建筑物的形状和走势来确定其在图纸上的布局，故首先应确定正北方向。若图纸中的垂直向上方向即为正北方向，则采用图 2-11 表示。

图 2-11　正北指示

如正北方向相对图纸中的垂直向上方向北偏东 30°，则采用图 2-12 表示。

如正北方向相对图纸中的垂直向上方向北偏西 30°，则采用图 2-13 表示。

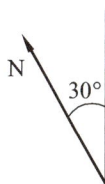

图 2-12　北偏东 30° 指示图　　　图 2-13　北偏西 30° 指示图

2. 绘制天面图

如图 2-14 所示，在绘制天面图时，需要对关键部分进行长度等标注，力求图纸准确。另外，若天面上存在电梯房或者水塔房，需要对其进行绘制和标注。

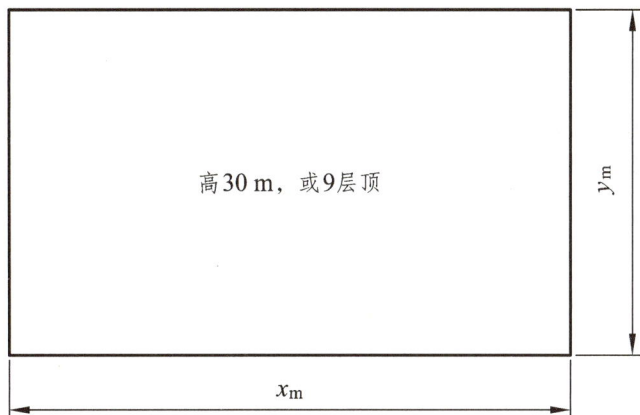

高30 m，或9层顶

$x\,\mathrm{m}$

$y\,\mathrm{m}$

图 2-14　天面图示例

3. 绘制天线抱杆位置

天线抱杆符号：$\otimes$。

绘制天线抱杆位置时，应标注天线朝向，如图 2-15 所示。若天线抱杆位于天面的某个凸台上，则需注明凸台高度。

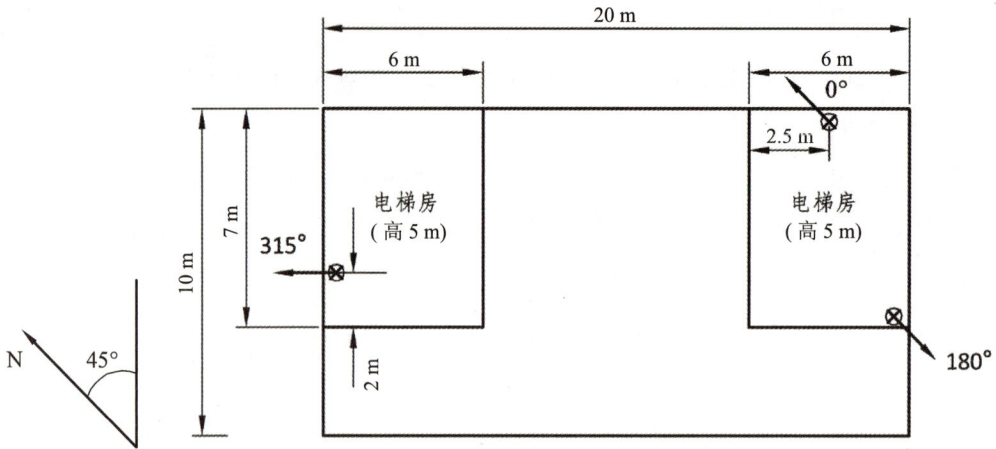

图 2-15　绘制天线抱杆位置示例

4. 绘制 BDS/GPS 天线位置

BDS/GPS 天线与天线抱杆的符号相同，绘制 BDS/GPS 天线位置时，可根据天面的具体情况简化尺寸绘制，并在 BDS/GPS 天线抱杆旁边注明该抱杆为 BDS/GPS 天线抱杆。

5. 绘制微波天线抱杆位置

微波天线抱杆符号：☆。

微波天线抱杆位置的绘制方法与天线抱杆位置的绘制方法基本相同，区别在于采用了不同的表示符号，且不需要绘制微波天线抱杆的朝向。

6. 绘制天面上可能影响天线安装或遮挡天线的设施

若天面上有可能影响天线安装或遮挡天线的设施 (如大型广告牌等)，则需要绘制这些设施的地点区域边界及相关的尺寸，并注明其高度。

7. 绘制馈线走线图

馈线走线图符号：▧。
图 2-16 所示为绘制馈线走线图示例。

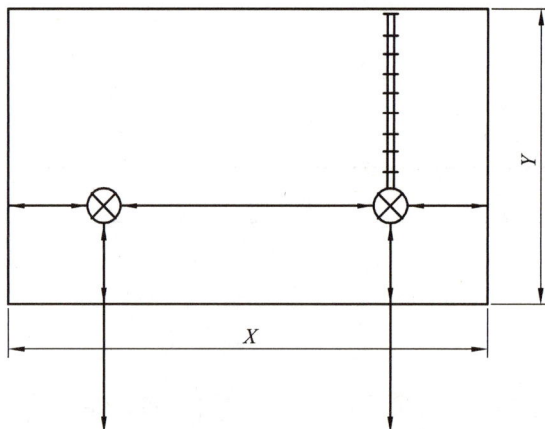

图 2-16　绘制馈线走线图示例

8. 绘制馈线窗入口位置

馈线窗入口位置符号： 。

图 2-17 所示为绘制馈线窗入口位置示例。

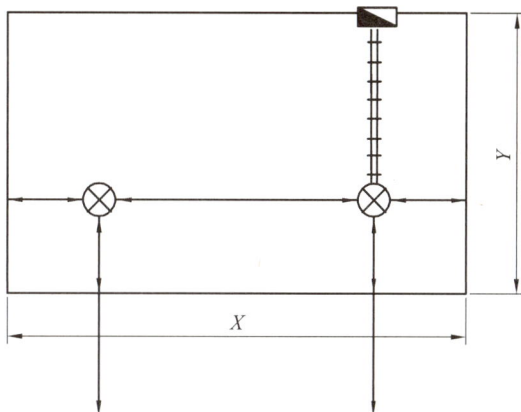

图 2-17 绘制馈线窗入口位置示例

图 2-18 与图 2-19 的勘察草图信息与项目 4 中的 35 m 景观塔地面站示例保持一致，实际勘察 AAU 安装所在位置的机房 (柜) 及设备勘察草图、塔桅及天馈系统勘察草图分别如图 2-18 和图 2-19 所示。

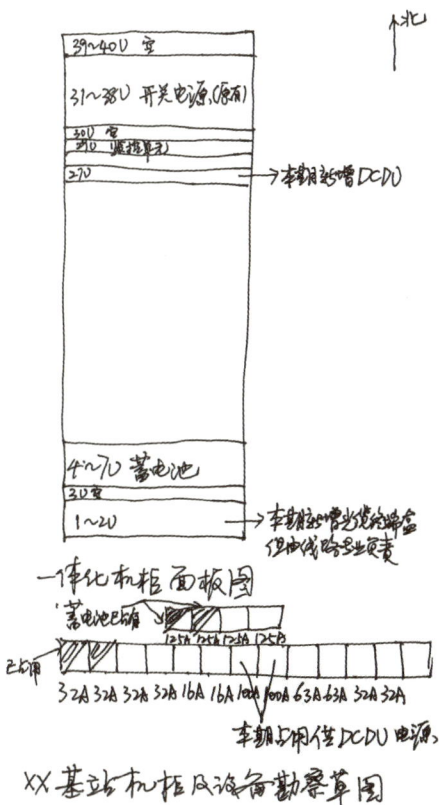

图 2-18 机房（柜）及设备勘察草图

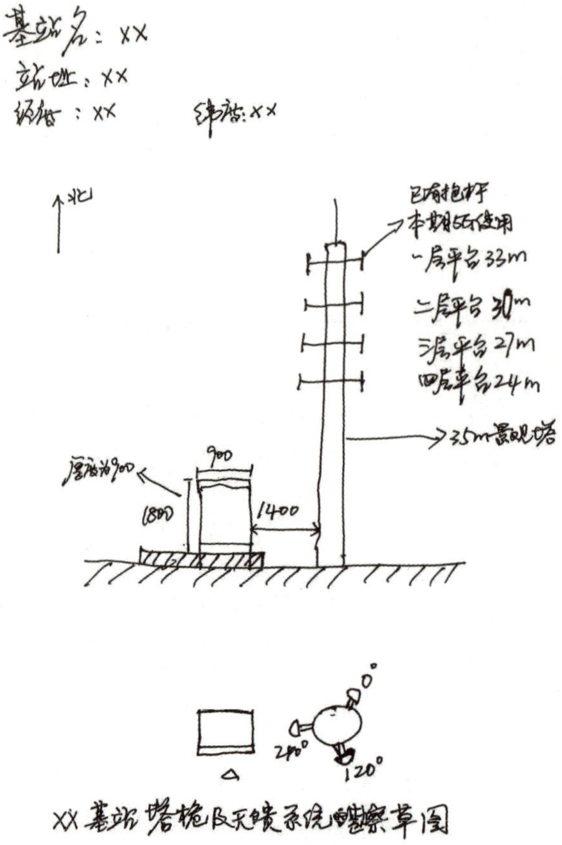

基站名：××
站址：××
经度：××　　　纬度：××

图 2-19　塔桅及天馈系统勘察草图

2.4.6　勘察完成后续工作

勘察完成后的工作内容如下：

(1) 勘察报告。勘察当天应及时整理勘察表格、草图、照片等资料，并认真编制勘察报告。

(2) 工作汇报。将勘察工作情况按时向相关负责人汇报，及时总结问题并改进。若勘察时发现站点不符合建设要求，则应立即向相关负责人反映情况，在勘察报告中加以论证和说明，提出改造办法，并及时通知建设单位(电信运营商)。

练　习　题

一. 填空题

1. 基站站址四周应视野开阔，城区站址应确保天线主瓣方向＿＿＿＿＿m范围内无明显阻挡。

2. 站址与 35～110 kV 高压电线水平间距要求是＿＿＿＿＿＿m。

3. 拟建地面塔的站址距离电力、通信线路、加油站、加气站、铁路、其他建筑物等危险、重要设施的水平距离宜不小于地面塔高的＿＿＿＿＿倍。

4. 移动通信工程勘察需要准备＿＿＿＿＿＿、＿＿＿＿＿＿、＿＿＿＿＿＿、＿＿＿＿＿＿、＿＿＿＿＿＿、＿＿＿＿＿＿、＿＿＿＿＿＿等必备工具与仪表。

5. 主要用于测量基站经纬度及海拔的仪表是＿＿＿＿＿＿。

6. 机房地面均布荷载应不小于＿＿＿＿＿＿kg/m^2。

7. 环境控制箱、配电箱、避雷箱靠门壁挂安装，挂高离地＿＿＿＿＿m 左右。

8. 室内单层走线架一般要求架设高度离地＿＿＿＿＿＿m。

二．选择题

1. 站址的选择要求尽可能与规划位置相吻合，一般要求基站站址分布与规划站点的偏差小于站间距的（　　　），否则需要对站址进行重新选择。

A. 1/2　　　　　B. 1/4　　　　　C. 1/8　　　　　D. 1/10

2. 关于无线基站站址选择，不正确的说法是（　　　）。

A. 城区在电磁波传播、站址选择、基站间距等条件方面通常会有更多的制约因素，一般从最密集的城区开始系统规划和选择站址

B. 应尽量选择在高处建站以达到广覆盖目的，节约网络建设成本

C. 站址选择需要保证重点区域的覆盖

D. 避免在干扰源附近建站

3. 基站在市区覆盖时，覆盖距离相对很近，在这个范围关于基站勘测原则中正确的是（　　　）。

A. 城市郊区海拔很高的山峰优先考虑作为站址

B. 天线主瓣应优先沿街道与河流等地物方向辐射

C. 在市区楼群中选址时，可巧妙利用建筑物的高度，实现网络层次结构的划分

D. 以上都不对

4. 在勘察时确定天线的方位角过程中，常用的仪器是（　　　）。

A. 测距仪　　　　B. 指南针　　　　C. GPS　　　　D. SITE MASTER

5. 在 5G 宏基站勘察过程中，应从正北开始每隔（　　　）度拍摄一张周围环境照片。

A. 30　　　　　　B. 45　　　　　　C. 60　　　　　　D. 90

6. BDS/GPS 天线平面的可使用面积越大越好，天线竖直向上的视角应大于（　　　）。

A. 45°　　　　　B. 90°　　　　　C. 135°　　　　　D. 180°

7. 楼顶安装馈线窗引馈线入室时，要保证馈线窗的良好密封，且入室处馈线和天线出线处跳线应做（　　　）。

A. 平直进出　　　B. 防水弯　　　C. 保护接地　　　　D. 绑扎

8. 所有室外跳线、馈线接头处均应按规范正确做（　　　）处理。

A. 防水密封　　　　B. 防晒　　　　C. 防氧化　　　　　　D. 防水

9. 以下关于基站机房的要求，错误的是 (　　)。

A. 不允许有太阳光直射进机房

B. 对机房进行改造时，只可进行为满足机房电气要求的修缮，而且需采用不透光、不燃或阻燃的满足防火要求的材料

C. 对于电力线、传输线、接地线、空调管等进线口，须用水泥或密封胶进行密封

D. 要求机房内安装有烟雾报警设备，并且在室内靠门处配置有灭火器

10. 关于各种线缆的布放，以下说法哪些是不正确的。(　　)

A. 各种线缆走线平直，无明显起伏或歪斜现象，没有交叉和空中飞线现象，多余长度的连线应盘绕整齐绑扎后放入走线槽中

B. 各种电缆两端必须有明显标志，不得错接漏接

C. 电源线和信号线一起布放

D. 所有扎带必须齐根剪平不留尖

三. 简答题

1. 基站选址的基本原则有哪些？

2. 基站工程勘察要做哪些准备？

3. 对于扩容基站机房，现场勘察时需要确定哪些内容？

4. 基站草图绘制的要求是什么？

实践任务：基站工程现场勘察

【实践目的】

通过本任务的实践，检测对基站工程现场勘察知识及技能的掌握程度，加强对新址新建站点勘察、共址新建站点勘察及勘察工具使用等技能训练，达到训练初步具备基站工程勘察能力的目标。

【实践要求】

(1) 熟悉基站工程现场勘察的流程及要点；

(2) 能正确选择和使用 GPS、指南针 (或罗盘)、数码相机 (或拍照手机)、皮卷尺、测距仪、坡度仪等勘察工具；

(3) 能完成新址新建地面站 (或楼面站)、共址新建地面站 (或楼面站) 的勘察照片采集，照片拍摄及命名符合规范；

(4) 能准确填写新址新建地面站 (或楼面站)、共址新建地面站 (或楼面站) 的勘察记录表；

(5) 能详细绘制新址新建地面站 (或楼面站)、共址新建地面站 (或楼面站) 的现场勘察草图;

(6) 能正确识别机房内和天面上的设备和设施;

(7) 勘察过程中, 不损坏工具, 无安全事故发生。

【实践准备】

(1) 基站工程勘察知识;

(2) GPS、指南针 (或罗盘)、数码相机 (或拍照手机)、皮卷尺、测距仪、坡度仪、勘察记录表和实验报告等设备和文件;

(3) 新址新建地面站 (或楼面站)、共址新建地面站 (或楼面站) 场地。

【实践组织】

每三个人 (A 同学、B 同学、C 同学) 分为一组, 以组为单位完成基站工程现场勘察, 从下面的任务 1 和任务 2 中任择 1 个完成, 任务 3 为必选, 具体要求如下:

任务 1: 新址新建地面站勘察。在学校或培训场所内选择一块适合建设一个 35 m 景观塔 + 一座室外一体化机柜的空地进行 5G 新址新建地面站现场勘察, 要求新增 NR 3.5 GHz S111 基站 1 个, AAU 为华为 64T64R 设备, BBU 集中放置。本次实践不需完成 BBU 集中机房的现场勘察。

(1) 基站机房勘察时: 由 A 同学和 B 同学负责使用勘察工具采集数据, C 同学负责填写勘察记录表的机房部分并绘制机房勘察草图。

(2) 基站天面勘察时: 由 A 同学和 C 同学负责使用勘察工具采集数据, B 同学负责填写勘察记录表的天面部分并在机房勘察草图上补充绘制天面草图。

任务 2: 在学校或培训场所内选择一栋天面平整、有女儿墙的楼房, 进行一个 3 m 抱杆 + 一间楼顶彩钢活动机房 5G 新址新建楼面站的现场勘察, 要求新增 NR 2.6 GHz S111 基站 1 个, AAU 为中兴 64T64R 设备, BBU 本站放置。

(1) 基站机房勘察时: 由 A 同学和 B 同学负责使用勘察工具采集数据, C 同学负责填写勘察记录表的机房部分并绘制机房勘察草图。

(2) 基站天面勘察时: 由 A 同学和 C 同学负责使用勘察工具采集数据, B 同学负责填写勘察记录表的天面部分并在机房勘察草图上补充绘制天面草图。

任务 3: 选择一个电信运营商已有机房 (室外一体化机柜除外) 的基站, 进行一个 5G 共址新建地面站 (或楼面站) 的现场勘察, 要求新增 NR 3.5 GHz S111 基站 1 个, AAU 为华为 64T64R 设备, BBU 本站放置。

(1) 基站机房勘察时: 由 B 同学和 C 同学负责使用勘察工具采集数据, A 同学负责填写勘察记录表的机房部分并绘制机房勘察草图。

(2) 基站天面勘察时: 由 A 同学和 B 同学负责使用勘察工具采集数据, C 同学负责填写勘察记录表的天面部分并在机房勘察草图上补充绘制天面草图。

每组成员成绩原则上一致, 亦可根据各自表现适当拉开差距。

【实践成果】

对基站进行工程现场勘察，完成以下三项成果：

(1) 完成勘察照片的拍摄及整理；

(2) 利用本书附录 B 完成勘察记录表的填写；

(3) 在实验报告上完成勘察草图的绘制。

【实践考核】

强调过程考核，以组为单位，根据表 2-3 所示的实践考核内容及考核点，给出实践考核成绩并计入登分册。

表 2-3　实践考核内容及考核点

评价内容		配分	考　核　点	得分
职业素养 与规范 （20 分）		5	做好工程勘察前的工作准备：完成工具、仪表的清点，并将设备摆放整齐，着装符合要求。未清点工具与检测仪表或着装不符合要求，每项扣 2 分，扣完为止	
		5	正确选择和拿放工具、仪表。动作不规范扣 2 分，工具、设备及仪表每选错一项扣 1 分，扣完为止	
		5	具有良好的团队合作精神和职业操守、做到安全文明生产，有环保意识，否则扣 1～2 分。保持操作场地的文明整洁，否则扣 1～3 分	
		5	任务完成后，整齐摆放工具及凳子、回收工具及耗材等并符合要求，否则扣 1～5 分	
技能考核 （80 分）	操作流程	10	能掌握任务完成的流程，否则扣 1～10 分	
	材料、工具 及设备识别	10	能选用正确的工具和仪表，能识别设备及附属设施，否则扣 1～10 分	
	操作规范	20	能熟练掌握任务环节的勘察流程及要求。能正确使用工具，操作符合规范。不熟悉勘察流程及要求的，视情况扣 1～10 分；不能正确使用仪器仪表及其他工具的，视完成情况扣 1～10 分	
	作品质量	30	能顺利完成作品，作品符合任务要求，勘察照片、记录表、草图数据准确，符合规范要求。错 1 处，扣 1 分，扣完为止	
	操作熟练度	10	在规定时间内完成指定任务，操作熟练。否则扣 1～10 分	
总分		100		

备注：出现明显失误造成器材或仪表、设备损坏、人员受伤害等安全事故，以及严重违反实践教学纪律，造成恶劣影响的，本实践环节成绩记 0 分。

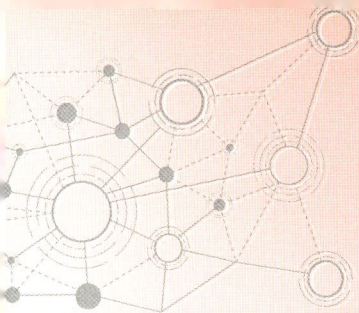

项目 3　移动通信基站工程设计方案编制

　　移动通信基站设计方案的编制应在分析建设单位指导意见、建设需求、设计勘察资料等的基础上，完成无线网络设计、基站站型配置、BBU 部署及配置要求、天馈线设计、电源配套设计、基础配套设计、安全生产要求、节能环保要求等方面的方案内容，形成一套完整的基站设计方案。

知识目标

　　(1) 掌握 5G 无线网络设计的要求及方法；
　　(2) 掌握基站站型配置、BBU 集中部署及天馈线设计的要求及方法；
　　(3) 掌握基站电源及电源基础配套设计的要求及方法；
　　(4) 掌握基站安全生产及节能环保要求。

能力目标

　　(1) 能够完成运营商 5G 无线网络架构设计方案；
　　(2) 能够完成基站站型配置、BBU 集中部署方案及天馈线设计方案；
　　(3) 能够完成基站电源及电源基础配套设计方案；
　　(4) 能够完成基站安全生产及节能环保设计方案。

素养目标

　　(1) 遵循国家和行业标准、规范，培养精益求精、勇于创新的工匠精神。
　　(2) 通过运用设计规范及科学的方法完成基站设计方案，培养良好的团队合作意识、规范意识、安全意识。

任务3.1 掌握5G无线网络设计

3.1.1 5G 无线网络结构

3GPP 制定的 5G 网络标准定义了独立 (Standalone，SA) 组网和非独立 (Non-Standalone，NSA) 组网两大类部署模式。目前业界已形成共识，认为 NSA 只是 5G 网络的过渡方案，SA 才是 5G 网络最终的目标架构。因此，下面重点讨论 SA 网络架构，具体如图 3-1 所示。

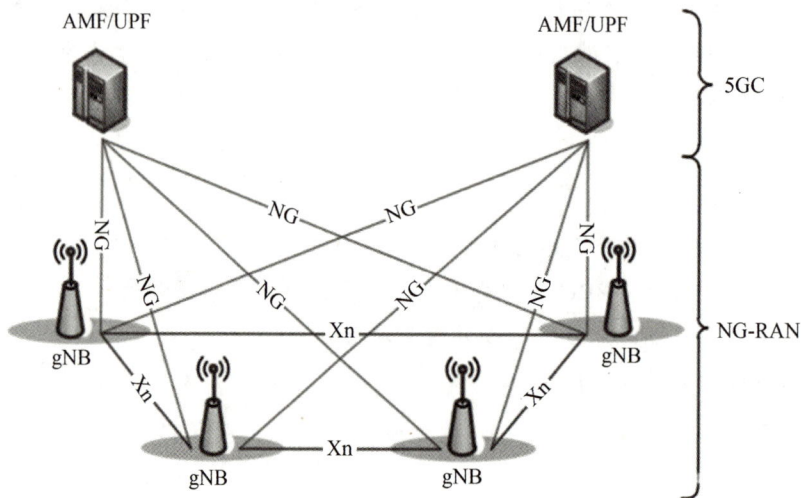

图 3-1　5G SA 网络架构

5G 网络由核心网、无线网两部分组成。5G 核心网 (5GC) 主要包括 AMF、UPF 等网元，它基于 SBA 服务化架构，采用了 SDN 和 NFV 技术，使其能敏捷高效地创建"网络切片"。5G 无线网 (NG-RAN) 主要由 gNB 组成。其中：

gNB：向 UE 提供 NR 用户面和控制面协议终端的节点，即 5G 基站，并且经由 NG 接口连接到 5GC。

AMF：接入和移动管理功能。

UPF：用户面功能。

NG 接口：无线接入网和 5G 核心网之间的接口，分为 NG-C 与 NG-U：

　　NG-C：gNB 和 AMF 之间的控制面接口。

　　NG-U：gNB 和 UPF 之间的用户面接口。

Xn 接口：连接 gNB 之间的接口。

为了降低 CPRI 接口的传输带宽、集中 5G 控制面以及满足 5G 在不同场景下灵活组网的需要，5G 无线网 (即基站) 被重构成 CU、DU、AAU 三个功能实体，具体如图 3-2 所示。

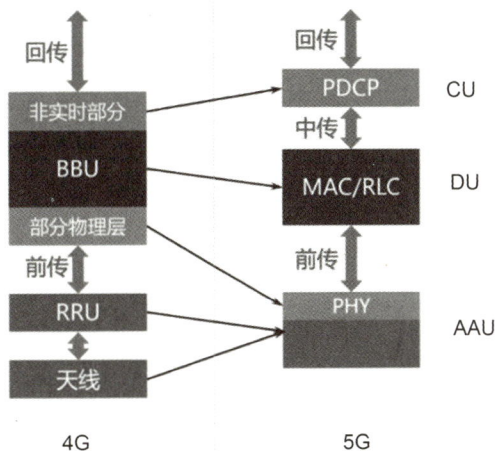

图 3-2　5G 无线网结构

CU(集中单元)：将原 BBU 的非实时部分分割出来，定义为 CU，负责处理非实时协议和服务。

DU(分布式单元)：将 BBU 的剩余功能重新定义为 DU，负责处理物理层协议和实时服务。

AAU(有源天线单元)：将 BBU 的部分物理层处理功能与原 RRU 和天线合并为 AAU。

5G 基站仍然采用分布式站型，在部署无线接入网的时候，既可以沿用传统的分布式无线接入网 (DRAN) 架构和集中式无线接入网 (CRAN) 架构，又可以采用新型的基于云数据中心的云化无线接入网 (Cloud RAN) 架构。这三种类型的无线接入网组网方式如图 3-3 所示。

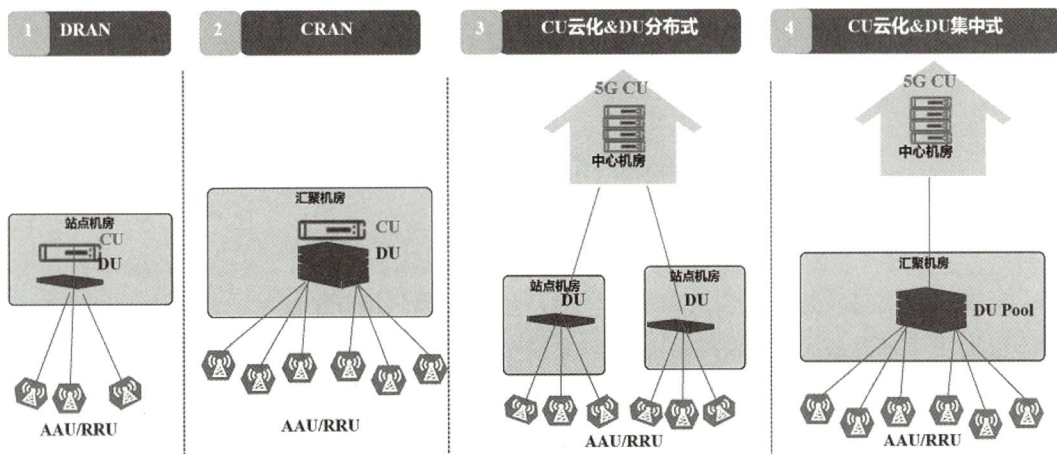

图 3-3　不同类型无线接入网组网方式

目前运营商电信设备虚拟化程度较低，且单独建设云化 CU 成本很高，因此现阶段运营商的实际网络按照 CU/DU 合设 (仍然称之为 BBU 设备) 的方式建设，待运营商的虚拟化技术和虚拟化平台成熟后，再考虑 CU 集中化和云化。

　　由于 5G 基站的规模较 4G 有一倍以上的增加，因此建设投资巨大。根据以上情况，在实际建网时，存在不少两家运营商共建一张 5G 网络，共享网络运营的情况。图 3-4 是目前较为可行的不同运营商 5G 无线接入网以共建共享方式建设的网络结构图，在该方案中，运营商 A 与运营商 B 采用 5G 无线接入网共建共享、核心网各自独立建设的方式建设基站，即单个共享基站同时虚拟为 A 和 B 两个基站，通过基站回传网络分别接入各自的核心网，为双方用户服务。在该结构中 5G NR 载波共享，广播双方的 PLMN；终端基于 PLMN 选网。

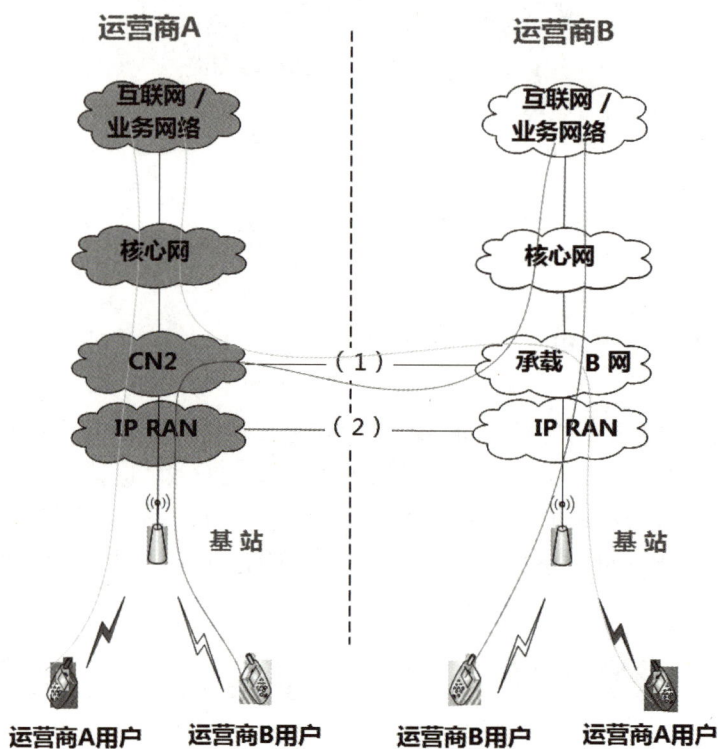

图 3-4　不同运营商 5G 无线接入网共建共享网络结构

3.1.2　5G 无线网设计指标

　　移动通信网络的覆盖、容量和质量之间是相互关联、相互影响的。移动通信网络的覆盖不仅取决于基站最大发射功率，而且与系统负荷有关，降低网络质量可以相应地扩大覆盖或提高容量。因此，在网络规划与设计时应充分考虑覆盖、容量和质量之间的相互关系，以确定所需的网络性能指标。

　　在制定无线网络建设目标过程中，各运营商一定要参考当地经济水平，结合自身实施能力，综合考虑今后的竞争需要、用户发展需要和投资收益，分阶段制定合适的覆盖目标。

覆盖目标应有所侧重，不搞一刀切，也不可盲目求大求全。各本地网应按不同的覆盖目标进行网络规划和方案比较，从中选择合理、可行的建设目标和方案。

目前阶段室外连续覆盖区域 4G/5G 覆盖与吞吐率设计指标要求如表 3-1 所示。

表 3-1　室外连续覆盖区域 4G/5G 覆盖与吞吐率设计指标要求

网络制式		5G 目标	LTE 目标
覆盖门限		RSRP ≥ -105 dBm 且 SINR ≥ -3 dB	RSRP ≥ -105 dBm 且 SINR ≥ -3 dB
覆盖率	密集城区	≥ 95%	≥ 97%
	一般城区	≥ 95%	≥ 96%
	县城	≥ 95%	≥ 95%
	郊区	≥ 90%	≥ 95%
	农村	≥ 90%	≥ 90%
用户感知吞吐率 （50% 网络负荷条件下）		下行≥ 40～100 Mb/s， 上行≥ 2～5 Mb/s（100M 带宽）	下行≥ 4 Mb/s， 上行≥ 256 kb/s（20M 带宽）

3.1.3　5G 帧结构时隙配置

5G NR 定义了灵活的帧结构，能够满足大带宽、低时延、高可靠等不同需求，可以灵活配置子载波间隔、系统带宽、帧时隙配比、时隙长短等参数。5G NR 支持多种子载波间隔，包括 15 kHz、30 kHz、60 kHz、120 kHz、240 kHz。对于不同的业务可以配置不同的子载波间隔，例如要求超短时延的业务，可以配置大子载波间隔，结合超短时隙，降低空口时延；对于低功耗大连接的物联网，可以配置小子载波间隔，集中能量传输，提高覆盖能力。

目前阶段，电信运营商 5G 网络基本都选择固定配置 30 kHz 子载波间隔。面向 eMBB 业务的帧结构时隙配置，目前主要支持 2.5 ms 双周期帧结构、2.5 ms 单周期帧结构、2 ms 单周期帧结构、5 ms 单周期帧结构等四种帧结构时隙配置方式。下面具体介绍四种帧结构时隙配置方式的特点。

1. 2.5 ms 双周期帧结构

在 2.5 ms 双周期帧结构中，每 5 ms 里面包含 5 个全下行时隙、3 个全上行时隙和 2 个特殊时隙。时隙 3 和时隙 7 为特殊时隙，配比为 10：2：2（可调整），整体配置为 DDDSUDDSUU。Pattern 周期为 2.5 ms，存在连续 2 个 UL 时隙，可发送长 PRACH 格式，有利于提升上行覆盖能力。2.5 ms 双周期帧结构如图 3-5 所示。

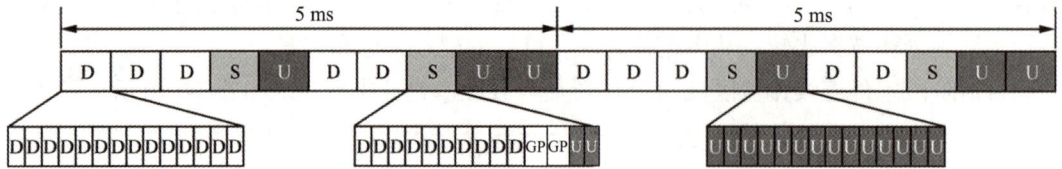

图 3-5 2.5 ms 双周期帧结构

2. 2.5 ms 单周期帧结构

在 2.5 ms 单周期帧结构中，每 5 ms 里面包含 6 个全下行时隙、2 个全上行时隙和 2 个特殊时隙。时隙 3 和时隙 7 为特殊时隙，配比为 10：2：2(可调整)，整体配置为 DDDSUDDDSU。其中，每个 2.5 ms 之内配置均为 DDDSU。S 时隙默认配置为 10：2：2，可根据组网覆盖需求和干扰情况配置为 9：3：2、8：4：2 或 12：2：0。Pattern 周期为 2.5 ms，存在 1 个 UL 时隙，下行有更多的时隙，有利于增大下行吞吐量。2.5 ms 单周期帧结构如图 3-6 所示。

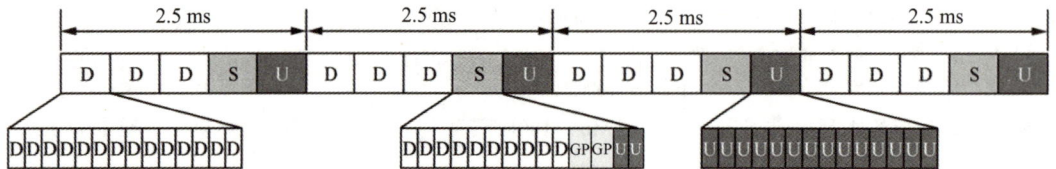

图 3-6 2.5 ms 单周期帧结构

3. 2 ms 单周期帧结构

在 2 ms 单周期帧结构中，每 10 ms 里面包含 10 个全下行时隙、5 个全上行时隙和 5 个特殊时隙。时隙 2、时隙 6、时隙 10、时隙 14 和时隙 18 为特殊时隙，整体配置为 DDSUDDSUDDSUDDSUDDSU。其中，每个 2 ms 之内配置均为 DDSU。S 时隙默认配置为 12：2：0，可根据组网覆盖需求和干扰情况配置为 9：3：2、8：4：2 或 10：2：2。Pattern 周期为 2 ms，存在 1 个 UL 时隙，能有效减少时延，使转换点增多。2 ms 单周期帧结构如图 3-7 所示。

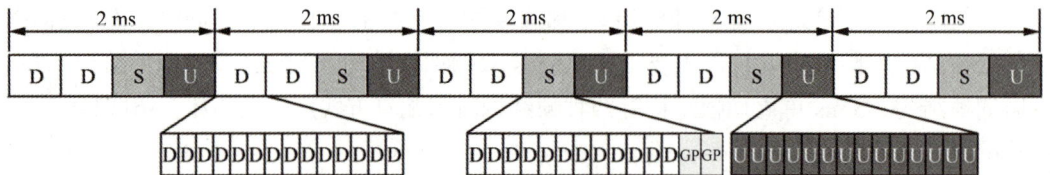

图 3-7 2 ms 单周期帧结构

4. 5 ms 单周期帧结构

在 5 ms 单周期帧结构中，每 5 ms 中包含 7 个全下行时隙、2 个全上行时隙和 1 个特殊时隙。时隙 7 为特殊时隙，配比为 6：4：4(可调整)，整体配置为 DDDDDDDSUU。5 ms 单周期帧结构如图 3-8 所示。

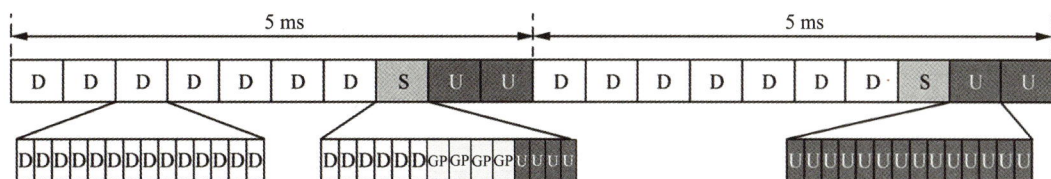

图 3-8　5 ms 单周期帧结构

以上四种帧结构时隙配置方式的优劣势对比如表 3-2 所示。

表 3-2　四种帧结构时隙配置方式优劣势对比

项　　目	2.5 ms 双周期	2.5 ms 单周期	2 ms 单周期	5 ms 单周期
容　　量	上行占优	下行占优	居中 GP 开销多一些	下行占优
覆　　盖	下行广播波束个数占优；可支持长格式 PRACH，远端用户接入有优势；PUCCH/PUSCH 覆盖增强有优势	下行广播波束个数占优	下行广播波束个数支持偏少	下行广播波束个数占优
时　　延	可满足 eMBB 场景 4 ms 时延指标	可满足 eMBB 场景 4 ms 时延指标	可满足 eMBB 场景 4 ms 时延指标	可满足 eMBB 场景 4 ms 时延指标
抵抗远端干扰	占优	占优	相对不足	占优
产品实现影响性	基站需要处理连续 U 时隙，前后 2 个周期时序处理有差异	单周期，每个周期的处理时序一致	单周期，每个周期的处理时序一致	单周期，每个周期的处理时序一致

面向 eMBB 业务时，目前中国电信 / 中国联通的 5G 网络采用 2.5 ms 双周期帧结构时隙配置方式，中国移动 / 中国广电采用 5 ms 单周期帧结构时隙配置方式。

为了支持垂直行业对业务速率和时延的要求，可通过配置不同的帧结构满足垂直行业用户的需求。下面给出了在两种不同场景中所支持的帧结构类型。在部署这些帧结构时，需要保证电信运营商现有面向 eMBB 业务的帧结构时隙配置方式与其存在一定的空间隔离度，保证应用如下帧结构时不对公网业务产生干扰和负面影响。

(1) 更大上行带宽 (如图 3-9 所示)：可以采用 DSUUU 的方式，周期为 2.5 ms，其中特殊时隙中下行，GP 和上行符号的比例关系可配置为 10：2：2，下行符号上可用于发送 PDCCH、PDSCH 等下行信号，GP 符号上不发送任何上下行信号，上行符号可用于发送 SRS 等上行信号。

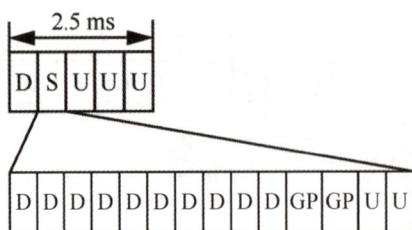

图 3-9　支持上行大带宽的 DSUUU

(2) 支持更短时延 (如图 3-10 所示)：采用 1 ms 帧结构，上 / 下行转换周期为 1 ms 单周期，2 个时隙典型配置为 DS，其中 S 符号级为 GGUUUUUUUUUUUU。

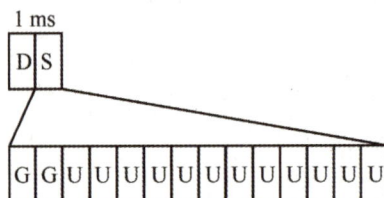

图 3-10　1 ms 单周期帧结构

3.1.4　5G 基站承载带宽需求

5G 基站承载带宽需求如下。

1. 回传接口及带宽需求

基于服务接口的 5G 网络架构如图 3-11 所示。

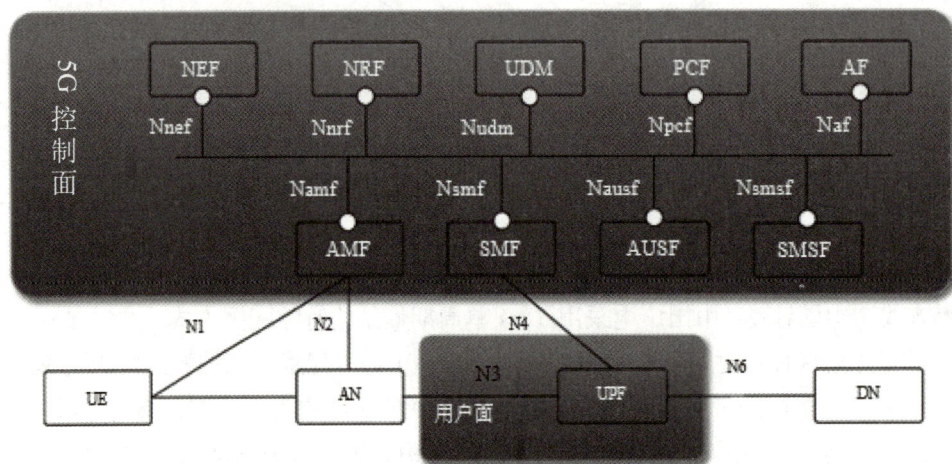

图 3-11　基于服务接口的 5G 网络架构

无线设备以 BBU(CU/DU 合设) 形态部署时，BBU 回传逻辑接口包括如下几类接口，且均由承载网承载。

(1) N2(NG-C) 接口：SA 组网下连接 gNB 与核心网控制面之间的接口。

(2) N3(NG-U) 接口：SA 组网下连接 gNB 与核心网用户面之间的接口。

(3) Xn 接口: SA 组网下连接 gNB 之间的接口。

上述逻辑接口属于 BBU 设备的虚拟子接口, 回传物理接口为 1 个。在 100 MHz 载波带宽条件下, 3.5 GHz 5G 各站型配置回传带宽需求如表 3-3 所示, 2.6 GHz 5G 可参考执行。

表 3-3　3.5G 5G(100 MHz 带宽) 各站型配置回传带宽需求

区域类型	站　型	峰值带宽 Gb/s	均值带宽 Gb/s
64T64R 宏站	S111	6	2.1
	S222	8	4.2
	S222222	12	8.4
32T32R 宏站	S111	4.5	1.6
	S222	6	3.2
	S222222	9	6.3
8T8R 宏站	S111	2.1	1.5
	S222	3	3
	S222222	5	3.6
室内 4T4R	S111	2	1.5
	S222	3	3
	S222222	5	3.6
	O1	1.5	0.3
	O2	3	0.6
室内 2T2R	S111	1.2	0.75
	S222	1.8	1.5
	S222222	3	2.4
	O1	0.8	0.2
	O2	1.5	0.4

在目前阶段, 3.5 GHz 5G 回传端口配置原则如下:

(1) 密集城区等高业务量区域, 初期以 1 × 10G 为主, 后续可升级为 2 × 10G, 也可直接采用 1 × 25G。

(2) 一般城区等中等业务量区域, 初期 1 × 10G, 后续根据容量可扩容至 2 × 10G, 根据运营商实际情况和发展策略也可直接采用 1 × 25G。

(3) 其他场景区域采用 1 × 10G, 后续根据容量可扩容至 2 × 10G。

(4) 25G 光模块传输距离优选单模 300 m, 10G 光模块传输距离优选单模 10 km。

对于两个及以上频段 5G 共址, 回传带宽分别按相加计算。

2. 前传接口及带宽需求

5G BBU 集中在综合业务接入点及 BBU 集中点。3.5 GHz 5G 前传端口配置原则如下:

(1) 3.5G NR 100 MHz 载波带宽时, 5G BBU 与单 AAU 之间的前传接口需求为 1 ×

25GE eCPRI 接口，不支持级联。

(2) 3.5G NR 200 MHz 带宽时前传接口需求为 2 × 25GE eCPRI 接口，不支持级联。

目前 5G AAU 前传不支持级联，前传时延要求小于 100 μs。

3. 光模块、无源波分建设要求

(1) BBU 回传接口要求无线设备厂家须支持光模块解耦，并支持 25GE 和 10GE 速率。25G 光模块传输距离优选单模 300 m，10G 光模块传输距离优选单模 10 km。

(2) 5G S222 站型如采用光纤直驱建设方案时需 6 芯，在两家运营商采用接入网共建共享、核心网各自独立建设的方案时，则需 12 芯，此时对前传光缆需求激增。现有站点基站引入光缆新建比例高，周期长、投资大，接入主干光缆扩容压力较大，投资也大，因此 5G 前传建议优先考虑采用无源波分，在现有基站光缆基本无空闲纤芯的情况下，考虑新建 24 芯光缆。

25GE 前传接口光模块根据最大传输距离进行分类，主要有 10 km 光模块和 15 km 光模块两种。根据综合业务接入区的规划，综合业务局站覆盖半径一般都小于 10 km，因此一般采用 10 km 光模块，个别偏远站点采用 15 km 光模块。10G 前传接口光模块根据最大传输距离进行分类，主要有 10 km 光模块、20 km 光模块、40 km 光模块，一般采用 10 km 光模块，个别偏远站点采用 20 km 光模块。无源波分及第三方采购光模块施工建设，建议由无线专业牵头组织工程实施，传输专业负责器件集采、工程设计、建设指导及工程配合等工作。

3.1.5　5G 基站设计相关规范及强制性条款

在 5G 基站工程设计过程中，应严格遵循国家、行业、工程所在地的省（市、自治区）、企业等 5G 相关的标准和规范，尤其对涉及的工程建设强制性规范/条款，务必深刻理解并严格遵守。一旦检查发现与标准存在出入，应立即整改到位。5G 基站设计相关标准包括：

(1) 中华人民共和国国家标准《移动通信基站工程技术标准》(GB/T 51431—2020)。

(2) 中华人民共和国通信行业标准《数字蜂窝移动通信网 5G 无线网工程技术规范》(YD/T 5264—2021)。

(3) 中华人民共和国通信行业标准《数字蜂窝移动通信网 5G 核心网工程技术规范》(YD/T 5263—2021)。

(4) 中华人民共和国通信行业标准《5G 移动通信网安全技术要求》(YD/T 3628—2019)。

(5) 中华人民共和国通信行业标准《数字蜂窝移动通信网 LTE FDD 无线网工程设计规范》(YD/T 5224—2015)。

(6) 中华人民共和国通信行业标准《数字蜂窝移动通信网 LTE FDD 无线网工程验收规范》(YD/T 5225—2015)。

(7) 中华人民共和国通信行业标准《数字蜂窝移动通信网 TD-LTE 无线网工程设计暂行规定》(YD/T 5213—2015)。

(8) 中华人民共和国通信行业标准《数字蜂窝移动通信网 TD-LTE 无线网工程验收暂

行规定》(YD/T 5217—2015)。

(9) 中华人民共和国国家标准《天线工程技术规范》(GB 50922—2013)。

(10) 中华人民共和国通信行业标准《移动通信多天线共塔桅工程设计规范》(YD/T 5243—2019)。

(11) 中华人民共和国国家标准《通信局 (站) 防雷与接地工程设计规范》(GB 50689—2011)。

(12) 中华人民共和国国家标准《通信局 (站) 防雷与接地工程验收规范》(GB 51120—2015)。

(13) 中华人民共和国通信行业标准《信息通信机房槽架安装设计规范》(YD/T 5026—2021)。

(14) 中华人民共和国通信行业标准《电信设备安装抗震设计规范》(YD 5059—2005)。

(15) 中华人民共和国国家标准《建筑抗震设计规范》(GB 50011—2016)。

(16) 中华人民共和国国家标准《通信设备安装工程抗震设计标准》(GB/T 51369—2019)。

(17) 中华人民共和国通信行业标准《通信建设工程安全生产操作规范》(YD 5201—2014)。

(18) 中华人民共和国国家标准《通信电源设备安装工程设计规范》(GB 51194—2016)。

(19) 中华人民共和国国家标准《通信电源设备安装工程验收规范》(GB 51199—2016)。

(20) 中华人民共和国通信行业标准《通信电源设备安装工程验收规范》(YD 5079—2005)。

(21) 中华人民共和国国家标准《建筑物电子信息系统防雷技术规范》(GB 50343—2012)。

(22) 中华人民共和国国家标准《建筑物防雷设计规范》(GB 50057—2010)。

(23) 中华人民共和国国家标准《移动通信基站工程节能技术标准》(GB/T 51216—2017)。

(24) 中华人民共和国通信行业标准《通信建筑抗震设防分类标准》(YD 5054—2019)。

(25) 中华人民共和国通信行业标准《通信工程建设环境保护技术暂行规定》(YD 5039—2009)。

(26) 中华人民共和国通信行业标准《通信建设工程节能与环境保护监理暂行规定》(YD 5205—2014)。

(27) 中华人民共和国国家标准《电磁环境控制限值》(GB 8702—2014)。

(28) 中华人民共和国通信行业标准《通信设施拆除安全暂行规定》(YD 5221—2015)。

(29) 中华人民共和国国家标准《通信局站共建共享技术规范》(GB/T 51125—2015)。

(30) 中华人民共和国国家标准《高处作业分级》(GB/T 3608—2008)。

(31) 中华人民共和国通信行业标准《通信工程制图与图形符号规定》(YD/T 5015—2015)。

(32) 中华人民共和国通信行业标准《通信设备安装抗震设计图集》(YD/T 5060—2019)。

(33) 中华人民共和国通信行业标准《通信工程设计文件编制规定》(YD/T 5211—2014)。

(34) 工程所在的省 (市、自治区) 工程建设地方标准。

(35) 工程所在的运营商通信企业标准、技术规范、验收规范、建设指导意见。

5G 基站工程涉及的工程建设强制性规范 / 条款如表 3-4 所示。

表 3-4　5G 基站工程涉及的工程建设强制性规范 / 条款列表

序号	规范名称	强制性条款
1	《通信局（站）防雷与接地工程设计规范》（GB 50689—2011）	1.0.6、3.1.1、3.6.8、3.9.1、3.11.2、3.13.6、3.14.1、4.8.1、6.4.3、6.6.4、7.4.6、9.2.9
2	《通信局（站）防雷与接地工程验收规范》（GB 51120—2015）	3.0.1、6.3.2、6.3.4、7.3.1
3	《电信设备安装抗震设计规范》（YD5059—2005）	5.1.1、5.1.2、5.1.3、5.1.4、5.3.1、5.3.2
4	《建筑抗震设计规范》（GB 50011—2016）	1.0.2、1.0.4
5	《通信建设工程安全生产操作规范》（YD 5201—2014）	3.2.1、3.2.8、3.3.1、3.4.7、3.4.10、3.6.6、3.6.8、3.6.9、4.3.9、4.4.1、4.6.4、4.7.1、4.7.5、4.7.7、4.7.8、4.8.1、4.8.4、4.8.10、4.8.12、4.8.14、4.8.17、4.8.19、5.5.6、6.2.1、6.2.5、6.2.6、6.2.8、6.3.7、6.9.7、6.11.1、6.14.4、6.14.5、6.14.7、6.14.8、8.1.3、9.2.4、9.2.9、9.2.11、11.1.6、11.3.2、11.6.4、11.6.5
6	《通信电源设备安装工程设计规范》（GB 51194—2016）	4.1.7、7.0.2、9.0.3
7	《通信电源设备安装工程验收规范》（GB 51199—2016）	2.0.10、3.3.5
8	《通信电源设备安装工程验收规范》（YD 5079—2005）	7.3.2、7.3.3、7.3.11、8.3.2、8.3.3
9	《通信工程建设环境保护技术暂行规定》（YD 5039—2009）	1.0.3、4.0.4、4.0.5、4.0.8、4.0.13、5.0.3、6.0.3
10	《建筑物电子信息系统防雷技术规范》（GB 50343—2012）	5.1.2、5.2.5、7.3.3
11	《通信设施拆除安全暂行规定》（YD 5221—2015）	5.7.1、6.1.3、6.2.2
12	《电信设备抗地震性能检测规范》（YD 5083—2005）	1.0.2、1.0.4
13	《电信基础设施共建共享工程技术暂行规定》（YD 5191—2009）	5.0.7
14	《通信建设工程节能与环境保护监理暂行规定》（YD 5205—2014）	6.0.1、8.0.2

任务3.2　掌握基站站型配置

基站主设备应根据实际网络部署场景、产品性能、业务发展、容量承载、无线覆盖链路要求、综合成本以及工程实施条件进行选型，同时需要满足未来网络演进的要求。

3.2.1　基站类型及应用

根据基站的设备类型，基站可分为分布式宏基站、集中式宏基站、射频拉远基站、微基站和直放站，其特点和主要应用如下。

1. 分布式宏基站

分布式宏基站由 BBU 和 RRU/AAU 组成，支持将 BBU 和 RRU/AAU 集中或分开灵活安装，且可将 RRU/AAU 挂墙或抱杆安装，适合用于覆盖市区、郊区、农村等各类地区。分布式宏基站是目前最主要的基站类型，具有配套资源少、建站速度快等优点，基站覆盖范围从几百米到几公里。4G/5G 建设中主要采用分布式宏基站，并采用 RRU/AAU 上塔（或抱杆）安装，以降低信号在馈线传输中的损耗，如图 3-12 所示。

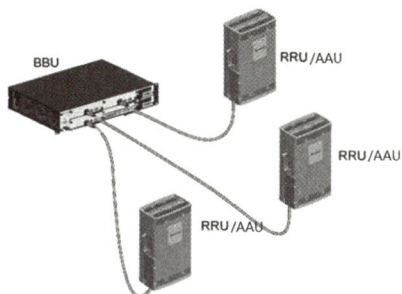

图 3-12　BBU+RRU/AAU 分布式宏基站结构

2. 集中式宏基站

集中式宏基站分为室内型和室外型两种，其集中安装了基站基带模块和射频模块，具有发射功率高、覆盖范围广的优点，但是它对建站环境要求高，要求具备传输、电源、土建等方面的建站条件，且建设周期相对较长，一般安装在机房空间富裕、天面条件有限、室外安装极度不方便的地点。集中式宏基站可用于市区、郊区和农村等各类地区，基站覆盖范围从几百米到几千米，因为馈线损耗，覆盖能力稍弱于分布式基站。不同类型宏基站如图 3-13 所示。

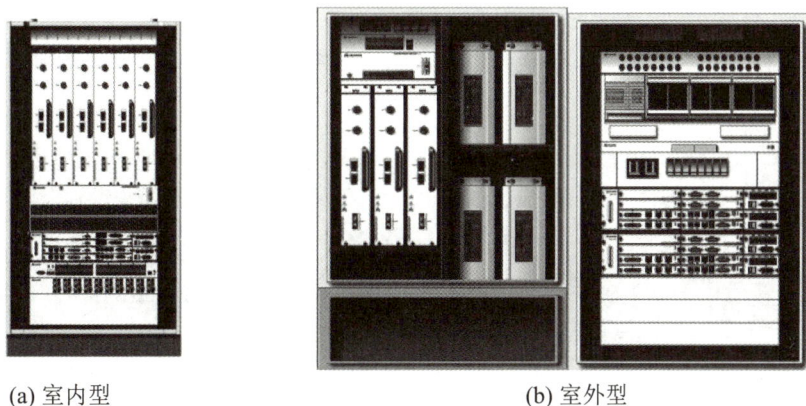

(a) 室内型　　　　　　　　　　　　　　(b) 室外型

图 3-13　室内型宏基站和室外型宏基站结构

3. 射频拉远基站

射频拉远指通过光纤将射频单元拉到远端覆盖目标区域，同一基站的多个射频单元共享基带处理资源池以及主控时钟单元。射频拉远基站主要适用于以下情况：作为室内分布系统的信号源解决室内覆盖问题；在密集城区、市区等站址选取困难的地区解决站址选址困难问题；用于覆盖补盲；利用沿途的光纤资源设置射频拉远解决一些主要交通公路、铁路等狭长地形的覆盖问题，射频拉远设备形态如图 3-14 所示。

图 3-14　射频拉远设备形态

4. 微基站

微基站作为无线覆盖的补充手段之一，与宏基站相比具有安装便利、投资小等特点，但其输出功率较小，可采用挂墙或抱杆安装的方式。微基站主要用于室外热点覆盖、室外补盲覆盖、室内覆盖等，如图 3-15 与图 3-16 所示。

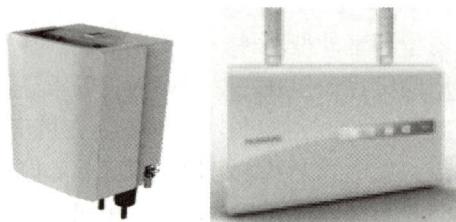

图 3-15　微基站设备形态

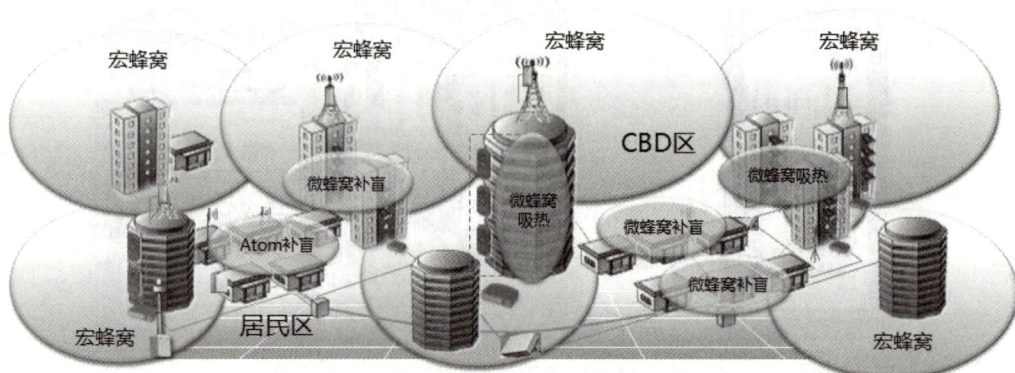

图 3-16　微基站应用场景

5. 直放站

直放站作为一种实现无线覆盖的辅助技术手段，可以利用较少的投资、较短的周期，迅速扩大无线覆盖范围和解决盲区覆盖。直放站可分为无线直放站和光纤直放站两大类，其应用环境主要是：解决室内、地下室、隧道等信号弱覆盖区或盲区的覆盖。由于引入直放站不可避免地会对主基站接收灵敏度、接入、切换等无线性能造成影响，因此在应用场景选择时应慎重考虑。直放站设备形态如图 3-17 所示。

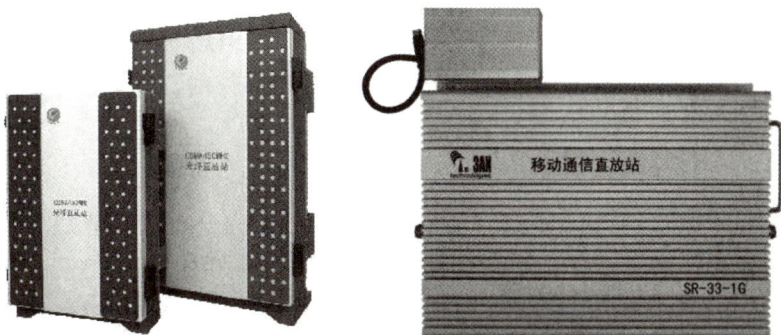

图 3-17　直放站设备形态

3.2.2　基站站型及容量配置

基站容量配置主要根据目标区域的用户分布、业务需求及周边站点的配置情况进行确定。结合不同区域类型特征，基站类型选择方法如下。

1. 密集城区

密集城区指建筑物、人群、话务相对密集的区域。对于密集城区，应从容量和覆盖上同时进行考虑，使其满足业务发展需求。对已有网络补盲时，基站容量应配置多载波，并参考周边站点配置，同时保证网络容量和网络质量；对于 5G 新建站，原则上每小区配置一个载波，典型站型为 S111，后期再根据业务发展进行多载波扩容。

对于城市热点地区和高话务地区可适当考虑射频拉远，但由于射频拉远普遍不配电池或电池放电时间很短，因此在市内不宜作大面积连续覆盖，以避免停电造成大面积网络瘫痪。密集城区建筑物密集，用户集中，建筑物平均高度较高，阻挡相对严重，对于重点覆盖区域需同步考虑室内分布系统建设。

2. 一般城区

一般城区的建筑物和人群分布相对较集中，市区建站一般是为了信号补盲或话务分担，或加强室内信号深度覆盖。对于该类区域，需兼顾周边站点配置进行成片考虑，并结合区域话务需求进行合理预测。对于 5G 新建站，原则上每小区配置一个载波，典型站型为 S111，以后再根据业务发展情况有选择性地对基站进行扩容升级。

3. 郊区

相比密集城区和一般城区，郊区的建筑物和人口分布都不如城区密集，话务需求也不如城区大，但由于郊区的基站分布少，基站覆盖面积需大于城区，且容易存在业务分布不均现象，因此，郊区基站主要配置为 S111，对于部分高话务区域，则按需配置多载波。

4. 农村及交通干线

由于农村地理环境和经济条件彼此之间相差悬殊，因此应根据具体地形地貌配置基站，并根据覆盖及话务需求合理使用宏基站、射频拉远、微基站或直放站。由于农村区域用户分布零散，基站站型更应该结合具体的业务需求进行预测，配置合理的基站容量。对于低话务区域，可配置全向站 01 或功分站 S0.3/0.3/0.3;对于交通干线，由于话务需求不高，基站建设更多地注重社会效益，因此可沿道路方向使用 S11 或功分站 S0.5/0.5 进行覆盖。同时，在农村和交通干线区域，可适当采用微基站、射频拉远、直放站等方式进行覆盖。

3.2.3　5G 站型配置

5G 主设备应优先选择 AAU/RRU+BBU(CU/DU 合设) 分布式宏基站，部分覆盖范围较小的场景 (如市区局部补盲)，可考虑宏微结合方式，采用宏基站的同时适当采用微基站设备。配置时应基于覆盖、容量、品牌价值等多个维度，综合评估设备频段、通道数、射频功率和载波数量，站型配置建议如表 3-5 所示。

表 3-5　5G 基站设备选型建议

设备类型	定位	业务密度	建筑密度	应用场景
64TR 宏基站 (3.5G 或 2.6G)	密集城区	业务密集区 (三年内忙时流量 >300G/ 站，或自忙时流量 >50GB/ 小区，PRB 利用率达到 30% 以上)	建筑物体密集 (12 层以上的高层建筑 >50%)	密集城区
32TR 宏基站 (3.5G 或 2.6G)	一般城区	较高业务的普通市区	建筑物高度普通	一般城区、发达县城核心区
8TR 宏基站 (3.5G 或 2.6G)	中等业务区	中等业务密度	普通密度	高铁、中低业务的市郊、发达县城等
4TR 微基站 (3.5G 或 2.6G)	城区补盲	业务密集区	—	精准补盲
4TR 宏基站 (1.8G 或 2.1G)	浅层覆盖、扩展广覆盖	浅层覆盖：覆盖深化区 广覆盖：中低业务区	—	室内浅层覆盖 (住宅区)
4TR 宏基站 (700 ~ 900MHz)	深度覆盖、广覆盖	深度覆盖：普通建筑室内 广覆盖：中低业务区	—	室内深度覆盖、农村广覆盖

下面列举中国电信 / 中国联通共建 5G 网络时使用的室外基站设备参数要求，3.5G/2.1G BBU 设备参数要求如表 3-6 所示，3.5G 64T64R AAU、3.5G 32T32R AAU、3.5G

8T8R RRU、2.1G 4T4R RRU 等四种典型 AAU/RRU 设备参数要求分别如表 3-7 ～表 3-10 所示。

表 3-6　3.5H/2.1G BBU 设备参数要求

类　　型		BBU 设备参数要求
尺寸（机框）		小于或等于 3U，目前商用产品为 2U 高
软件功能		软 / 硬件功能支持升级至 5G 3GPP R16、R17 版本，2.5 ms 双周期帧结构等基本配置，支持 n1+n78 频段
硬件架构		1. 同时支持 SA 与 NSA 协议栈，支持同时接入 SA 终端与 NSA 终端； 2. 支持 4G/5G、3G/5G、3G/4G/5G、2G/4G/5G 等多模共框配置，并且支持 4G/5G 共主控。同一 BBU 支持 2G、3G、4G、5G 不同型号的基带板、主控板同时共框工作； 3. 硬件能力应满足 NR 带内及带间载波聚合工作要求，后期可以通过软件升级支持载波聚合组合； 4.BBU 设备模块须支持单板可在线插拔，满足产品扩容和故障更换的不同需要； 5. 支持与同厂家的任一型号 NR 射频单元对接，且支持不同型号的 NR 射频单元同时工作； 6. 主控板需要具备支持 1+1 热备份的能力，按需配置 (可选)； 7. 基带板支持 N+1 热备份能力，按需配置 (可选)； 8. 支持 BBU 软件升级独立作为 DU 工作
载波性能要求	100 MHz 64T64R TDD	下行最大流数不低于 16；上行最大流数不低于 8； 下行峰值速率不低于 4.5 Gb/s；上行峰值速率不低于 1.2 Gb/s； RRC 连接用户数不低于 2400；RRC 激活用户数不低于 800；支持 VoNR 用户数不低于 400； 单位 TTI 时间内同时调度用户数不低于 28 个 (上行) 和 16 个 (下行)； 呼叫接入处理能力 BHCA 不低于 43.2 万
	100 MHz 32T32R TDD	下行最大流数不低于 8；上行最大流数不低于 4； 下行峰值速率不低于 2.5 Gb/s；上行峰值速率不低于 0.6 Gb/s； RRC 连接用户数不低于 2400；RRU 激活用户数不低于 800；支持 VoNR 用户数不低于 400； 单位 TTI 时间内同时调度用户数不低于 28 个 (上行) 和 16 个 (下行)； 呼叫接入处理能力 BHCA 不低于 43.2 万
	100 MHz 8T8R TDD	下行最大流数不低于 4；上行最大流数不低于 2； 下行峰值速率不低于 1.5 Gb/s；上行峰值速率不低于 0.375 Gb/s； RRC 连接用户数不低于 2400；RRC 激活用户数不低于 800；支持 VoNR 用户数不低于 400； 单位 TTI 时间内同时调度用户数不低于 28 个 (上行) 和 16 个 (下行)； 呼叫接入处理能力 BHCA 不低于 43.2 万

续表一

类　　型		BBU 设备参数要求
载波性能要求	100 MHz 4T4R TDD	下行最大流数不低于 4；上行最大流数不低于 2； 下行峰值速率不低于 1.5 Gb/s；上行峰值速率不低于 0.375 Gb/s； RRC 连接用户数不低于 2400 个；RRC 激活用户数不低于 800 个；支持 VoNR 用户数不低于 400 个； 单位 TTI 时间内同时调度用户数不低于 28 个（上行）和 16 个（下行）； 呼叫接入处理能力 BHCA 不低于 43.2 万
	100 MHz 2T2R TDD	下行最大流数不低于 2；上行最大流数不低于 2； 下行峰值速率不低于 0.75 Gb/s；上行峰值速率不低于 0.375 Gb/s； RRC 连接用户数不低于 2400 个；RRC 激活用户数不低于 800 个；支持 VoNR 用户数不低于 400 个； 单位 TTI 时间内同时调度用户数不低于 28 个（上行）和 16 个（下行）； 呼叫接入处理能力 BHCA 不低于 43.2 万
	50 MHz 4T4R FDD	下行最大流数不低于 4；上行最大流数不低于 2； 下行峰值速率不低于 1.12 Gb/s；上行峰值速率不低于 0.56 Gb/s； RRC 连接用户数不低于 2400；RRC 激活用户数不低于 800 个；支持 VoNR 用户数不低于 400 个； 单位 TTI 时间内同时调度用户数不低于 16 个； 呼叫接入处理能力 BHCA 不低于 43.2 万
	50 MHz 2T2R FDD	下行最大流数不低于 2；上行最大流数不低于 2； 下行峰值速率不低于 0.56 Gb/s；上行峰值速率不低于 0.56 Gb/s； RRC 连接用户数不低于 2400 个；RRC 激活用户数不低于 800 个；支持 VoNR 用户数不低于 400 个； 单位 TTI 时间内同时调度用户数不低于 16 个； 呼叫接入处理能力 BHCA 不低于 43.2 万
BBU 性能		1. 下行最大流数需支持不低于 192 流，上行最大流数需支持不低于 96 流； 2. 下行容量需支持不低于 50 Gb/s，上行容量需支持不低于 12.6 Gb/s； 3. RRC 连接用户数需支持不小于 $N \times 2400$ 个，N 为 BBU 支持的载波数； 4. RRC 激活用户数需支持不小于 $N \times 800$ 个，N 为 BBU 支持的载波数； 5. VoNR 用户数需支持不小于 $N \times 400$ 个，N 为 BBU 支持的载波数； 6. 呼叫接入处理能力 BHCA 需支持不小于 $N \times 43.2$ 万，N 为 BBU 支持的载波数

续表二

类　　型	BBU 设备参数要求
BBU 载波能力	1. 单个基带板需要同时支持不低于 6 个 100 MHz 64T64R TDD 载波（每个小区下行峰值 16 流）； 2. 单个基带板需要同时支持不低于 6 个 100 MHz 32T32R TDD 载波（每个小区下行峰值 8 流）； 3. 单个基带板需要同时支持不低于 6 个 100 MHz 8T8R TDD 载波（每个小区下行峰值 4 流）； 4. 单个基带板需要同时支持不低于 6 个 100 MHz 4T4R TDD 载波（每个小区下行峰值 4 流）； 5. 单个基带板需要同时支持不低于 6 个 100 MHz 2T2R TDD 载波（每个小区下行峰值 2 流）； 6. 单个基带板在支持 1D3U 帧结构下需要同时支持不低于 3 个 100 MHz 4T4R TDD 载波（每个小区下行峰值 4 流）； 7. 单个基带板在支持 1D3U 帧结构下需要同时支持不低于 3 个 100 MHz 2T2R TDD 载波（每个小区下行峰值 2 流）； 8. 单个基带板需要同时支持不低于 6 个 50 MHz 4T4R FDD 载波（每个小区下行峰值 4 流）； 9. 单个基带板需要同时支持不低于 6 个 50 MHz 2T2R FDD 载波（每个小区下行峰值 2 流）； 10. 单个基带板需要同时支持不低于 6 个 50 MHz 8T8R TDD 载波（每个小区下行峰值 4 流）
功耗	在配置 6 个 100 MHz 64T64R 载波的情况下，空载功耗不高于 250 W，满载功耗不高于 280 W； 在配置 12 个 100 MHz 64T64R 载波的情况下，空载功耗不高于 450 W，满载功耗不高于 480 W； BBU 设备在配置 24 个 100 MHz 64T64R 载波的情况下，空载功耗不高于 850 W，满载功耗不高于 880 W； BBU 设备在配置 6 个 50 MHz 4T4R 载波的情况下，空载功耗不高于 250 W，满载功率不高于 280 W； BBU 设备在配置 12 个 50 MHz 4T4R 载波的情况下，空载功耗不高于 450 W，满载功率不高于 480 W； BBU 设备在配置 24 个 50 MHz 4T4R 载波的情况下，空载功耗不高于 850 W，满载功率不高于 880 W
供电方式及电压	支持 -48VDC 或 220 V AC 供电方式
前传	基带板须同时支持 CPRI 和 eCPRI 接口，即可以同时连接 CPRI 接口的 RRU 和 eCPRI 接口的 AAU； BBU 须支持 25G eCPRI/CPRI 接口； BBU 须支持 10G CPRI 接口，且须具备支持 25G 光模块的能力； BBU 须同时支持 eCPRI 和 CPRI 接口压缩算法
回传	支持至少 2 个 25GE 回传光接口，向下兼容 10GE 速率
同步方式	GPS、北斗

表 3-7　3.5G 64T64R AAU 设备参数要求

类　型	3.5G NR 64T64R AAU
工作频段	3400 ～ 3600 MHz
尺寸重量	3.5G 200M NR 64T64R 320 W AAU 重量不超过 43 kg，迎风面积不超过 0.6 m²
通道数	通道数为 64T64R，下行须支持 64 通道发射，上行须支持 64 通道接收。并支持每通道独立开关
工作带宽	3.5G 200M NR 64T64R 320 W AAU：不小于 200 MHz
输出功率	3.5G 200M NR 64T64R 320 W AAU：支持机顶最大输出功率不小于 320 W； 总输出功率动态范围满足如下要求：在 50 MHz 带宽下（子载波间隔为 30 kHz）不小于 21.3 dB；在 100 MHz 带宽下（子载波间隔为 30 kHz）不小于 24.3 dB
天线阵子数	192
波束配置	SSB 可支持 1 至 7 个波束灵活配置，支持根据不同部署场景生成相应的 SSB 波束配置
最大功耗	单载波 100M 最大功耗不高于 1100 W
矢量幅度误差 EVM	PDSCH 调制方式为 QPSK 时，EVM 应不大于 17.5%； PDSCH 调制方式为 16QAM 时，EVM 应不大于 12.5%； PDSCH 调制方式为 64QAM 时，EVM 应不大于 8%； PDSCH 调制方式为 256QAM 时，EVM 应不大于 3.5%
邻道泄露功率比 ACLR	在 100 MHz 带宽下高于 45 dBc
定时误差	AAU 发射机端口之间的定时误差应满足在每个载波频率下，TAE 不应超过 65 ns
共站址杂散	不高于 −105 dBm/100 kHz/ 每通道
接收机灵敏度	100 MHz 带宽（子载波带宽为 30 kHz）配置下，吞吐量损失不超过 5%，且参考测量信道为 3GPP TS 38.104 规定 G-FR1-A1-5 信道时，接收机单通道灵敏度不大于 −97 dBm
接收机阻塞特性	100 MHz 带宽配置下，有用信号为 3GPP TS 38.104 规定的 G-FR1-A1-5 信道信号，功率 −94 dBm，干扰信号为 20 MHz DFT-s-OFDM NR 信号，在工作频段上下 60 MHz 范围以内，干扰信号达到 −43 dBm，吞吐量保持 95% 以上； 干扰信号为连续波，在工作频段上下 60 MHz 范围以外，有用信号 −94 dBm，干扰信号 −15 dBm，吞吐量保持 95% 以上；对于共址阻塞，有用信号 −94 dBm，干扰信号为连续波信号（国内任意其他无线通信系统，包括电信 CDMA850 和 LTE800 的系统）20 dBm，吞吐量保持 95% 以上
接收机带内选择性	100 MHz 带宽配置下，有用信号为 3GPP TS 38.104 规定的 G-FR1-A1-5 信道信号，干扰信号类型为 DFT-s-OFDM NR，50 RBs，与有用信号频段相邻，有用信号 −94 dBm，干扰信号 −71.4 dBm，吞吐量保持 95% 以上

续表

类　型	3.5G NR 64T64R AAU
接收机邻道选择性	100 MHz 带宽配置下，有用信号为 3GPP TS 38.104 规定的 G-FR1-A1-5 信道信号，在相邻信道频率上产生干扰信号，干扰信号为 20 MHz DFT-s-OFDM NR 信号，有用信号 -94 dBm，干扰信号 -52 dBm，吞吐量保持 95% 以上
天线性能要求	1. AAU 设备的天线采用 ±45° 极化方式；天线端口之间的隔离度大于 20 dB； 2. AAU 广播波束数量支持 1 ～ 7 个，支持广播波束按照任意方式在水平和垂直两个维度扫描排列
接口要求	支持至少 2 个 25G eCPRI 光接口，支持 eCPRI 接口压缩算法
同步要求	1. AAU 与 BBU 之间的接口采用主从同步方式，AAU 从接口提取时钟作为自身的时钟参考，使 AAU 时钟同步到基站时钟上。AAU 在任何信道上产生的载频应优于 ±0.05 ppm 的绝对频率容限； 2. BBU 和 AAU 之间的时间同步偏差应不大于 ±200 ns
供电方式	支持 -48 V DC、220 V AC 内置或外置交流模块的供电方式
环境要求	应能在环境温度：-40 ～ ＋ 55℃，相对湿度：5% ～ 100% 环境条件下长期稳定可靠地工作； 应能在环境温度：-40 ～ ＋ 60℃，相对湿度：5% ～ 100% 环境条件下短期稳定可靠地工作

表 3-8　3.5G 32T32R AAU 设备参数要求

类　型	3.5G NR 32T32R AAU
工作频段	3400 ～ 3600 MHz
尺寸重量	重量不超过 43 kg，迎风面积不超过 0.6 m²
通道数	通道数为 32T32R，下行须支持 32 通道发射，上行须支持 32 通道接收。并支持每通道独立开关
工作带宽	不小于 200 MHz
输出功率	支持机顶最大输出功率不小于 320 W； 总输出功率动态范围满足如下要求：在 50 MHz 带宽下（子载波间隔为 30 kHz）不小于 21.3 dB；在 100 MHz 带宽下（子载波间隔为 30 kHz）不小于 24.3 dB
天线阵子数	192
波束配置	SSB 可支持 1 至 7 个波束灵活配置，支持根据不同部署场景生成相应的 SSB 波束配置
最大功耗	单载波 100 M 最大功耗不高于 1000 W
矢量幅度误差 EVM	PDSCH 调制方式为 QPSK 时，EVM 应不大于 17.5%； PDSCH 调制方式为 16QAM 时，EVM 应不大于 12.5%； PDSCH 调制方式为 64QAM 时，EVM 应不大于 8%； PDSCH 调制方式为 256QAM 时，EVM 应不大于 3.5%

续表

类　型	3.5G NR 32T32R AAU
邻道泄漏功率比 ACLR	在 100 MHz 带宽下高于 45 dBc
定时误差	AAU 发射机端口之间的定时误差应满足在每个载波频率下，TAE 不应超过 65 ns
共站址杂散	不高于 −102 dBm/100 kHz/ 每通道
接收机灵敏度	100 MHz 带宽 (子载波带宽为 30 kHz) 配置下，吞吐量损失不超过 5%，且参考测量信道为 3GPP TS 38.104 规定 G-FR1-A1-5 信道时，接收机单通道灵敏度不大于 −97 dBm
接收机阻塞特性	100 MHz 带宽配置下，有用信号为 3GPP TS 38.104 规定的 G-FR1-A1-5 信道信号，功率 −94 dBm，干扰信号为 20 MHz DFT-s-OFDM NR 信号，在工作频段上下 60 MHz 范围以内，干扰信号达到 −43 dBm，吞吐量保持 95% 以上； 干扰信号为连续波，在工作频段上下 60 MHz 范围以外，有用信号 −94 dBm，干扰信号 −15 dBm，吞吐量保持 95% 以上；对于共址阻塞，有用信号 −94 dBm，干扰信号为连续波信号 (国内任意其他无线通信系统，包括电信 CDMA850 和 L800 的系统)20 dBm，吞吐量保持 95% 以上
接收机带内选择性	100 MHz 带宽配置下，有用信号为 3GPP TS 38.104 规定的 G-FR1-A1-5 信道信号，干扰信号类型为 DFT-s-OFDM NR，50 RBs，与有用信号频段相邻，有用信号 −94 dBm，干扰信号 −71.4 dBm，吞吐量保持 95% 以上
接收机邻道选择性	100 MHz 带宽配置下，有用信号为 3GPP TS 38.104 规定的 G-FR1-A1-5 信道信号，在相邻信道频率上产生干扰信号，干扰信号为 20 MHz DFT-s-OFDM NR 信号，有用信号 −94 dBm，干扰信号 −52 dBm，吞吐量保持 95% 以上
天线性能要求	1. AAU 设备的天线采用 ±45° 极化方式；天线端口之间的隔离度大于 20 dB； 2. AAU 广播波束数量支持 1 ～ 7 个，支持广播波束按照任意方式在水平和垂直两个维度扫描排列
接口要求	支持至少 2 个 25G eCPRI 光接口，支持 eCPRI 接口压缩算法
同步要求	1. AAU 与 BBU 之间的接口采用主从同步方式，AAU 从接口提取时钟作为自身的时钟参考，使 AAU 时钟同步到基站时钟上。AAU 在任何信道产生的载频应优于 ±0.05 ppm 的绝对频率容限； 2. BBU 和 AAU 之间的时间同步偏差应不大于 ±200 ns
供电方式	支持 −48 V DC、220 V AC 内置或外置交流模块的供电方式
环境要求	应能在环境温度：−40 ～ ＋ 55℃，相对湿度：5% ～ 100% 环境条件下长期稳定可靠地工作； 应能在环境温度：−40 ～ ＋ 60℃，相对湿度：5% ～ 100% 环境条件下短期稳定可靠地工作

表 3-9　3.5G 8T8R RRU 设备参数要求

类　型	3.5G NR 8T8R RRU
工作频段	3400 ～ 3600 MHz
尺寸重量	重量不超过 25 kg，迎风面积不超过 0.6 m²
通道数	通道数为 8T8R，下行须支持 8 通道发射，上行须支持 8 通道接收。并支持每通道独立开关
工作带宽	不小于 200 MHz
输出功率	支持机顶最大输出功率不小于 8 × 50 W； 总输出功率动态范围满足如下要求：在 50 MHz 带宽下（子载波间隔为 30 kHz）不小于 21.3 dB；在 100 MHz 带宽下（子载波间隔为 30 kHz）不小于 24.3 dB
最大功耗	单载波 100 M 最大功耗不高于 710 W
矢量幅度误差 EVM	PDSCH 调制方式为 QPSK 时，EVM 应不大于 17.5%； PDSCH 调制方式为 16QAM 时，EVM 应不大于 12.5%； PDSCH 调制方式为 64QAM 时，EVM 应不大于 8%； PDSCH 调制方式为 256QAM 时，EVM 应不大于 3.5%
邻道泄漏功率比 ACLR	在 100 MHz 带宽下高于 45 dBc
定时误差	RRU 发射机端口之间的定时误差应满足在每个载波频率下，TAE 不应超过 65 ns
共站址杂散	不高于 -102 dBm/100 kHz/ 每通道
接收机灵敏度	100 MHz 带宽（子载波带宽为 30 kHz）配置下，吞吐量损失不超过 5%，且参考测量信道为 3GPP TS 38.104 规定 G-FR1-A1-5 信道时，接收机单通道灵敏度不大于 -97 dBm
接收机阻塞特性	100 MHz 带宽配置下，有用信号为 3GPP TS 38.104 规定的 G-FR1-A1-5 信道信号，功率 -94 dBm，干扰信号为 20 MHz DFT-s-OFDM NR 信号，在工作频段上下 60 MHz 范围以内，干扰信号达到 -43 dBm，吞吐量保持 95% 以上； 干扰信号为连续波，在工作频段上下 60 MHz 范围以外，有用信号 -94 dBm，干扰信号 -15 dBm，吞吐量保持 95% 以上；对于共址阻塞，有用信号 -94 dBm，干扰信号为连续波信号（国内任意其他无线通信系统，包括电信 CDMA850 和 L800 的系统）20 dBm，吞吐量保持 95% 以上
接收机带内选择性	100 MHz 带宽配置下，有用信号为 3GPP TS 38.104 规定的 G-FR1-A1-5 信道信号，干扰信号类型为 DFT-s-OFDM NR，50 RBs，与有用信号频段相邻，有用信号 -94 dBm，干扰信号 -71.4 dBm，吞吐量保持 95% 以上

类　型	3.5G NR 8T8R RRU
接收机邻道选择性	100 MHz 带宽配置下，有用信号为 3GPP TS 38.104 规定的 G-FR1-A1-5 信道信号，在相邻信道频率上产生干扰信号，干扰信号为 20 MHz DFT-s-OFDM NR 信号，有用信号 -94 dBm，干扰信号 -52 dBm，吞吐量保持 95% 以上
接口要求	支持至少 2 个 25G eCPRI 光接口，支持 eCPRI 接口压缩算法
同步要求	1. RRU 与 BBU 之间的接口采用主从同步方式，RRU 从接口提取时钟作为自身的时钟参考，使 RRU 时钟同步到基站时钟上。RRU 在任何信道产生的载频应优于 0.05 ppm 的绝对频率容限； 2. BBU 和 RRU 之间的时间同步偏差应不大于 ±200 ns
供电方式	支持 -48 V DC、220 V AC 内置或外置交流模块的供电方式
环境要求	应能在环境温度：-40 ～ + 55℃，相对湿度：5% ～ 100% 环境条件下长期稳定可靠地工作； 应能在环境温度：-40 ～ + 60℃，相对湿度：5% ～ 100% 环境条件下短期稳定可靠地工作

表 3-10　2.1G 4T4R RRU 设备参数要求

类　型	2.1G NR 55M 4T4R RRU
工作频段	2110 ～ 2165 MHz/1920 ～ 1975 MHz
通道数	通道数为 4T4R，下行须支持 4 通道发射，上行须支持 4 通道接收
工作带宽	不小于 55 MHz
输出功率	2.1G NR 55M 4T4R 4×60 W RRU：支持机顶最大输出功率不小于 4×60 W； 2.1G NR 55M 4T4R 4×80 W RRU：支持机顶最大输出功率不小于 4×60 W； RRU 总输出功率动态范围满足如下要求：在 50 MHz 带宽下（子载波间隔为 15 kHz）不小于 24.3 dB；在 40 MHz 带宽下（子载波间隔为 15 kHz）不小于 23.3 dB；在 30 MHz 带宽下（子载波间隔为 15 kHz）不小于 22 dB；在 20 MHz 带宽下（子载波间隔为 15 kHz）不小于 20.2 dB
最大功耗	2.1G NR 55M 4T4R 4×60 W RRU：不高于 750 W； 2.1G NR 55M 4T4R 4×80 W RRU：不高于 950 W
矢量幅度误差 EVM	PDSCH 调制方式为 QPSK 时，EVM 应不大于 17.5%； PDSCH 调制方式为 16QAM 时，EVM 应不大于 12.5%； PDSCH 调制方式为 64QAM 时，EVM 应不大于 8%； PDSCH 调制方式为 256QAM 时，EVM 应不大于 3.5%

续表一

类　型	2.1G NR 55M 4T4R RRU
邻道泄漏功率比 ACLR	高于 45 dBc
定时误差	RRU 发射机端口之间的定时误差应满足在每个载波频率下，TAE 不应超过 65 ns
共站址杂散	不高于 -102 dBm/100 kHz/ 每通道，在 2170 ～ 2200 MHz 频段的无用辐射功率不得高于 -65 dBm/ MHz/ 每通道
接收机灵敏度	50 MHz、40 MHz、30 MHz、20 MHz 带宽（子载波带宽为 15 kHz）配置下，吞吐量损失不超过 5%，且参考测量信道为 3GPP TS 38.104 规定 G-FR1-A1-4 信道时，接收机单通道灵敏度不大于 -97 dBm
接收机阻塞特性	30 MHz、40 MHz、50 MHz 带宽配置下，有用信号为 3GPP TS 38.104 规定的 G-FR1-A1-4 信道信号，功率 -94 dBm，干扰信号为 20 MHz DFT-s-OFDM NR 信号，在工作频段上下 20 MHz 范围以内，干扰信号达到 -43 dBm，吞吐量保持 95% 以上；干扰信号为连续波，在工作频段上下 60 MHz 范围以外，有用信号 -94 dBm，干扰信号 -15 dBm，吞吐量保持 95% 以上；对于共址阻塞，有用信号 -94 dBm，干扰信号为连续波信号 (国内任意其他无线通信系统，除 1.9 GHz 频段的 TDD 系统)20 dBm，吞吐量保持 95% 以上
接收机阻塞特性	20 MHz 带宽配置下，有用信号为 3GPP TS 38.104 规定的 G-FR1-A1-4 信道信号，功率 -94 dBm，干扰信号为 5 MHz DFT-s-OFDM NR 信号，在工作频段上下 20 MHz 范围以内，干扰信号达到 -43 dBm，吞吐量保持 95% 以上；干扰信号为连续波，在工作频段上下 20 MHz 范围以外，有用信号 -94 dBm，干扰信号 -15 dBm，吞吐量保持 95% 以上；对于共址阻塞，有用信号 -94 dBm，干扰信号为连续波信号 (国内任意其他无线通信系统，除 1.9 GHz 频段的 TDD 系统)20 dBm，吞吐量保持 95% 以上。对于 1885～1915 MHz 频段的阻塞要求为干扰信号为 5 MHz E-UTRE 信号，功率达到 -5 dBm，有用信号 -94 dBm，吞吐量保持 95% 以上
接收机带内选择性	40 MHz，50 MHz 带宽配置下，有用信号为 3GPP TS 38.104 规定的 G-FR1-A1-4 信道信号，干扰信号类型为 DFT-s-OFDM NR，100 RBs，与有用信号频段相邻，有用信号 -94 dBm，干扰信号 -71.4 dBm，吞吐量保持 95% 以上。20 MHz，30 MHz 带宽配置下，有用信号为 3GPP TS 38.104 规定的 G-FR1-A1-1 信道信号，干扰信号类型为 DFT-s-OFDM NR，25 RBs，与有用信号频段相邻，有用信号 -100 dBm，干扰信号 -77.4 dBm，吞吐量保持 95% 以上

续表二

类　型	2.1G NR 55M 4T4R RRU
接收机邻道选择性	30 MHz、40 MHz、50 MHz 带宽配置下，有用信号为 3GPP TS 38.104 规定的 G-FR1-A1-4 信道信号，在相邻信道频率上产生干扰信号，干扰信号为 20 MHz DFT-s-OFDM NR 信号，有用信号 −94 dBm，干扰信号 −52 dBm，吞吐量保持 95% 以上。 20 MHz 带宽配置下，有用信号为 3GPP TS 38.104 规定的 G-FR1-A1-4 信道信号，在相邻信道频率上产生干扰信号，干扰信号为 5 MHz DFT-s-OFDM NR 信号，有用信号 −94 dBm，干扰信号 −52 dBm，吞吐量保持 95% 以上
接口要求	支持至少 1 个 10G CPRI 光接口，须同时具备支持 25G 光模块的能力，支持 CPRI 接口压缩算法
同步要求	1.RRU 与 BBU 之间的接口采用主从同步方式，RRU 从接口提取时钟作为自身的时钟参考，使 RRU 时钟同步到基站时钟上。RRU 在任何信道产生的载频应优于 ±0.05 ppm 的绝对频率容限； 2.为满足 uRLLC 业务的承载，BBU 和 RRU 之间的时间同步偏差应不大于 ±200 ns
供电方式	支持 −48 V DC、220 V AC 内置或外置交流模块的供电方式
环境要求	应能在环境温度：−40 ～＋ 55℃，相对湿度：5% ～ 100% 环境条件下长期稳定可靠地工作； 应能在环境温度：−40 ～＋ 60℃，相对湿度：5% ～ 100% 环境条件下短期稳定可靠地工作

任务3.3　完成BBU部署及配置要求

　　为了使综合成本最优，4G/5G BBU 优先采用集中部署方式，推进大容量 BBU 应用。基于大容量的 6 小区基带板与多模主控板，优先按照一框多站、一框多制、一板多模等原则配置 BBU，从而充分挖掘 BBU 能力，充分节省 BBU、板卡 CAPEX 和节省耗电 OPEX。同时 BBU 框应预留一定的冗余，以满足后续扩容和优化增加微站等需求，随着设备集成度的提升和网络建设规模的加大，逐步提高 BBU 单框配置能力。

3.3.1　BBU 集中部署要求及原则

　　BBU 机房分为 BBU 集中机房和 BBU 下沉机房两种。考虑到使综合成本最优、网络安全等因素，4G/5G BBU 原则上均部署于 BBU 集中机房。条件成熟的运营商也可采用 BBU 集中池化部署，并推进大容量 BBU 应用，如图 3-18 所示。

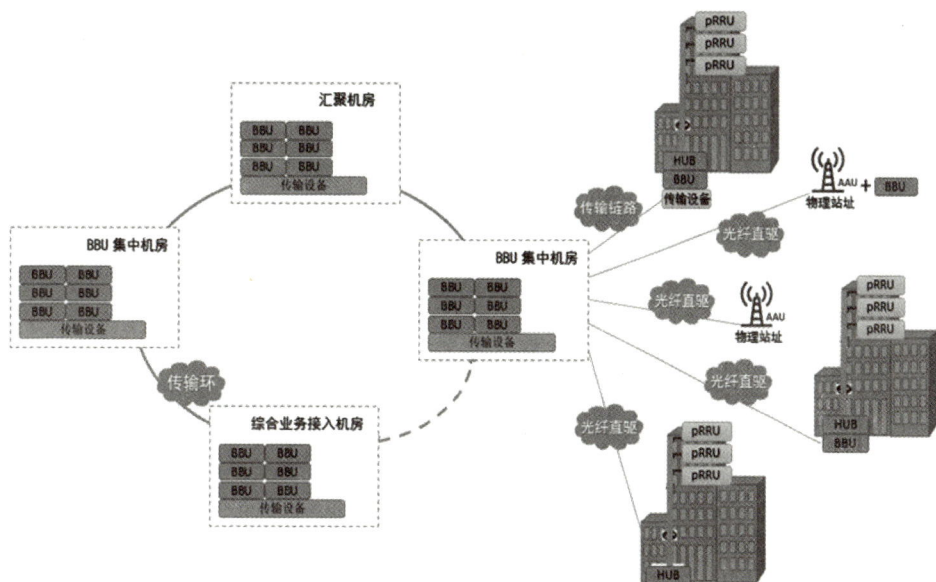

图 3-18　BBU 集中部署方案结构

1. BBU 集中部署要求

BBU 集中机房的分布密度应结合业务需求及网络安全两方面作整体规划。BBU 集中机房应重点满足区域内的 5G BBU 以及 4G BBU 设备等的接入、汇聚需求，并兼顾区域内的集团客户、WLAN、信息点覆盖等业务，以综合业务接入区为单位制定 BBU 集中设置方案。AAU 拉远距离应结合前传光模块配置具体确定，一般不超过 10 km。

为了保障现有节点机房资源利用率最大化，应优先按照可安装面积 (包括腾退后的) 核算可放置设备数量，并提出外市电扩容需求；再根据可安装面积、外市电容量测算 BBU 集中数量，进而明确区域内节点机房布局。同时探索侧面进出风的 BBU 设备竖装方式，以提升 BBU 设备散热效果。

2. BBU 集中部署原则

BBU 或 BBU 池化集中部署具体原则如下：

(1) 有条件的本地网 BBU 应集中放置于综合业务接入点或汇聚机房，不具备条件的也可放置于 BBU 集中点机房。

(2) 对于汇聚机房或自有产权条件较好的综合业务接入点机房，BBU 集中规模不少于 10 个 5G 或 4G 站点，租用的综合业务接入点机房 BBU 集中数量原则上需 10 个左右的 5G 或 4G 站点，BBU 集中点机房的 BBU 集中数量应不少于 3 个 5G 或 4G 站点。

综上，为便于统筹 BBU 集中放置机房布局及规划，应做好如下工作：

(1) 梳理现网站址的综合业务接入区归属，以及现网 BBU 集中机房，传输专业负责进行机房布局。

(2) 推进现网 BBU 设备的整合腾退。

(3) 按综合业务接入区提出 5G 站点需求。

3.3.2　BBU 板卡配置要求

BBU 板卡配置要求如下：

(1) 一框多站原则。优先采用 6 小区基带板、一框多站配置 BBU，可以兼顾节省投资和安全性的要求。

① 城区场景 5G only BBU 优先按照 4×3.5G NR S111 + 4×1.8G 或 2.1G NR 40M S111 或者 8 个 700 ~ 900 M NR S111 能力配置或预留能力。

② 郊区场景 5G only BBU 优先按照 4×3.5G NR S111 + 4×1.8G 或 2.1G NR 40M S111 或者 8 个 700 ~ 900 M NR S111 能力配置或预留能力。

③ 农村场景 5G only BBU 优先按照 8 个 1.8G 或 2.1G NR 40 M S111 或者 8 个 700 ~ 900 M NR S111 能力配置或预留能力。

(2) 一框多制原则。在机房受限场景下，优先考虑 3G/4G/5G 共 BBU 框。

(3) 一板多模原则。采用 4G/5G 共主控板、同一基带板支持 700 ~ 900 M FDD 4G/5G、1.8G 或 2.1G FDD 4G/5G 等方案，可以节省板件，降低 BBU 耗电。

任务3.4　完成基站天馈线设计

3.4.1　基站天线选型

天线选型包括极化方式、方向图、水平 / 垂直半功率角、天线增益、下倾角等参数的选择。天线选型基本原则如表 3-11 所示。

表 3-11　基站天线选型建议

覆盖场景	宏基站天线		
	站型	主要应用类型	应用场景说明
城区	定向	双极化 15 dBi/65°（预置 0°/3°/6°）	由于城区覆盖半径较小，天线的下倾角需设置较大，因此容易导致天线波形失真。预置内倾角可以有效减小天线波束的变形程度。优先采用预置 3°或 6°倾角的天线；对于无需设置大下倾角的地区也可选择无内置倾角的天线
	定向	双极化 15 dBi/65°（电调天线）	对于需经常进行网络优化调整、重置基站的覆盖半径，从而频繁调整天线下倾角的大城市，建议采用电调天线

续表

覆盖场景	宏基站天线		
	站型	主要应用类型	应用场景说明
郊区、乡镇	定向	双极化 15 dBi/65°	对于不要求长距离覆盖的郊区、乡镇，建议使用中等增益 (15 dBi) 的天线
	定向	双极化 17 dBi/65°	对于需要兼顾覆盖进城、进乡公路的基站，建议使用高等增益 (17 dBi) 的天线
农村	定向	双极化 17 dBi/65°	可应用于广大的农村地区
	定向	双极化 16 dBi/90°	对于覆盖区夹角较大的区域，可选用较大半功率角 (如 90°) 的天线
	定向	单极化 17 dBi/90°	需具备较大的天线安装空间，适合在开阔的山区和平原农村使用
交通干线	定向	双极化 17 dBi/65°	对于需兼顾覆盖交通线周边的基站，宜选半功率为 65° 的天线
	定向	双极化 20 dBi/30°	对于纯覆盖公路且公路走向较明确的基站，建议采用小半功率角 (30°) 的天线
	定向	单极化 17 dBi/90°	对于天线安装空间充裕，交通干线地理位置开阔、平坦的区域使用
全向天线		全向 11 dBi	应用于全向宏基站
美化天线		—	主要应用于城区、景区等要求天线具有伪装隐形效果的区域
微蜂窝	定向	双极化 8 dBi/65°	主要应用于覆盖街道、车站、隧道等场合

常见的天线形态如图 3-19 和图 3-20 所示。

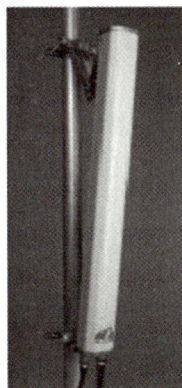

图 3-19　定向天线与全向天线

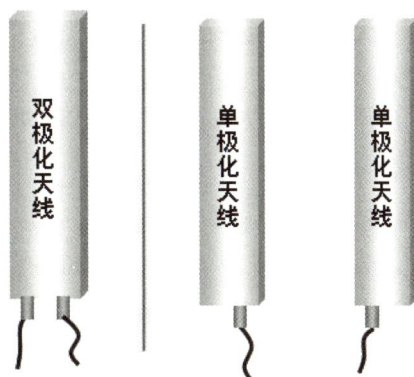

图 3-20　双极化与单极化天线

5G 基站工程的天馈线选取原则如下：

(1) 基站天馈线设计应综合考虑应用场景、覆盖目标、业务分布、干扰规避要求、基站布局、设备选型及天面条件等因素，充分利用现网资源，并在可满足工程实施条件下，合理选取天馈线类型。

(2) 具备整合条件的天面优先采用以多端口天线对现网天馈系统进行整合的方式建设 (原则上各系统天面工程参数一致)，不新增 5G 天面，节省租赁成本。整合的优先级为：

① 承建方天面整合，在同一方向上有两面及以上的天线；

② 共享方天面整合，在同一方向上有两面及以上的天线；

③ 对于深度合作的运营商，双方天面覆盖方向基本一致时，也可根据实际情况进行整合。

(3) 不具备整合条件的天面如下：

① 如果新增 5G 天面挂高满足覆盖需求，可则直接新增天面；

② 如新增 5G 天面挂高较现有 4G 下降较多，不满足覆盖需求，可考虑采用 A+P(Active+Passive, 有源 + 无源) 极简基站方式；

③ 无法通过新建或改造满足天面需求，且承重不满足新增 A+P 设备的，可以考虑换址新建。

(4) 选择主流的天线方案和成熟的商用产品，以保障网络质量和便于实施设备采购。

(5) 对于存在天线美化需求的场景，可采用环保型外罩进行美化。美化天线的选用及安装需综合考虑基站所在的楼房、周边的环境、业主的要求、施工的难度以及经济性等各种因素，遵循产品安装后与环境和谐的原则进行设计。

3.4.2　基站天线安装设计要求

基站天线安装设计要求如下：

1. 天线挂高设计要求

(1) 同一基站不同小区的天线允许有不同的高度。

(2) 对于地势较平坦的市区，一般天线的有效高度为 30 ～ 40 m；对于郊县基站，天线高度可适当提高，一般在 40 ～ 50 m；对于农村基站，天线高度一般在 45 ～ 60 m。

(3) 天线高度过高会降低天线附近的覆盖电平 (俗称"塔下黑")，特别对全向天线来说，该现象更为明显。

(4) 天线高度过高容易造成严重的越区覆盖等问题，而天线高度过低容易产生覆盖空洞，影响网络质量。

2. 天线方位角设计要求

(1) 要求基站天线主瓣方向 100 m 范围内无明显阻挡。

(2) 天线方位角的设计应从整个网络的角度考虑，在满足覆盖要求的基础上，尽可能保证市区各基站的三扇区方位角一致，局部进行微调；郊区、农村、交通干线等环境可根据重点覆盖目标对天线方位角进行调整。

(3) 天线的主瓣方向指向高话务密度区，可以加强该地区信号强度，从而提高通话质量。

(4) 同基站相邻扇区天线方向夹角不宜小于 90°，尽量保持网络结构的均匀，避免出现过多小区重叠覆盖，从而导致严重的导频污染，同时也需要避免出现覆盖空洞。

(5) 为防止越区覆盖，密集城区应避免天线主瓣正对较直的街道。

3. 天线下倾角设计要求及方法

(1) 天线下倾角度必须根据具体情况确定，达到既能够减少相邻小区之间的干扰，又能够满足覆盖要求的目的。

(2) 下倾角设计需要综合考虑基站发射功率、天线高度、小区覆盖范围、无线传播环境等因素。

(3) 密集城区考虑使用带有电下倾角的天线，郊区和农村使用机械下倾角天线。当下倾过大时，必须考虑天线的前后辐射比，避免天线的后瓣对背后小区产生干扰或天线旁瓣对相邻扇区产生干扰。

(4) 天线下倾角的计算方法如下：

天线下倾角 = 机械下倾角 + 电子下倾角

机械下倾角：通过天线的上下安装件来调整，这种调整方式是以安装抱杆为参照物，采用抱杆与天线形成的夹角来计算。

电子下倾角：通过改变共线阵天线振子的相位以及垂直分量和水平分量的幅值大小，从而改变合成分量场强强度，使天线的垂直方向性图下倾。

天线下倾角覆盖示意如图 3-21 所示。

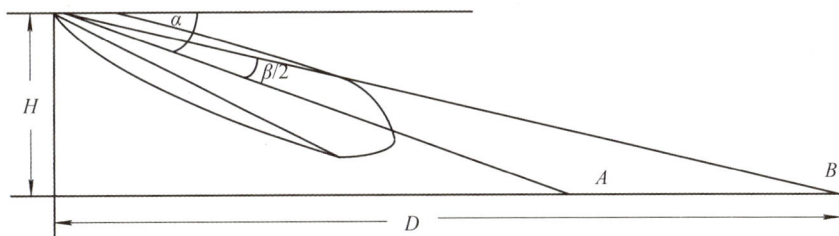

图 3-21 天线下倾角覆盖示意

图 3-21 中，H 为天线的高度，D 为小区的覆盖半径，β 为天线的垂直平面半功率角，α 为天线的下倾角，由三角函数关系分析得出：

$$\tan\left(\alpha - \frac{\beta}{2}\right) = \frac{D}{H} \tag{3-1}$$

进而推导出天线的下倾角计算公式如下：

$$\alpha = \arctan\left(\frac{D}{H}\right) + \frac{\beta}{2} \tag{3-2}$$

现设置 P 为预制电子下倾角，γ 为天线的机械下倾角，那么天线的机械下倾角计算公式如下：

$$\gamma = \alpha - P = \arctan\left(\frac{D}{H}\right) + \frac{\beta}{2} - P \tag{3-3}$$

注意：应用该公式时需注意距离 D 必须小于天线无下倾时按公式计算出的距离，下倾角必须大于垂直平面半功率角的一半。

由于 5G 引入了数字下倾角，因此 5G 基站下倾角设计方法如下：

5G Massive MIMO 下倾角设置包括机械下倾角、电子下倾角、广播波束 (SSB) 数字下倾角、业务波束数字下倾角。其中机械下倾角和电子下倾角需根据工程建设配置，广播波束数字下倾角需结合场景类型进行参数配置，业务波束数字下倾角随无线传播环境和业务自适应调整权值自动配置。

在 SA 组网下，根据连续覆盖的下倾角规划要求，下倾角的具体设置原则如下：

(1) 下倾角设置需要结合天线安装位置和覆盖目标的距离和高度进行考虑，根据 PDSCH 业务信道覆盖最优原则，确保业务波束面向主要业务覆盖区域。

(2) 机械下倾角应根据现网环境设置，原则上不大于 4G 网络机械下倾角，确保广播波束和业务波束不发生图形畸变。

(3) 5G 建网初期，建网目标以覆盖为主，新建 5G 站点时，以业务波束 (可间接通过 CSI-RS 波束表征) 最大增益方向覆盖小区边缘为主。垂直面有多层波束时，建议以最大增益覆盖小区边缘。

(4) 对于需要控制小区间干扰的区域，使下倾角设置以参考波束上 3 dB 指向小区边缘底层，从而降低室外等区域的干扰。

(5) 对于广域覆盖、混合覆盖、高层覆盖等不同覆盖场景，广播波束数字下倾角需结合场景化初始建议值进行合理设置，从而控制广播波束覆盖范围，确保 UE 驻留在业务信道质量最优小区。

4. 天线安装环境

(1) 天线安装环境分为天线附近环境和基站附近环境两种。对于天线附近环境主要考虑天线之间的隔离度和天线受铁塔、楼面等的影响；对于基站附近环境主要考虑 500 m 以内建筑物对无线信号传播的影响。

(2) 基站天线在安装时还应该注意其在覆盖区是否会产生较大的阴影，安装时应尽量避开阻挡物，如安装在楼顶的天线须注意楼顶天面对无线信号的阻挡，且应尽量靠近边沿安装，如图 3-22 所示。

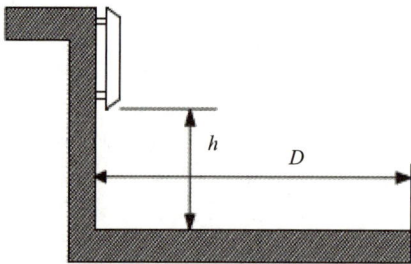

图 3-22 天线天面安装高度与边沿的关系

5. 天线安装隔离度

(1) 天线空间隔离度的计算方法。

天线之间的隔离度：天线在实际安装的情况下，信号从一个天线的端口到另一个天线端口之间的衰减。天线之间的隔离通过垂直隔离或水平隔离来实现，用隔离度指标来表征，通常要求隔离度应至少大于 30 dB，天线的垂直和水平隔离度计算公式如下。

天线垂直隔离度 (dB)：

$$L_v = 28 + 40\lg\left(\frac{k}{\lambda}\right) \tag{3-4}$$

天线水平隔离度 (dB)：

$$L_h = 22 + 20\lg\left(\frac{d}{\lambda}\right) - (G_1 + G_2) - (S_1 + S_2) \tag{3-5}$$

其中，λ 为载波的波长，k 为垂直隔离距离，d 为水平隔离距离，G_1、G_2 分别为发射天线和接收天线在最大辐射方向上的增益 (dBi)，S_1、S_2 分别为发射天线和接收天线在 90° 方向上的副瓣电平 (dBp)。

通常 65° 扇形波束天线 S 约为 −18 dBp，90° 扇形波束天线 S 约为 −9 dBp，120° 扇形波束天线 S 约为 −7 dBp，可以根据具体的天线方向图来确定。全向天线的 S 为 0 dBp。

(2) 杂散干扰隔离度计算公式。

从干扰基站的天线连接处输出的杂散辐射经两个基站间一定的隔离而得到衰减，考虑一定恶化余量下，被干扰基站的天线连接处允许接收到的最大杂散干扰隔离度可按下式计算：

$$I_{\text{Emission}} = (E - K_{\text{BW}} - L_{\text{Tx}}) - (L_{\text{Rx}} + M_{\text{Rx}}) \tag{3-6}$$

式中：I_{Emission} 为系统间杂散干扰隔离度 (dB)；E 为干扰系统发射机在被干扰系统频段内的杂散指标 (dBm)；K_{BW} 为带宽转换因子 (dB)；其中：$K_{\text{BW}} = 10\lg(\text{BW}_{\text{Tx}} / \text{BW}_{\text{Rx}})$，$\text{BW}_{\text{Tx}}$ 为干扰系统载波带宽 (kHz)，BW_{Rx} 为被干扰系统载波带宽 (kHz)；L_{Tx} 为干扰系统的馈线损耗 (dB)；L_{Rx} 为被干扰系统的馈线损耗 (dB)；M_{Rx} 为被干扰系统在一定性能恶化余量下的干扰值 (dB)。

M_{Rx} 的取值如下：

① 恶化余量为 0.1 dB 时，M_{Rx} 干扰值低于底噪 16 dB；

② 恶化余量为 0.2 dB 时，M_{Rx} 干扰值低于底噪 13 dB；

③ 恶化余量为 0.4 dB 时，M_{Rx} 干扰值低于底噪 10 dB；

④ 恶化余量为 0.8 dB 时，M_{Rx} 干扰值低于底噪 7 dB；

⑤ 恶化余量为 1 dB 时，M_{Rx} 干扰值低于底噪 6 dB。

系统的底噪可按下式计算：

$$N_{\text{Noise}} = -174 + \text{NF} + 10\lg(\text{Receive\_BW}) \tag{3-7}$$

式中：N_{Noise} 为被干扰系统接收机底噪 (dBm)；NF 为被干扰系统噪声系数 (dB)；Receive_BW 为被干扰系统的信道带宽 (Hz)。

(3) 阻塞干扰隔离度计算公式。

阻塞干扰隔离度可按下式计算：

$$I_{\text{Block}} = P_{\text{Tx}} - L_{\text{Tx}} - L_{\text{Rx}} - E_{\text{Block}} \tag{3-8}$$

式中：I_{Block} 为阻塞干扰隔离度 (dB)；P_{Tx} 为干扰系统发射功率 (dBm)；L_{Tx} 为干扰系统的馈线损耗 (dB)；L_{RX} 为被干扰系统的馈线损耗 (dB)；E_{Block} 为阻塞干扰指标 (dBm)。

(4) 互调干扰隔离度计算公式。

考虑互调干扰的天线隔离度可按下式计算：

$$I_{Intermodulation} = P_{Intermodulation} - N_{Rx} - 10 \lg(BW_{Tx}/BW_{Rx}) \tag{3-9}$$

式中：$P_{Intermodulation}$ 为落入带内的互调信号功率 (dBm)；BW_{Tx} 为干扰系统的载波带宽 (kHz)；BW_{Rx} 为被干扰系统的载波带宽 (kHz)；N_{Rx} 为被干扰系统能容忍的干扰功率 (dBm)。

(5) 系统之间的干扰隔离度。

系统间的最终干扰隔离度取杂散干扰、阻塞干扰、互调干扰三者中的最大值。干扰和被干扰系统的指标参照表 3-12 的结果。

表 3-12　不同系统间干扰隔离度　　　　　单位：dB

干扰系统	被干扰系统									
	GSM 900	GSM 1800	WCDMA	CDMA 1X	CDMA 2000	TD-SCDMA /TD-LTE (F 频)	TD-LTE /NR (D 频)	LTE-FDD 1.8G	NR 2.1G	NR 3.5G
GSM 900	—	**49**	**33**	**79**	**68**	**33**	33	33	31	31
GSM 1800	**41**	—	**33**	**79**	**68**	**33**	33	33	31	31
WCDMA	**35**	**43**	—	**73**	**62**	**29**	29	29	31	31
CDMA 1X	**86**	**75**	**81**	—	**81**	**81**	81	33	31	31
CDMA 2000	**41**	**49**	**33**	**79**	—	**64**	64	33	33	31
TD-SCDMA/ TD-LTE (F 频)	**34**	**42**	**57**	**72**	**59**	—	29	46	51	31
TD-LTE/NR (D 频)	36	44	59	74	63	59	—	33	31	31
LTE-FDD 1.8G	33	33	33	33	58	51	33	—	31	31
NR 2.1G	33	33	33	33	31	33	33	33	—	31
NR 3.5G	31	31	31	31	31	31	31	31	31	—

注：a. 上表隔离度取值为杂散干扰、阻塞干扰和互调干扰最大值。

b. 表中数值中加粗数据为行标引用结果，细黑数据为工信部研究院研究课题结果。

　　c. 上表结果作为系统隔离的参考，由于存在设备指标差异，因此具体的隔离度要求应根据设备实际指标进行核算。

　　d. 表格仅作为塔桅工艺设计的输入，塔上天线布放应以实际的隔离距离计算结果为准。

　　根据各系统间干扰隔离度的要求与天线空间隔离度计算分析结果，可以确定天线垂直隔离距离、水平隔离距离，从而实现系统间的干扰隔离设计。通过计算，一般垂直隔离距离约为 0.5 m，水平隔离距离约为 4.5 m。因此不同系统天线一般采用垂直隔离。

6. 天线分集技术安装要求

　　目前移动通信中基本都采用极化天线来实现分集效果，且极化天线内部已实现分集间距要求。如果采用空间分集方式，那么分集天线的间距要求如下：

　　(1) 空间分集时，两根接收天线的距离要求为 $10 \sim 20 \lambda$；

　　(2) 天线安装越高其分集天线的水平间距越大，一般取分集天线水平间隔为天线有效高度的 11%；

　　(3) 要达到同样的分集效果，垂直分集距离必须是水平分集时的 5 ~ 6 倍；

　　(4) 为了减少两副天线的相互影响，分集天线水平间距在任何天线有效高度情况下都应大于 3 m。

3.4.3　基站馈线设计要求

　　馈线是指连接天线和发射机 (或接收机) 输出端 (或输入端) 的导线，起传输信号能量的作用。但当单根馈线超过一定长度后，会使馈线损耗过大，明显影响基站覆盖能力。因此，馈线应根据实际工程中馈线的长度和施工条件合理选择，参考原则如表 3-13 所示。

表 3-13　基站馈线选取原则

宏基站	频段 /MHz	1/2" 馈线 /m	7/8" 馈线 /m	5/4" 馈线 /m
GSM	900	≤ 20	≤ 80	>80
	1800	≤ 20	≤ 50	>50
CDMA	450	≤ 20	≤ 110	>110
	800	≤ 20	≤ 80	>80
	1900	≤ 20	≤ 50	>50
WCDMA	1900/2100	≤ 20	≤ 50	>50
LTE	1800/1900	≤ 20	≤ 50	>50
	2600	≤ 20	≤ 50	>50

　　注：对于使用两端口双频双极化天线的情况，由于两个频段共用馈线，应根据馈线长度及高频段对应的标准选择馈线类型。

　　3.5 GHz 或 2.6 GHz 频段的 5G 基站采用 BBU+AAU 方式安装，天线和射频端合设，无需馈线。700 ~ 900 MHz、1.8 GHz 或 2.1 GHz 频段的 4G/5G 基站一般采用 BBU+RRU

方式安装，且 RRU 采取抱杆安装方式，靠近天线，均采用 1/2″ 馈线。

3.4.4 BDS/GPS 天馈线设计要求

BDS/GPS 天馈线设计要求如下。

1.BDS/GPS 天线设计要求

(1) BDS/GPS 天线应安装在较开阔的位置上，保证周围较大的遮挡物 (如树木，铁塔，楼房等) 对天线的遮挡不超过 30°，天线竖直向上的视角应大于 90°，在条件许可时尽量大于 120°；

(2) 为避免反射波的影响，BDS/GPS 天线尽量远离周围尺寸大于 200 mm 的金属物 1.5 m 以上，在条件许可时尽量大于 2 m；

(3) 由于卫星出现在赤道的概率大于其他地点，对于北半球，应尽量将 BDS/GPS 天线安装在天面靠南的位置；

(4) 两个或多个 BDS/GPS 天线安装时彼此之间要保持 2 m 以上的间距，建议将多个 BDS/GPS 天线安装在不同地点，防止同时受到干扰；

(5) 在满足天线安装位置要求的情况下，BDS/GPS 馈线应尽量短，以降低线缆对信号的衰减；

(6) BDS/GPS 授时天线安装时其信号接收面应平行于地面，以达到最佳接收效果，同时应考虑周边环境适当调整安装的角度；

(7) 不要将 BDS/GPS 天线安装在其他发射和接收设备附近，不要安装在微波天线的下方和高压线缆下方，避免其他发射天线的辐射方向对准 BDS/GPS 天线。

2. BDS/GPS 馈线设计要求

4G/5G 基站 BBU 的 BDS/GPS 在满足天线安装位置要求的情况下，BDS/GPS 馈线应尽量短，以降低线缆对信号的衰减。

(1) 天线距离设备 70 m 以内：选用厂商安装材料中自带的 BDS/GPS 线缆 (一般为 1/4″ 馈线)；

(2) 天线距离设备 70 ～ 120 m：选用 1/2″ 馈线；

(3) 天线距离设备 120 ～ 200 m：选用 7/8″ 馈线；

(4) 天线距离设备 200 m 以上：使用增益大于 25 dBi 的 BDS/GPS 信号放大器。

任务3.5　完成基站电源配套设计

基站的供电系统由交流供电系统和直流供电系统组成，其系统结构如图 3-23 所示。

宏基站交流供电系统使用 380 V 市电电源，直流供电系统使用 -48 V 电源系统。

一体化小基站、微基站及直放站站内通信设备采用 220 V 电压用电，站内配置过电压保护装置等交流电源设备。

基站设备耗电量应根据设备情况合理取定，蓄电池容量按供电系统维护时对负荷的供电时间进行配置，高频开关电源整流模块按 $N+1$ 冗余方式配置。

电缆应根据电缆的载流量和电缆回路的压降两个方面进行核算后配置。

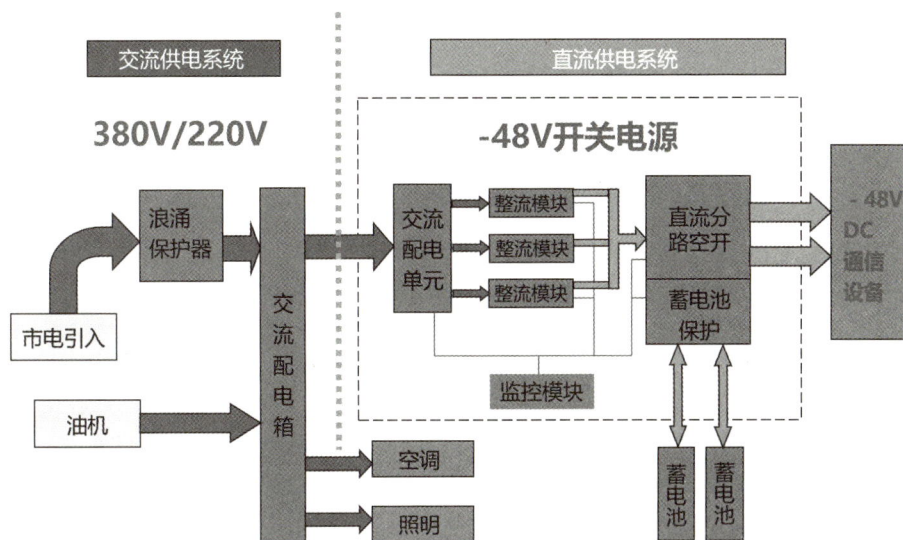

图 3-23　基站供电系统结构图

3.5.1　外市电引入

我国市电一般分为以下四类，在条件允许的情况下，优选级别高的市电。

一类市电：从两个稳定可靠的独立电源各自引入一路供电线，该两路电源不同时出现检修停电，平均每月停电次数 ≤ 1 次，每次故障时间 ≤ 0.5 h。

二类市电：两个以上独立电源或从稳定可靠的输电线路上引入一路供电线，平均每月停电次数 ≤ 3.5 次，每次故障时间 ≤ 6 h。

三类市电：从一个电源引入一路供电线，供电线路长、用户多，平均每月停电次数 ≤ 4.5 次，每次故障时间 ≤ 8 h。

四类市电：达不到三类供电的要求。

基站外市电引入尽量避免新建变压器和转变供电方式，优先选用从公共电网引入一路 380 V 或 220 V 交流市电。其中室内站优先选用 380 V 交流市电，室外站优先选用 220 V 交流市电，如无法引入，则在满足供电质量前提下按以下两种方案引入：

(1) 从基站所在或附近的建筑物就近引入交流电源；

(2) 自建变压器，引入一路高压市电。

市电引入容量根据基站远期规划容量进行配置，容量需满足通信负载最大功率、蓄电池充电功率及空调系统最大负荷需求。典型基站市电容量需求如表 3-14 所示。

表 3-14　典型基站市电容量需求

运营商情况	无线配置	通信设备功耗/W	市电容量需求/kW	自建变压器容量/kV·A
城区或乡镇两套5G	两套 5G(64TR 或 32TR)	6600	15～20	无需
城区或乡镇两套4/5G、一套 2/3G	一套 2G 或 3G+ 两套 4G+ 两套 5G	9680	20～25	无需
农村两套 4G、一套 5G	两套 4G(低频)+一套 5G(低频)	3900	10～15	20
农村两套 4/5G、一套 2/3G	一套 2G 或 3G+ 两套 4G(低频)+ 两套 5G(低频)	6000	15～20	30

将市电从大楼的供电系统引至基站时，导线在楼内走线的，采用绝缘护套电缆引入基站即可。若有部分导线需在室外走线，则应采用金属护套电缆或绝缘护套电缆(室外部分穿钢管)引入基站，室外部分金属护套或钢管应就近作保护接地。

应根据基站负荷和引入距离逐站测算并选择合适的市电引入线缆(优先选择 3×25 + 1×25 或 2×25 的铠装铝芯电缆)，且应使用护套颜色为黑色的阻燃电缆。当电缆采用三相四线时，各相应尽量均衡。

新建基站交流供电线路应采用套管直埋地的方式引入机房，埋地长度不小于 15 m。采用铠装电缆埋地引入方式时，电缆两端钢带应就近接地。电缆直埋要求埋深不小于 70 cm，回填土应防止夹带石子、金属碎片等锐物。如果电缆需要围绕机房周围进行埋设，则电缆直埋埋深调整为 50 cm。如遇到岩石无法开挖的地面，可以采用水泥包封的方式解决，上包封厚不小于 20 cm，侧包封厚不小于 5 cm，底部可不采取包封，但需用软土、细砂垫底。

市电引入电缆无法埋地时，可采用架空方式。架空时应单独架设电杆和吊线，严禁共用通信或其他弱电电缆吊线敷设电力电缆。

搭火点应合理，三相搭序应正确并美观。连接应牢固，铜铝对接应使用线夹，并做滴水湾，高压搭火点必须安装隔离开关。外市电引入电缆接入基站内配电空开时，应对接头处做焊锡处理或制作专用接头后再接入，确保连接处无松动，不易脱落。

3.5.2　交流供电系统和设备配置

基站交流供电系统由高压配电所、降压变压器、油机发电机和低压配电屏等设备组成。低压交流供电系统应采用三相五线或单相三线制供电。

交流配电按远期负荷考虑，输入开关容量不得小于外市电引入容量。当选择 380 V 三相电引入时，使用不小于 380 V/63 A 输入开关；当选择 220 V 单相电引入时，使用不小于

220 V/100 A 输入开关。

对于未配置固定发电机组的基站的交流配电箱，其输入回路应配置两个塑壳断路器，分别用于市电输入和发电机输入，两个塑壳断路器之间应采用机械联锁。用于发电机输入的塑壳断路器输入端应设置工业插座作为移动发电机组应急接口。交流配电箱输出端需全部配置微型断路器，用于开关电源、空调、机房墙面插座、照明等设备的接入。其内部结构如图 3-24 所示。

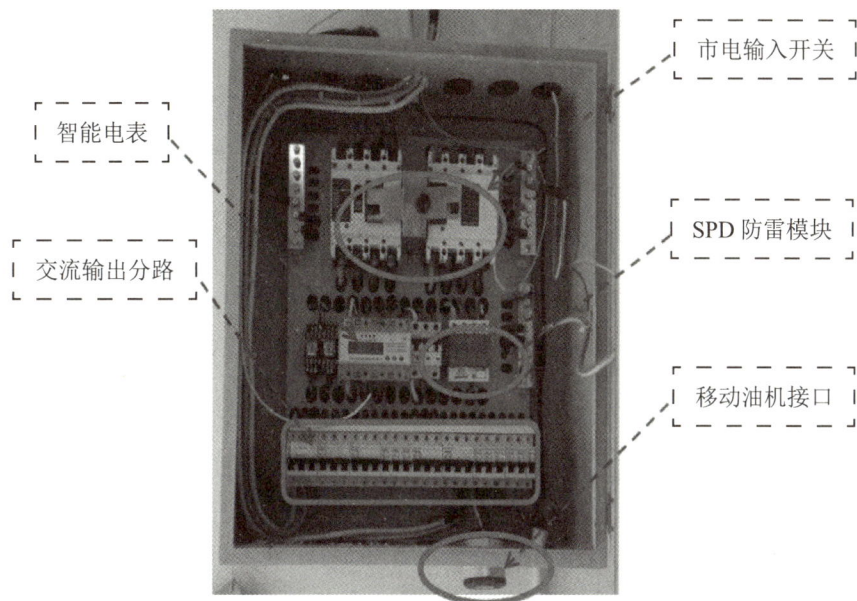

图 3-24　交流配电箱内部结构

采用交流固定发电机组保障的基站，交流配电箱需配置一个 4 极的 PC 级 ATS 开关用于市电 / 发电机组自动切换。

交流配电箱应配置智能电表用来监控局站总输入，电表的参数包含但不限于各相电压、电流、电能、功率因数；智能电表需具备 RS485 标准接口，通信协议应满足国家通信行业标准《通信局 (站) 电源、空调及环境集中监控管理系统》(YD/T 1363—2014) 的相关要求；智能电表应具备本地显示功能，电表及其电能检测装置准确度要求为：电压、电流不低于 0.5，功率、电度不低于 1。

3.5.3　直流供电系统和设备配置

直流供电系统由高频开关电源 (AC/DC 变换器)、蓄电池和直流配电屏等部分组成。电源设备安装于通信机房内时，须采用高频开关电源和阀控式密封铅酸蓄电池组。

1. 高频开关电源

高频开关电源将交流电进行整流滤波，输出纯净的 -48 V 直流电，一部分给直流设备供电，另一部分给蓄电池充电。它由交流配电单元、整流模块、监控模块和直流配电单元组成。其工作原理如图 3-25 所示。

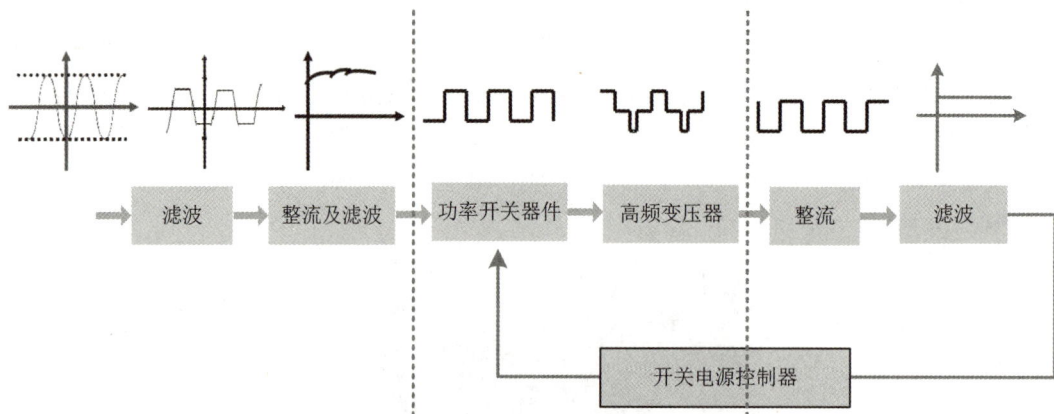

图 3-25　高频开关电源工作原理

　　高频开关电源机架容量需按远期负荷考虑，模块容量按本期负荷考虑，整流模块数量按 $N+1$ 冗余方式配置，其中 N 指主用模块数，$N \leqslant 10$ 时，1 台为备用；$N > 10$ 时，每 10 台备用 1 台。主用整流模块总容量应按负荷电流和均充电流 (10 小时率充电电流) 之和确定。

　　高频开关电源的直流配电单元负责给通信设备提供直流电源的分配，基站设备接入一次下电配电单元 (非重要负载)，传输设备接入二次下电配电单元 (重要负载)。当市电停电，且电池放电到一次下电电压设定值时 (45 V)，系统自动断开一次下电负载，剩余电能全部供给二次下电负载；放电电压下降到电池电压保护值时 (43.2 V)，系统自动脱开全部负载，以保护蓄电池不要过度放电。直流配电单元工作原理如图 3-26 所示。

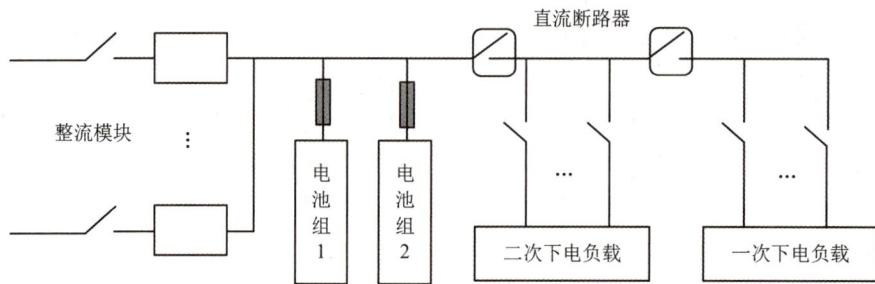

图 3-26　直流配电单元工作原理

2. 蓄电池

　　需按照中期或远期负荷考虑计算蓄电池的总容量。为了使用安全和维护便利，根据总容量应配置 2 组蓄电池，负荷需求较小和配有固定油机等特殊场景可考虑配置 1 组蓄电池。

　　目前基站使用的蓄电池类型主要有铅酸蓄电池和磷酸铁锂电池。实际应用时优先选用铅酸蓄电池，在机房空间和承重不足或环境恶劣的基站，可选用磷酸铁锂电池。目前部分基站使用的梯次电池属于锂电池的一种，主要是磷酸铁锂电池，是通过回收电动汽车退役电池进行电芯重组得到的电池。本书重点讲解铅酸蓄电池。

　　当一个基站内采用多组有差异 (不同容量、不同品牌、不同新旧以及不同类型) 的蓄电池组时，需要使用电池共用管理器连接不同蓄电池组。

新建基站蓄电池组的后备时间应结合基站重要性、市电可靠性、运维能力、机房条件等因素进行确定。根据国家标准《通信电源设备安装工程设计规范》(GB 51194—2016) 规定，移动通信基站无线设备和传输设备的电池放电小时数要求如表 3-15 所示。

表 3-15　移动通信基站无线设备和传输设备的电池放电小时数要求

市电类别	放电小时数 /h	
	无线设备	传输设备
一类	1	2 ～ 4
二类	1 ～ 3	12
三类	2 ～ 4	20
四类	3 ～ 5	24

3.5.4　电源设备的计算

电源设备各参数的计算方式如下。

1. 交流空开容量计算

基站负荷功率计算公式为：

$$负荷功率 P = 开关电源功率 + 机房空调功耗 + 机房照明功耗 + 其他 \quad (3\text{-}10)$$

其中，开关电源功率包括 −48V 通信设备功率、蓄电池充电功率，同时考虑效率；机房空调功耗为空调的电功率 (输入功率) 而非制冷功率；机房照明功耗为照明设备的功率，通常按 200 W 考虑；其他包含其他交流用电设备的功率、预留功率。

基站交流空开容量计算公式如下：

三相系统计算电流

$$I = \frac{P}{\sqrt{3} \times U \times \cos\varphi} \quad (3\text{-}11)$$

单相系统计算电流

$$I = \frac{P}{U \times \cos\varphi} \quad (3\text{-}12)$$

$$交流空开容量 = 计算电流 I \times 可靠系数 \quad (3\text{-}13)$$

其中，$\cos\varphi$ 为功率因数，取 80%；三相系统 U 取 380V，单相系统 U 取 220 V；可靠系数取 1.25 ～ 1.5。

2. 直流端子容量计算

基站直流端子容量计算公式如下：

计算电流

$$I = \frac{P}{U} \tag{3-14}$$

直流端子（空开/熔丝）容量 = 计算电流 I × 可靠系数 $\tag{3-15}$

其中，U 取 −48 V；可靠系数取 1.5 ~ 2。

3. 开关电源整流模块容量计算

整流设备电流为通信用负荷电流与蓄电池充电电流之和，即 $I = I_负 + I_充$。其中，$I_充 \approx Q/T$，Q 为蓄电池容量，T 为充电时间，一般取 10 h。开关电源整流模块容量计算公式如下

$$N = \frac{I_负 + I_充}{I_e} \tag{3-16}$$

其中，I_e 为单个整流模块容量，基站开关电源常用 30 A 或 50 A 的整流模块，主流为 50 A 整流模块。整流模块容量按本期负荷考虑，整流模块数量按 $N + 1$ 冗余方式配置，其中 N 指主用模块数量，$N \leqslant 10$ 时，1 台为备用；$N > 10$ 时，每 10 台备用 1 台。

示例：有一移动通信基站，其通信用负荷近期为 60 A，远期为 120 A，四类市电，无采暖，已配置蓄电池 500 Ah 两组，请计算 50 A 整流模块数量。

计算过程如下

$$I_充 = \frac{Q}{T} = \frac{2 \times 500}{10} = 100 \text{ A}$$

$$I = I_负 + I_充 = 60 + 100 = 160 \text{ A}$$

直流负荷合计为 160 A，需 4 个 50 A 整流模块，另备用 1 个 50 A 整流模块，共需 5 个 50 A 整流模块。

4. 铅酸蓄电池容量计算

铅酸蓄电池的容量计算公式如下

$$Q = \frac{KIT}{\eta\left[1 + \alpha\left(t - 25\right)\right]} \tag{3-17}$$

其中，Q 为蓄电池容量 (Ah)；K 为安全系数，取 1.25；I 为负荷电流 (A)；T 为电池放电小时数 (h)，一般基站电源按 4 h 放电时间配置；η 为放电容量系数，铅酸蓄电池放电容量系数如表 3-16 所示；t 为最低环境温度数值，无采暖时按 5℃ 考虑，有采暖时按 15℃ 考虑；α 为电池温度系数 (1/℃)（当放电小时率 $\geqslant 10$ 时取 $\alpha = 0.006$，当 10> 放电小时率 $\geqslant 1$ 时取 $\alpha = 0.008$，当放电小时率 <1 时取 $\alpha = 0.01$）。

表 3-16 铅酸蓄电池放电容量系数 (η) 表

电池放电小时数 /h	0.5		1		2	3	4	6	8	10	≥ 20
放电终止电压 /V	1.7	1.75	1.75	1.8	1.8	1.8	1.8	1.8	1.8	1.8	≥ 1.85
放电容量系数 /η	0.45	0.4	0.55	0.45	0.61	0.75	0.79	0.88	0.94	1	1

示例:有一移动通信基站,其通信用负荷近期为 60 A,远期为 120 A,四类市电,无采暖,请整定铅酸蓄电池容量,并配置蓄电池组。

计算过程如下:

K:安全系数,取 1.25;

I:负荷电流 (A),按远期取 120A;

T:电池放电小时数 (h),取 4 h;

η:放电容量系数,查上表,取 0.79;

t:最低环境温度数值,无采暖,按 5℃考虑;

α:电池温度系数 (1/℃),取 0.008。

则电池总容量为

$$Q = \frac{1.25 \times 120 \times 4}{0.79 \times [1 + 0.008(5-25)]} \approx 904 \ A \cdot h$$

经计算,铅酸蓄电池总容量为 904 Ah,配置 500 A·h 铅酸蓄电池两组。

3.5.5 电源导线选择及计算

电源导线选择及计算方式如下。

1. 交流电源导线选择

机房内的交流导线应采用耐压 1 kV 阻燃电力软电缆 (如 RVVZ 1kV),通信用交流中性线应采用与相线等截面的导线。

交流电源导线的选择要满足载流量、压降及机械强度要求,全程压降不能超过 10%。交流电源导线截面积确定方法如下:

(1) 计算交流设备额定电流;

(2) 查载流量表,确定交流电源线截面积,或根据简易法 ($S = I/2$) 计算 (简易法仅适用于 120 mm² 以下截面积)。

2. 直流电源导线选择

机房内的直流电源导线应采用耐压 1 kV 阻燃电力软电缆 (如 RVVZ 1 kV),电源导线应按远期负荷确定,除满足载流量外,还需满足该段导线所分配的压降要求。直流电源导线截面积的计算公式如下

$$S = \frac{I \times L}{K \times \Delta U} \tag{3-18}$$

其中，S 为导线截面积 (mm^2)；I 为导线负荷电流 (A)；L 为导线回路长度 (m)(单根长度 × 2)；K 为导线的导电率 $(m/\Omega \times mm^2)$，铜取 57，铝取 34；ΔU 为压降 (V)，直流放电回路全程极限电压降要求小于 3.2 V。

一般的，直流放电回路全程极限电压降要求小于 3.2 V，蓄电池至通信设备各段的压降一般分配如下：

(1) 电池至直流屏压降要求不大于 1 V；

(2) 直流屏自压降要求不大于 0.5 V；

(3) 直流屏至各专业头柜压降要求不大于 1.2 V；

(4) 各专业头柜至通信设备压降要求不大于 0.5 V；

(5) 若无专业头柜，则直流屏至通信设备压降要求不大于 1.7 V。

示例：有一移动通信基站，其通信用负荷近期为 60 A，远期为 120 A，四类市电，无采暖，已配置铅酸蓄电池 500 Ah 两组，蓄电池与直流配电屏的导线长度约为 15 m，请确定铅酸蓄电池电缆的截面积与根数。

计算过程如下：

每组铅酸蓄电池的远期电流为 60 A(120 A/2)，长度为 15 m，最大压降取 1 V，则

$$S = \frac{I \times L \times 2}{57 \times \Delta U} = \frac{60 \times 15 \times 2}{57 \times 1} \approx 32 \ mm^2$$

蓄电池电缆选取 RVVZ 1 kV 1 × 35 mm^2 四根，二正二负，每组电池一正一负。

任务3.6　完成基站基础配套设计

3.6.1　基站机房建设要求及类型选择

基站机房设计基本要求如下。

(1) 机房形状：基站机房应采用矩形平面，不宜采用圆形、三角形等不利于设备布置的机房平面；

(2) 机房净高：应不低于 3 m；

(3) 机房地面均布荷载：应不小于 600 kg/m^2。

(4) 设备布置：设备机架的列间距应考虑工艺设备维护空间，还应根据机架装机功率密度的大小合理选择列间距。基站内一般采用半封闭式机架，机房内不划分冷热通道，机架列间距在 600 ～ 800 mm 之间。每列设备设有两个出口通道，分别为主通道和次通道，一般主通道的宽度不宜小于 1 m，次通道的宽度不宜小于 0.8 m。

(5) 走线架布置：机房内各设备上方均要列有走线架，并平行安装在设备的正上方，同时为连接不同列间的设备，需要增加列间走线架。主走线架一般负责连接两边3 ~ 4架设备为宜。室内走线架采用铝合金或角钢材料，表面需经过抗氧化喷塑或镀锌烤漆等处理。室内走线架高度根据机房高度视情况确定，双层一般要求架设高度离地2.3 m和2.6 m，单层一般要求架设高度离地2.4 m；宽度一般和设备宽度相同，多为400 mm。

(6) 馈线窗布置：馈线窗的主要作用是保障室内外线缆的进出，需要有一定的密闭性，防止灰尘和雨水进入机房。馈线窗为矩形孔洞，尺寸主要为400 mm×400 mm，如线缆数量较多，可考虑布设9孔（每孔3个子孔）馈线窗，共3层，每层3个大孔。为了便于馈线窗的后期建设和维护，应合理规划馈洞占用，做好馈洞的防火、防水封堵。

基站机房一般可分为土建机房、彩钢活动机房、租赁机房、一体化机柜等类型，不同机房的具体形态如图3-27所示。

土建机房　　　　　　彩钢活动机房　　　　　　租赁机房　　　　　　一体化机柜

图3-27　常用机房形态

1. 土建机房

土建机房采用砌体结构，由砌体墙、圈梁、构造柱和现浇楼板组成。建设土建机房需要进行征地和现场施工作业，施工周期长，机房的开间尺寸、面积、朝向等可根据需要和征地情况灵活设计。其设置形式有塔边机房、塔内机房、塔下机房。根据需要可设计辅助用房，辅助用房用于放置发电油机等设备。机房面积约为20 m²，辅助用房面积约为10 m²。

2. 彩钢活动机房

彩钢活动机房由轻型钢骨架和成品彩钢复合夹心板围护构件组成，可建于地面，也可在建筑物楼面建设，可进行模块化部署。机房的开间尺寸、面积、朝向等可根据需要和现场情况灵活设计。常用彩钢活动机房有两种，净面积尺寸分别为5.7 m×3.8 m、4.85 m×2.85 m。

3. 租赁机房

租赁机房是城区常见的机房形式，其最大特点是机房的物业产权归出租方，运营商仅取得租赁期内的使用权。一般需对房间进行承重评估、二次装修和改造。

4. 一体化机柜

一体化机柜的整体性强，可根据内部设备的差异定制生产，机柜内可安装蓄电池、DC 模块、BBU、RRU、传输设备等，可多个组装，可以伪装。

5. 对比分析

不同类型机房的对比如表 3-17 所示。

表 3-17　主要机房类型对比分析

参考类别	土建机房	彩钢活动机房	一体化机柜	租赁机房
占地面积	大	较大	小	无
防盗性能	优	一般	差	优
选址难易	较差	一般	优	较差
结构耐久	优	较差	较差	优
扩容维护	优	优	差	一般
投资造价	高	较高	低	低

在实际基站工程中，机房类型的选择原则及建议如下：

(1) 基站机房须能满足结构承载及消防的安全要求，并具有良好的适用性。机房的选型应优先考虑自建自有，不具备自建机房条件的再选用租赁机房。

(2) 基站配套机房、机柜建设应综合考虑施工条件、建设周期、铁塔类型等因素，重点结合当地城市建设、环境要求，因地制宜进行建设，做到实用、经济。

(3) 考虑基站设备建设、装机能力、防盗及后期维护等各方面因素影响，自建机房应优先选用土建机房或彩钢活动机房，严格控制使用一体化机柜的机房，山区、农村场景下严禁选用一体化机柜的机房建设方式。

(4) 山区、林区、野外、非城市道路旁的新建地面基站要求必须选用土建机房；乡镇、县城新建地面基站应优先选用土建机房，其次选用彩钢活动机房；中心市区新建地面基站应优先选用彩钢活动机房；当城市规划不允许、用地面积狭小时，方可选用室外一体化机柜。

在实际基站工程中，典型场景的机房类型选择建议如表 3-18 所示。

表 3-18　典型场景的机房类型选择建议

序　号	典型场景	优选方案
1	征地或租用费用合理，可长期稳定占用；客户装机位置和负荷大；有防盗要求、高风压、温差大的区域	土建机房
2	征地或租用费用合理，有潜在拆、移、改、扩需要；需在建筑物楼面建设；客户装机位置和负荷大；有建设周期要求	彩钢活动机房
3	中心城区、绿化带、景区、路边等征地建设困难或租期短的区域；需在建筑物楼面建设；客户装机位置和负荷较小；建设周期要求短	一体化机柜

3.6.2　塔桅建设要求及类型选择

塔桅建设须因地制宜，根据不同的天线挂高要求和当地的条件，选用不同的塔桅类型。一般情况下，通信铁塔设计使用年限为 50 年，结构安全等级为二级。塔桅目前主要分为角钢塔、单管塔、三管塔、景观塔、路灯杆、美化树、拉线塔、六方塔 (增高架)、快装一体化铁塔、楼面抱杆 (支撑杆)、美化天线等类型。

1. 地面铁塔 (塔桅) 常用类型

(1) 角钢塔 (30 ～ 70 m)：30 m、35 m、40 m、45 m、50 m、55 m、60 m、65 m、70 m；

(2) 单管塔 (30 ～ 50 m)：30 m、35 m、40 m、45 m、50 m；

(3) 三管塔 (30 ～ 50 m)：30 m、35 m、40 m、45 m、50 m；

(4) 景观塔 (30 ～ 40 m)：30 m、35 m、40 m；

(5) 路灯杆 (15 ～ 25 m)：15 m、20 m、25 m；

(6) 美化树 (15 ～ 25 m)：15 m、20 m、25 m；

(7) 拉线塔 (15 ～ 40 m)：15 m、20 m、25 m、30 m、35 m、40 m；

(8) 快装一体化铁塔 (20 ～ 35 m)：20 m、25 m、30 m、35 m。

地面铁塔常用形态如图 3-28 所示。

角钢塔　　　　单管塔　　　　三管塔　　　　景观塔

路灯杆　　　　美化树　　　　拉线塔　　　　快装一体化铁塔

图 3-28　地面铁塔常用形态

2. 楼面铁塔（塔桅）常用类型

(1) 楼面抱杆：3 m、6 m、9 m、12 m；

(2) 楼面六方塔：12 m、15 m、18 m、21 m；

(3) 楼面拉线塔：15 m、20 m、25 m；

(4) 美化天线：2 ～ 6 m。

楼面铁塔常用形态如图 3-29 所示。

| 楼面抱杆 | 楼面六方塔 | 楼面拉线塔 | 美化天线 |

图 3-29　楼面铁塔常用形态

在实际基站工程中，典型场景的塔型选择建议见表 3-19。

表 3-19　典型场景的塔型选择建议

类　别	典 型 场 景	塔型建议
地面塔	一般城区、郊区、县城、乡镇农村、铁路沿线等对景观要求较低、易于征地的区域	三管塔
	郊区、县城、乡镇农村等对景观要求低、易于征地的区域	角钢塔
	城区、居民小区、高校、商业区、景区、郊区、工业园区、铁路沿线等有一定景观需求的区域	单管塔
	有很高景观需求的区域，如城市广场、体育场馆、公园、景区等区域	景观塔
	重点市政道路两侧等有景观需求、且天线挂高要求低的区域	景观塔
	公园、景区等有特殊景观需求区域	美化树、景观塔
	居民阻扰，疑难站点区域；城区改造，拆迁施工区域；管线密布，不可开挖区域；应急通信，信号保障区域；市政规划，临时覆盖区域	快装一体化铁塔
楼面站	密集城区、县城等对景观化要求低、对天线挂高要求低的区域	楼面抱杆
	密集城区、县城等有一定景观需求的区域	美化天线

3.6.3　防雷接地设计要求

基站的防雷接地系统设计应按国家标准《通信局（站）防雷与接地工程设计规范》(GB

50689—2011) 有关规定执行。涉及建筑物、构筑物的防雷接地部分，还应符合国家标准《建筑物防雷设计规范》(GB 50057—2010) 和《建筑物电子信息系统防雷技术规范》(GB 50343—2012) 有关规定的要求。其中两个规范中的强制性条款见表 3-20、表 3-21。

表 3-20　通信局（站）防雷与接地工程设计规范强制性条款引用

对应条款	《通信局（站）防雷与接地工程设计规范》 (GB 50689—2011) 强制性条款引用	涉及站点
1.0.6 条	通信局 (站) 雷电过电压保护工程，必须选用经过国家认可的第三方检测部门测试合格的防雷器	所有站点
3.1.1 条	通信局 (站) 的接地系统必须采用联合接地的方式	所有站点
3.6.8 条	接地线中严禁加装开关或熔断器	所有站点
3.9.1 条	接地线与设备及接地排连接时必须加装铜接线端子，并必须压 (焊) 接牢固	所有站点
3.11.2 条	通信局 (站) 范围内，室外严禁采用架空线路	所有站点
3.13.6 条	局 (站) 机房内配电设备的正常不带电部分均应接地，严禁做接零保护	所有站点
3.14.1 条	室内的走线架及各类金属构件必须接地，各段走线架之间必须采用电气连接	机房站点
4.8.1 条	楼顶的各种金属设施必须分别与楼顶避雷带或接地预留端子就近连通	楼面站
6.4.3 条	接地排严禁连接到铁塔塔角	铁塔站点
6.6.4 条	GPS 天线设在楼顶时，GPS 馈线严禁在楼顶布线时与避雷带缠绕	新增 GPS 站点
7.4.6 条	缆线严禁系挂在避雷网或避雷带上	所有站点
9.2.9 条	可插拔防雷模块严禁简单并联后作为 80 kA、120 kA 等量级的 SPD 使用	所有站点

表 3-21　建筑物电子信息系统防雷技术规范强制性条款引用

对应条款	《建筑物电子信息系统防雷技术规范》(GB 50343—2012) 强制性条款引用
5.1.2 条	需要保护的电子信息系统必须采取等电位连接与接地保护措施
5.2.5 条	接地与交流工作接地、直流工作接地、安全保护接地共用一组接地装置时，接地装置的接地电阻值必须按接入设备中要求的最小值确定
7.3.3 条	检验不合格的项目不得交付使用

移动基站地网的接地电阻值不宜大于 10 Ω。移动基站必须采取联合接地、站内等电位连接、馈线接地分流、雷电过压保护和直击雷防护的综合防雷措施。各类接地线应从接地汇集线或接地排上分别引入，接地线布放时应尽量短直，确保泄放路径最短。接地线布放时，多余的线缆应截断，严禁盘绕。严禁在接地线中加装开关、熔断器。

在征地困难、阻工压力较大及其他按常规地网设计方案难以实施的场景下，防雷接地工程的实施可灵活采用多种新技术 (如无线基站雷电入侵通道隔离防护技术、差模电源防护技术等)。

1. 基站地网设计要求

基站地网设计要求如下。

(1) 新建机房的基站接地系统。

新建机房的基站应按照相关设计规范设计联合接地系统，基站地网由铁塔地网、机房地网、变压器的地网 (设置变压器的基站) 组成一个联合地网，机房地网由机房基础地网和外设环形地网两部分组成，铁塔地网由基础地网及外设地网两部分组成。详细要求请参见土建专业接地系统设计原则。

(2) 租用机房的基站接地系统。

租用房屋的基站如已设置接地装置且接地电阻满足设计要求的，则利用其原有的接地装置，有条件的可就近再设置一组接地装置，将其与原有的接地装置在机房内并联；如接地电阻达不到设计要求的，则需另外设置一组接地装置和原有的接地装置在机房内并联，使接地电阻达到设计要求。如受场地等因素的限制，无法另外设置接地装置，则需对原有的接地装置加以改造并使接地电阻达到设计要求。租用房屋的基站未设置接地装置的，则需外设接地装置，以满足设计要求。对上述基站的设备工作接地和铁塔防雷接地在地网上的引接点间的相互距离应大于 5 m。

外设的接地装置及联合接地装置的地线需分别引至移动机房室外、室内接地铜排，室外接地铜排主要用作室外馈线及室外走线架的接地，室内接地铜排用于基站各设备的接地，两接地铜排在地网上的引接点间的相互距离应大于 5 m。

2. 直击雷防护要求

(1) 基站天线安装在建筑物房顶时，若天线在建筑物避雷针保护范围内 (采用 45° 角法计算保护半径)，不宜另外架设避雷针；如果天线不在建筑物避雷针保护范围内，则应在抱杆 (或增高架、铁塔) 上安装避雷针，抱杆应与楼顶避雷带或避雷网焊接使其可靠连通。

(2) 当铁塔的金属构件在电气连接可靠的情况下，可使用塔身作为雷电流泄流通道 (防雷引下线)；当塔身金属构件电气连接不可靠时，应采用 40 mm× 4 mm 的热镀锌扁钢设置专用的避雷针泄流引下线。

3. 天馈线防雷接地要求

(1) 铁塔上架设的馈线及同轴电缆金属外护层应分别在塔顶、离塔处及机房入口处外侧就近接地；当馈线及同轴电缆长度大于 60 m 时，则宜在塔的中间部位增加一个接地点。室外走线架始末两端均应接地，接地连接线应采用截面积不小于 10 mm² 的多股铜线。

(2) 在基站机房外墙馈线窗处设一个接地排作为馈线及同轴电缆的接地点，接地排应直接与地网相连，严禁连接到铁塔塔角。

(3) 安装在建筑物顶部的天线、抱杆及室外走线架，其接地线宜就近与楼顶避雷带或预留接地端子连接。

(4) 建在城市内孤立的高大建筑物或建在郊区及山区地处中雷区以上的基站，当馈线较长时，应在机房入口处安装馈线 SPD，也可在设备中内置 SPD，馈线 SPD 的接地线应连接到馈线窗接地排。

(5) 基站设在办公大楼、大型宾馆、高层建筑和居民楼内时，其天馈线的接地应充分利用楼顶避雷带、避雷网、预留的接地端子以及建筑物楼顶的各类可能与地构成回路的金属管道。

4. BDS/GPS 天馈线的防雷与接地要求

(1) BDS/GPS 天馈线应在避雷针的有效保护范围之内。

(2) 当铁塔位于机房旁边时，BDS/GPS 天线宜设计在机房顶部。

(3) 当 BDS/GPS 天线安装在铁塔顶部时，BDS/GPS 馈线应分别在塔顶、机房入口处就近接地，当馈线长度大于 60 m 时，则宜在塔的中间部位增加一个接地点。当在机房入口处已安装同轴防雷器时，可通过防雷器实现馈线接地，若 BDS/GPS 天线上塔高度超过 10 m，则需在室外 BDS/GPS 天线处另增加 1 个防雷器。

(4) 当 BDS/GPS 天线设在楼顶时，BDS/GPS 馈线在楼顶布线时严禁与避雷带缠绕。

(5) BDS/GPS 室内馈线应加装同轴防雷器保护，同轴防雷器独立安装时，其接地线应接到馈窗接地汇流排。当馈线室外绝缘安装时，同轴防雷器的接地线也可接到室内接地汇集线或总接地汇流排。

(6) 当通信设备内 BDS/GPS 馈线的输入、输出端已内置防雷器时，不应增加外置的同轴馈线防雷器。

5. 机房内的等电位连接要求

采用星形等电位连接时，基站的总接地汇流排应设在配电箱和第一级电源 SPD 附近，开关电源以及其他设备的接地排母线均由总接地汇流排引接。如设备机架与总汇流排相距较远时，可以采用两级汇流排。连接方式参照图 3-30 执行。

当基站工程采用星形接地方式，并使用二级接地汇流排时，第一级电源 SPD、交流配电箱及光纤加强芯和金属护层的接地线，应从总接地汇流排接地；机房内 BBU、直流分配单元、BDS/GPS 避雷器应从第二级汇流排接地。两个接地汇流排应用截面积为 70 mm² 以上的多股铜缆相连。

机房内接地排及所有的接地线应用不易脱落、不怕受潮的标签注明接地线名称及接地线两端所连接设备的名称。接地线应采用黄绿双色电缆，并应绑扎牢固、整齐，且应避免折弯。一般设备（机架）的接地线，应使用截面积不小于 16 mm² 的多股铜线。

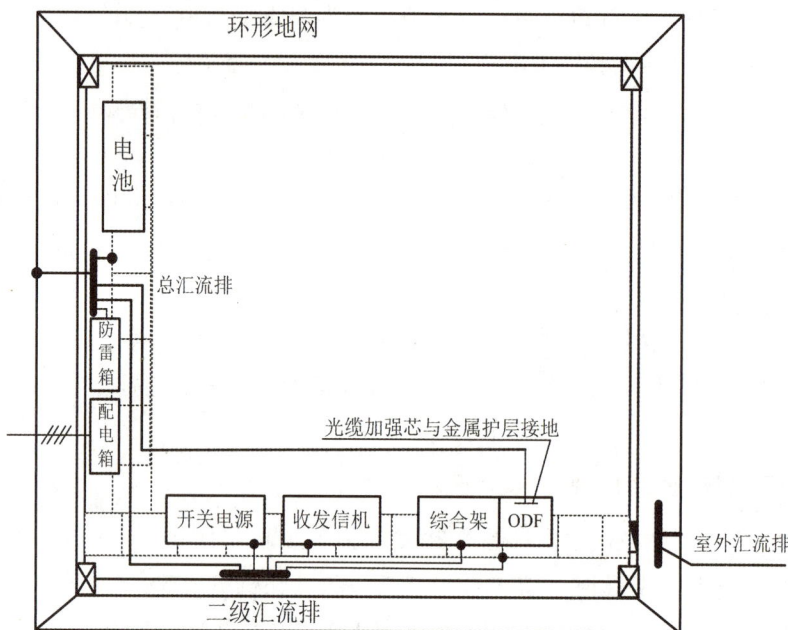

图 3-30   星形接地汇流排与设备及地网连接示意图

6. 直流远供系统的防雷与接地要求

(1) 直流远供馈电线应采用具有对雷电电磁场有屏蔽功能的电缆，电缆屏蔽层应在电缆两端接地，机房侧的屏蔽层接地应在馈线窗附近实施。

(2) 设计时应根据机房布置，安装室内型直流配电防雷箱于合理位置，室内直流配电防雷箱安装位置应符合接地线短、直的原则。

(3) 射频拉远单元、天线和室外直流防雷箱可直接利用桅杆或抱杆的杆体接地，此时可不单独设置接地线。桅杆或抱杆应直接与避雷带、楼顶接地端子焊接连通。

(4) 当桅杆及抱杆不具备与建筑物接地的电气连接时，天线、射频拉远单元、室外防雷箱应用 Φ8 圆钢直接与避雷带、楼顶接地端子等焊接连通。

(5) 当直流馈电线水平长度大于 60 m 时，应在直流馈电线中部增加一个接地点。

(6) 室外防雷箱与射频拉远单元固定在墙体或女儿墙上时，应引入接地线使其与防雷箱和射频拉远单元的外壳连接。

7. 其他引入缆线的接地处理要求

(1) 基站建筑物的航空障碍灯、彩灯、监控设备及其他室外设备的电源线，应采用具有金属护层的电力电缆或穿钢管布放，其电缆金属外护层或钢管应在两端和进入机房处分别就近接地。

(2) 引入机房的信号线路的空线对应在机房内做接地处理。出入基站的信号电缆屏蔽层应在机房入口处就近接地。

8. 电源供电系统防雷器的配置与安装要求

基站电源供电系统防雷器的设置和选择应符合表 3-22 的规定，表中雷电流值为最大

通流容量 (I_{max})。

表 3-22 基站电源供电系统防雷器的设置和选择表

环境因素			雷暴日 (日 / 年)			安装位置
			< 25	25 ～ 40	≥ 40	
第一级	L 型	易遭雷击环境因素	60 kA	80 kA		交流配电箱旁边或者交流配电箱内
		正常环境因素	60 kA			
	M 型	易遭雷击环境因素	80 kA		100 kA	
		正常环境因素	80 kA			
	H 型	易遭雷击环境因素	100 kA	120 kA		
		正常环境因素	100 kA			
	T 型	易遭雷击环境因素	120 kA*	150 kA*		
		正常环境因素	120 kA*			
第二级			—	40 kA		开关电源
直流保护			—	15 kA		直流输出端

说明：① * 表示采用两端口防雷器或加装自恢复功能的智能重合闸过流保护器。

    ② 闹市区、公共建筑物、专用机房且雷暴日为少雷或中雷区时，为 L 型 (较低风险型)。

    ③ 城市中高层孤立建筑物的楼顶机房、城郊、居民房、水塘旁以及无专用配电变压器供电的基站，且雷暴日为中雷区及多雷区时，为 M 型 (中等风险型)。

    ④ 丘陵、公路旁、农民房、水田中、易遭受雷击的机房，且雷暴日为多雷区及强雷区 (包括中雷区以上有架空电源线引入的机房) 时，为 H 型 (较高风险型)。

    ⑤ 高山，且雷暴日为多雷区及强雷区时，为 T 型 (特高风险型)。

根据国家公布的《全国主要城镇雷暴日数统计》的记录，查找工程所在城市的年平均雷暴日天数，从而合理选择防雷器。

示例：通过查找统计数据，长沙地区年平均雷暴日数为 46.6 天。根据雷电活动的频度和雷害的严重程度，依据国家标准《建筑物电子信息系统防雷技术规范》(GB 50343—2012)3.1.3 条规定，该地区属于多雷区 (年平均雷暴日大于 40 天，不超过 90 天的地区)，应加强防雷措施。根据长沙地区基站所处环境属于丘陵地区且雷暴日为多雷区 (即 H 型)，且易遭受雷击的环境，第一级浪涌保护器 (SPD) 最大通流容量应满足大于等于 120 kA，第二级 SPD 最大通流容量应满足大于等于 40 kA。

分布式移动通信基站防雷器的设置和选择，应符合下列要求。

(1) 当 AAU/RRU、BBU 分开设置，AAU/RRU 采用直流远供时，应符合下列要求：

① 应在 AAU/RRU 直流输入处加装两端口 1+1、标称放电电流不小于 20 kA 的直流室外防雷箱或 AAU/RRU 接口具备相同的防雷保护能力；

② 当直流馈电线进入机房后，在供电回路的适当位置安装两端口 1+1、串联两级、标称放电电流不小于 20 kA 的直流室内防雷箱，或 BBU 远供电源接口具备相同的防雷保护能力；

③ 直流防雷箱的最大允许电流应根据 AAU/RRU 的工作电流确定，宜为 10 ～ 20 A。室外型直流防雷箱与抱杆直接固定即可接地，室内应根据就近接地的原则选择安装位置。

(2) 当 AAU/RRU、BBU 分开设置，AAU/RRU 采用交流远供时，应符合下列要求：

① 应在 AAU/RRU 交流输入处加装两端口 1+1、标称放电电流不小于 20 kA 的交流室外防雷箱，或 AAU/RRU 接口具备相同的防雷保护能力；

② 在交流馈电线进入机房后，在供电回路的适当位置安装两端口 1+1、串联两级、标称放电电流不小于 20 kA 的交流室内防雷箱，或 BBU 远供电源接口具备相同的防雷保护能力；

③ 交流防雷箱的最大允许电流应根据 AAU/RRU 的工作电流确定。室外型交流防雷箱与抱杆直接固定即可接地，室内应根据就近接地的原则选择安装位置。

(3) 当 AAU/RRU、BBU 同在机房内部，不存在直流馈电线拉远时的防雷与接地时，可不加装两端口及馈电防雷器，应按规范要求做好设备的接地与等电位连接。

(4) 当 AAU/RRU、BBU 同在楼顶天面时，则应在配电箱前和交流配电线路上采用两端口 1+1、串联两级、最大通流能量为 80 kA 或 100 kA 的防雷箱。

(5) 当采用室外一体化 UPS、一体化直流电源就近为 AAU/RRU 供电时，应在市电交流引入处配置两端口 1+1、串联两级、最大通流能量为 80 kA 或 100 kA 的防雷箱。室外一体化 UPS 设备和室外型 −48 V 直流供电设备应就近接地。

3.6.4　空调设计要求

基站的空调设计要求如下。

(1) 基站设备机房的温度一般要求为 5 ～ 35℃（不包含室外型一体化设备），相对湿度一般为 15% ～ 85%。

(2) 机房空调 30 m² 以下按 1×2P、2×1.5P 或 1×1.5P+ 新风系统配置，如果机房面积大于 30 m² 则需要做隔断。

(3) 所选用的普通空调机必须具有市电停电后再次恢复供电时，能自动启动的功能。

(4) 空调必须具备远程监控功能，且具备 RS232 或 RS485 通信接口，并免费提供通信协议。

(5) 空调室内机冷凝水管应实施归一排漏。

(6) 空调应具备换气功能。

如果基站机房比较大，或机房面积比较小，可根据机房总冷负荷的实际情况进行配置。

3.6.5　动力环境监控建设要求

动力环境监控系统是针对通信局（站）的设备特点和工作环境，对局（站）内的设备和环境量实现集中监控的系统。主要监控内容包括重要的开关（如市电中断（缺相）整流设备故障、直流电压过低、空调故障)、非法入侵、火灾、水浸、温度、湿度等，其中交流断电、直流电压过低、烟感和温度告警四个开关量必须具备。

基站动力环境监控系统的建设应与机房的建设同步考虑，对传输、视频、安防的基本要求如下：

(1) 传输：监控单元 (SU) 与监控站 (SS) 之间，监控站 (SS) 与监控中心 (SC) 之间，数据传输以专线或计算机网络为主，建议备份路由，且两者能自动切换。传输要求能充分利用现有资源，在条件许可的情况下尽可能使用 DCN 网作为传输平台。

(2) 视频：图像应稳定、清晰，图像传输应采用先进、可靠、成熟、开放的方式。传输使用 384 kb/s 带宽时，图像应能达到 15 f/s 且分辨率在 352 px×288 px 以上；传输使用 2 Mb/s 带宽时，图像应能达到 25 f/s 且分辨率在 352 px×288 px 像素点以上。系统具有能控制视频切换器 / 图像分割器、云台控制器的能力，能根据中心发来的命令对摄像头作方向、角度、聚焦的变化，以及具有自动云台控制，视频切换等功能，并能实现告警时图像联动和数据记录。当夜间图像无法看清时，在图像联动的同时驱动照明设备。

(3) 安防：在高山、郊外基站内设置声 (警示音) 光 (警灯) 告警、天馈线、变压器防盗报警等。

任务3.7　掌握安全生产要求

通信施工中常见的伤亡事故类别包括高处坠落、触电事故、机械伤害等，主要原因有：
(1) 物的不安全状态：不合格的线材、构件，不合格的安全用具等。
(2) 人的不安全行为：不熟悉、不遵守安全操作规程，松懈、麻痹等。
(3) 不适合的环境：天气恶劣 (雷电、暴雨雪、雹、狂风)，地下、地面、空间不适合等。

基站工程涉及施工安全的重点部位和环节有：施工现场安全、野外作业安全、施工交通安全、施工现场防火、用电安全、施工现场应急救援、电源线布放、交直流供电系统安装、接地装置安装和防雷等。对于这些重点部分和环节，必须严格按照国家通信行业标准《通信建设工程安全生产操作规范》(YD 5201—2014) 中的安全要求进行建设、施工。坚持安全第一，预防为主的原则，防止和杜绝安全事故。具体的防范措施如下。

3.7.1　施工现场安全

施工现场安全的防范措施如下。

(1) 在公路、高速公路、铁路、桥梁、通航的河道等特殊地段和城镇交通繁忙、人员密集处施工时，必须设置有关部门规定的警示标志，必要时派专人警戒看守 (强制性要求)。

(2) 在城镇的下列地点作业时，应根据有关规定设立明显的安全警示标志、防护围栏等安全设施，并设置警戒人员，夜间应设置警示灯，施工人员应穿反光衣；必要时应架设临时便桥等设施，并设专人负责疏导车辆、行人或请交通管理部门协助管理，架设的便桥应满足行人、车辆通行安全，繁华地区的便桥左右应设置围栏和明显标志：

① 街巷拐角、道路转弯处、交叉路口；

② 有碍行人或车辆通行处；

③ 在跨越道路架线、放缆需要车辆临时限行处；

④ 架空光（电）缆接头处及两侧；

⑤ 挖掘的沟、洞、坑处；

⑥ 打开井盖的人（手）孔处；

⑦ 跨越十字路口或在直行道路中央施工区域两侧。

(3) 施工现场的安全警示标志和防护设施应随工作地点的变动而转移，作业完毕应及时撤除、清理干净。

(4) 施工需要阻断道路通行时，应报请当地有关单位和部门批准，并请求配合。

(5) 施工人员应阻止非工作人员进入施工作业区，接近或触碰正在施工运行中的各种机具与设施。

(6) 在城镇和居民区内施工有噪音扰民时，应采取防止或减轻噪音扰民的措施，并在相关部门规定时间内施工。需要在夜间或在禁止时间内施工的，应报请有关单位和部门批准。

(7) 从事高处作业的施工人员，必须正确使用安全带、安全帽（强制性要求）。

(8) 高处作业人员必须经过相关培训，并具有高处作业操作证。

(9) 从事高处作业的人员应定期进行健康检查，如发现身体不适合高处作业时，不得从事这一工作。

(10) 高处作业时，所用工具、材料应放置稳妥，不得扔抛工具或材料。

(11) 施工现场有两个以上施工单位施工时，建设单位应明确各方的安全职责，对施工现场实行统一管理。

3.7.2 野外作业安全

野外作业安全的防范措施如下。

(1) 野外作业前应事先调查工作地区地理、环境等情况，辨识和分析危险源，制定相应的预防和安全控制措施，做好必要的安全防护准备。

(2) 在炎热天气野外施工时应预防中暑，随身携带防暑降温药品。

(3) 在寒冷、冰雪天气施工作业时，应采取防寒、防冻、防滑措施。当地面被积雪覆盖时，应用棍棒试探前行。在雪地施工时应戴有色防护镜。

(4) 遇有强风、暴雨、大雾、雷电、冰雹、沙尘暴等恶劣天气时，应停止室外作业。雷雨天气不得在电杆、铁塔、大树、广告牌下躲避，不得手持金属物品在野外行走并应关闭手机。

(5) 在滩涂、湿地及沼泽地带施工作业时，应注意有无陷入泥沙中的危险。在山岭上不得攀爬有裂缝、易松动的地方。

(6) 严禁在有塌方、山洪、泥石流危害的地方搭建住房或搭设帐篷 (强制性要求)。

3.7.3   施工交通安全

施工交通安全的防范措施如下。

(1) 施工人员应遵守交通法规，保证工程车辆、人身及财产安全。驾驶员驾驶车辆应注意交通标志、标线，保持安全行车距离，不强行超车、不超速行驶、不疲劳驾驶、不驾驶故障车辆，不得酒后驾驶、无证驾驶。车辆不得客货混装或超员。

(2) 车辆行驶时，乘坐人员应注意沿途的电线、树枝及其他障碍物，不得将肢体露于车厢外。车辆停稳后方可上下车。

(3) 若需租用车辆，应与车主签订租车协议，明确双方安全责任和义务。

(4) 施工人员使用自行车和三轮车时，应经常检查车辆的状况，特别是刹车装置的完好情况。骑车时，不得肩扛、手提物品或携带梯子及较长的杆棍等物。

(5) 穿越公路时应注意查看过往车辆，确认安全后方能穿越。

3.7.4   施工现场防火

施工现场防火的防范措施如下。

(1) 施工单位应当在施工现场建立消防安全责任制度，并确定消防安全责任人，制定用火、用电、使用易燃易爆材料等各项消防安全管理制度和操作规程。

(2) 施工现场应配备必要的消防器材。消防器材设置地点应合理，便于取用，使用方法应明示。

(3) 施工现场配备的消防器材应完好无损且在有效期内。

(4) 人员首次进入施工现场，应首先了解消防设施、器材的设置点，不得随意挪动。

(5) 不得堵塞消防通道、遮挡消防设施。

(6) 在光 (电) 缆进线室、水线房、机房、无 (有) 人站、木工场地、仓库、林区、草原等处施工时，严禁烟火。施工车辆进入禁火区必须加装排气管防火装置 (强制性要求)。

(7) 在室内进行油漆作业时，应保持通风良好，不得有烟火，照明灯具应使用防爆灯。

(8) 电缆等各种贯穿物穿越墙壁或楼板时，必须按要求用防火封堵材料封堵洞口 (强制性要求)。

(9) 电气设备着火时，必须首先切断电源 (强制性要求)。

(10) 机房失火时，应正确使用消防器材和灭火设施。

3.7.5   用电安全

用电安全的防范措施如下。

(1) 施工现场用电线路应采用绝缘护套导线。

(2) 安装、巡检、维修、移动或拆除临时用电设备和线路，应由电工完成，并应有人监护。

(3) 检修各类配电箱、开关箱、电气设备和电力工具时，应切断电源，并在总配电箱或者分配电箱一侧悬挂"检修设备，请勿合闸"的警示标牌，必要时设专人看管。

(4) 使用照明灯应满足以下要求：

① 室外宜采用防水式灯具。在潮湿的沟、坑内应选用电压为 12 V 下 (含 12 V) 的工作灯照明。用蓄电池作照明灯的电源时，蓄电池应放在人孔或沟坑以外；

② 在管道沟、坑沿线设置普通照明灯或安全警示灯时，灯距地面的高度应大于 2 m；

③ 使用灯泡照明时，灯泡不得靠近可燃物。当使用 150 W 以上 (含 150 W) 的灯泡时，不得使用胶木灯具；

④ 灯具的相线应经过开关控制，不得直接引入灯具。

(5) 用电设备的总功率不得超过供电负荷。

3.7.6　交、直流供电系统安装

交、直流供电系统安装的防范措施如下。

(1) 电力室交、直流供电设备和走线架等铁件安装应参照国家通信行业标准《通信建设工程安全生产操作规范》(YD 5201—2014) 第 8.1、8.2、8.3 部分相关规定执行。

(2) 设备的防雷和保护接地线应安装牢固，接地电阻值应符合要求。

(3) 供电前，交、直流配电屏和其他供电设备前后的地面应铺放绝缘橡胶垫。

(4) 电源熔断器及空气开关容量应符合设计要求，插拔电源熔断器应使用专用工具，不得用其他工具代替。

(5) 设备加电时，操作人员应穿绝缘鞋，戴绝缘手套，并应有两人互相配合，采取逐级加电的方法进行。如发现异常，应立即切断电源开关，检查原因。

(6) 设备测试时，应注意仪表的档位，不得用电流档位测量电压。测量整流设备输出杂音时，应在杂音计输入端串接一个隔直流电流的 2 μF 电容，同时杂音计应接地良好。

3.7.7　施工现场应急救援

施工现场应急救援措施如下。

(1) 施工单位应根据施工现场情况编制现场应急预案。现场应急预案应在本单位制定的专项预案的基础上，结合工程实际，有针对性地编制。应急救援措施应具体、周密、细致、方便操作。施工现场应急预案编制后，应配备相应资源，必要时应组织培训和演练。

(2) 施工现场应急预案应包括以下内容：

① 对现场存在的重大危险源和潜在事故的危险性质进行的预测和评估；

② 现场应急救援的组织机构及人员职责和分工；

③ 预防措施；

④ 报警及通信联络的电话、对象和步骤；

⑤ 应急响应时，现场员工和其他人员的行为规定。

(3) 生产经营单位发生生产安全事故后，事故现场有关人员应当立即报告本单位负责

人。单位负责人接到事故报告后，应当迅速采取有效措施，组织抢救，防止事故扩大，减少人员伤亡和财产损失，并按照国家有关规定立即如实报告当地负有安全生产监督管理职责的部门。

(4) 事故发生后，有关单位和人员应当妥善保护事故现场以及相关证据，任何单位和个人不得破坏事故现场、毁灭相关证据。因抢救人员、防止事故扩大以及疏通交通等原因，需要移动事故现场物品的，应当做出标志，绘制现场简图并做出书面记录，妥善保存现场重要痕迹、物证。

(5) 发生生产安全事故时，现场有关人员应立即抢救伤员，同时向单位负责人报告，并向相关部门报警。

(6) 发生通信网络中断时，现场负责人应立即向建设单位和项目负责人报告，并按照应急预案要求尽快恢复。

3.7.8　基站工程安全风险提示

根据对项目资料、机房环境和工程实施过程的综合分析，基站工程重大 / 关键人身安全风险因素及防范措施见表 3-23 和表 3-24。

表 3-23　人身安全风险关键因素列表

风险编号	安全风险场景分类	工程活动	风险因素（危险环境）	评估说明	风险处置方案	风险处置计划
1	施工现场作业安全	搬运设备、材料	运输、搬运违章	项目施工地点较多，室外点施工时需要使用吊车等机械，存在起重吊物、设备搬运操作不当，导致物体打击伤害	1. 运输设备、材料途中禁止人货混装。2. 防止起重吊物、设备搬运操作不当，导致物体打击伤害	增强安全施工意识，杜绝违章操作
2		驾驶车辆	驾驶时间、时长不合理	夜间作业或早出晚归，施工地点多、远，驾驶时间长，导致交通事故造成人员伤亡	做好施工进度策划，调配相应的人员车辆资源，避免延长驾驶时间	增强安全施工意识，杜绝违章操作
3		全程	异常天气作业	炎热高温、寒冷冰雪、雷雨冰雹、大风等恶劣天气室外作业，造成人员伤害、设备损坏	1. 高温天气在室外作业时，应准备好防暑物品，做好防暑工作，避免超负荷工作。2. 在寒冷、冰雪天气施工作业时，应采取防寒、防冻、防滑措施。	增强安全施工意识

风险编号	安全风险场景分类	工程活动	风险因素（危险环境）	评估说明	风险处置方案	风险处置计划
3	施工现场作业安全	全程	异常天气作业	炎热高温、寒冷冰雪、雷雨冰雹、大风等恶劣天气室外作业，造成人员伤害、设备损坏	3.遇强风暴雨、雷雨冰雹等恶劣天气应停止室外作业。雷雨天气不得在电杆、铁塔、大树、广告牌下躲避，不得手持金属物品在野外行走并应关闭手机。 4.作业人员感到身体不适时应立即停止作业	增强安全施工意识
4		全程	酒后施工	摔伤、跌落、损坏设备	加强员工的安全意识教育，禁止酒后作业	增强安全施工意识，杜绝违章操作
5		全程	无证上岗特种作业	施工人员无证上岗特种作业，造成安全事故	电工作业、焊接与热切割作业、高处作业三类特种作业人员必须经过特殊工种岗位培训合格后持证上岗	增强安全施工意识，杜绝违章操作
6		室外设备安装	楼面站建筑天面无防护	建筑物天面没有足够高的女儿墙、防护栏等防护设施	1.制定基站施工规范，按章操作。 2.天面作业时需穿摩擦力大的鞋，禁止穿尖头皮鞋、裙子登高，操作时不倚靠女儿墙	增强安全施工意识，配备相关防护器具
7		室外设备安装	未设置施工警示标志	施工时未按相关规定设置警示标志造成交通拥堵、人员伤亡等	在公路、高速公路、铁路、桥梁、通航的河道等特殊地段和城镇交通繁忙、人员密集处施工时必须设置有关部门规定的警示标志，必要时派专人警戒看守	增强安全施工意识
8	一般工具使用安全	全程	使用一般常用工具	携带锋刃工具适用手锤、榔头作业；上下传递工器具作业；使用扳手、钳子；使用滑车、紧线器时；使用、操作不当容易对人员造成伤害	1.锋刃工具不准插入腰带上或放在衣服口袋内。 2.使用手锤、榔头不准戴手套。 3.传递工器具时，不准上扔下掷。 4.部件应活动自如，不得用力过猛或相互替代，不准加长把柄。 5.应定期注油，紧线器钥匙不准加装套管或接长防止伤人	增强安全施工意识，杜绝违章操作

风险编号	安全风险场景分类	工程活动	风险因素（危险环境）	评估说明	风险处置方案	风险处置计划
9	登高用具使用安全	全程	人字梯、伸缩梯、竹梯、木高凳等登高工具使用不当	人字梯中间没有固定装置或没有防滑胶，竹梯存有折断、腐朽、绑扎线松弛等缺陷，木高凳出现凳腿或踏板劈裂、折断、腐朽等现象，造成高处坠落伤害；在电力线、电力设备下方或危险范围内，使用金属伸缩梯，造成触电伤害	1. 施工单位应对施工工器具做定期检查及校准，有损坏时，不准使用。 2. 对施工人员进行安全生产教育，一个梯子或者高凳上不准同时有两人作业。 3. 伸缩梯伸缩长度严禁超过其规定值；在电力线、电力设备下方或危险范围内，严禁使用金属伸缩梯	增强安全施工意识，杜绝违章操作
10	施工机具使用安全	全程	机械不当操作	工具、机械操作不当导致机械伤害	严格按照机电工具的操作规程进行施工，避免不当及野蛮施工所带来的危害	增强安全施工意识，杜绝违章操作
11	电气用具、手持式电动工具安全	全程	电烙铁、手电钻、电锤等电动工具漏电	电动工具没有定期做绝缘试验，金属外壳绝缘、手柄、开关及插头破损、带电体裸露、导线老化，造成触电伤害	1. 施工单位应对施工工器具做定期检查及校准，对施工人员进行安全生产教育。 2. 使用前应检查各部件是否完好无损，检查外壳是否漏电，导线不准使用强度低的塑料线，装卸手电钻钻头时，严禁戴手套。 3. 电烙铁在机架上使用时，应防止烧坏布线或其他设施，在带电设备上使用时不准接地。烙铁上的余锡不准乱甩，电烙铁暂时停用时应放在专用支架上。 4. 上、下传递时，必须先切断电源。 5. 在潮湿或金属容器内使用手持电动工具，应采用安全电压	加强定期安全检查
		全程	插座、插头漏电	各类电气插座、插头老化导致触电伤害	使用通信工程专用电器元件	加强定期安全检查
12	通信设备安装工程安全	室内设备安装	携带金属工具，电源附近作业	基站卷尺或是其他金属物与电池或是电缆接触，造成触电	不要接触电池的正负极，不要用金属工具与电池互联部分（带电部分）接触	增强安全施工意识，杜绝违章操作

风险编号	安全风险场景分类	工程活动	风险因素（危险环境）	评估说明	风险处置方案	风险处置计划
13		室内设备安装	不通知停送电	送电不通知、不挂牌、不看护，造成触电伤害	施工过程中停送电应通知维护管理人员，现场进行相应的标识	增强安全施工意识，杜绝违章操作
14		室内设备安装	带电更换机械附件	工具、机械带电更换附件导致机械或触电伤害	施工人员需做好绝缘安全措施，同时施工现场需有人守护	安装设备带电需要实施带电维护检查工作，认真执行施工安全规范
15	通信设备安装工程安全	室外设备安装	高空安装设备及线缆	施工作业位于高处天面、铁塔、通信杆等处施工没做好安全措施导致失足坠地身亡	1. 按要求设置安全标志，做好防护，高空作业人员必须正确使用安全带、安全帽。配发的安全带必须符合国家标准，严禁用一般绳索、电线等代替安全带。 2. 在楼顶布放线缆时，不得站在窗台上作业，如必须站在窗台上作业时，应使用安全带。 3. 患有高血压、心脏病、癫痫病等人员不得从事登塔作业。 4. 高、低温，冰、雨雪，大风，沙尘能见度低时禁止登塔作业。 5. 登塔时人与人距离不得小于 3 m。 6. 塔上作业不得在防护栏杆边沿停靠、坐卧休息。 7. 使用绳索传递工具。 8. 布缆时不应强力硬拽，并设专人看管缆盘。 9. 线缆做好标识，电源线端头应做绝缘处理	增强安全施工意识，杜绝违章操作
16		室外设备安装	塔桅高空坠物	塔上使用的所有可能滑落的器具，比如暂不使用的塔上的工具、金属安装件等物体容易掉落，造成塔下人员伤亡	1. 高空作业应设置安全标志和监护区域，未经现场指挥人员同意，严禁非施工人员进入施工区。 2. 在起吊和塔上有人作业时，塔下严禁有人。 3. 操作人员应配备安全防护装备	增强安全施工意识，杜绝违章操作
17		布放各类线缆	电源线裸露	未做好绝缘和防护导致碰触电源带电部位	按章操作，按施工、验收规范施工	施工前要对施工人员反复强调施工规范

表 3-24　网络安全风险关键因素

风险编号	安全风险场景分类	工程活动	风险因素（危险环境）	评估说明	风险处置方案	风险处置计划
18	通信设备安装工程安全	全程	重要通信机房内违章施工	在重要通信机房内进行无线网设备安装，因操作失误引起重要系统瘫痪	施工前需组织各部门进行施工方案会审，严格遵守通信机房的施工操作规范，严格遵守通信机房的用电要求，在监理的监督下进行施工	增强安全施工意识，杜绝违章操作
19		室内设备安装	设备超重	设备超重，支承设备的楼板或基础的荷载不足，引发建筑垮塌，导致通信阻断	设备重量超过机房承重，应事先做楼板承重评估，并按评估结果做加固预防措施。对于无法满足的机房，应考虑另外选址	认真执行承重核实，杜绝安全隐患
20		室内设备安装	设备搬运碰撞	在重要设备或重要客户设备旁边施工，发生设备碰撞或线缆拉扯现象，造成通信中断	1. 设备搬迁应事先规划路径，避免经过重要设备或重要客户设备。2. 不可避免时，应做好对原有设备和线缆的保护，并报备相应的维护管理人员	增强安全施工意识，杜绝违章操作
21		室内设备安装	终端、板卡安装错误	终端、板卡安装错误	主设备终端及板卡安装应在原厂家指导下进行，配套设备终端及板卡安装应严格遵守设备安装操作指导明书进行	认真执行操作规范
22		室内设备安装	乱动设备开关，触碰正在运行的设备	机房内乱动设备及其他电源开关，容易导致设备断电，停止工作	1. 进入机房后按规范要求打开照明开关，禁止乱动设备及电源开关。2. 施工前必须制定详细的施工方案和应急措施。3. 各种手动工具必须做绝缘处理。4. 现场应设专人盯守	增强安全施工意识，杜绝违章操作
23		室内设备安装	不戴防静电手腕插拔电路板	插拔电路板未戴防静电手腕，损坏设备造成通信中断	严格按照操作规程，佩戴防静电手腕插拔板卡	增强安全施工意识，认真执行操作规范
24		室内设备安装	设备接电、接地错误	损坏设备造成通信中断	按施工图纸实施，在连接电缆时严格按照连接顺序施工，注意不影响原有电缆，做好线缆两端标签	增强安全施工意识，杜绝违章操作

续表

风险编号	安全风险场景分类	工程活动	风险因素（危险环境）	评估说明	风险处置方案	风险处置计划
25	通信设备安装工程安全	室内设备安装	电源端子配置不当	损坏设备造成通信中断	按施工图纸实施，施工中设备取电前应检查可用电源端子是否与图纸要求一致	增强安全施工意识，杜绝违章操作
26		室内设备安装	违章关停开设备	未经许可启动、关停、拆除、移动设备，导致系统中断	机房内设备关停开，应报备管理维护人员，或批准后方能进行	增强安全施工意识，杜绝违章操作
27		室内设备安装	不核实电源负荷	设备加电前，没有核实电源负荷，导致加电后通信网络断电	设计文件中应核实机架、列柜、上级电源系统的负荷，施工中设备加电应按审批过的设计文件、机房用电申请执行	认真执行电源容量核实，杜绝安全隐患
28		室内设备安装	不检查电源极性及相位	送电前不检查电源极性及相位导致短路或错相	施工中设备加电前应检查电源极性及相位，并记录在案	增强安全施工意识，杜绝违章操作
29		室内设备安装	电源操作失误	施工队进行电源扩容施工时操作失误，毁坏电源系统，导致基站通信中断	按规范要求施工，并提前做好电源中断的预案	增强安全施工意识，杜绝违章操作
30		室内设备安装	设备加电测试	使用存有缺陷的工具、违反加电程序，导致基站通信中断	1. 加电前应检查设备内有无金属碎屑、正负极不得接反，地线、各级熔丝符合要求。 2. 必须沿电流方向逐级加电、逐级测量。 3. 插拔机盘、模块时必须佩戴防静电手环	增强安全施工意识，杜绝违章操作
31		布放各类线缆	布放缆线路由经过其他系统	施工作业踩(拉)断邻近电缆、光纤造成供电或系统中断	按施工规范进行操作，做好不同系统的防护，严禁交流、直流、信号线交叉	杜绝违章操作，满足隔离要求
32		布放各类线缆	不停电连接电源线	触电、通信阻断	1. 涉电作业必须使用绝缘良好的工具。 2. 材料须做好绝缘处理。 3. 作业时应取下手表、戒指、项链并防止螺钉、垫片等金属材料掉落引起短路	增强安全施工意识，杜绝违章操作

任务3.8　掌握节能环保要求

3.8.1　节能减排

基站耗电主要是由主设备耗电和配套中的空调耗电构成的。因此，基站节能减排的措施可以从主设备节能、网络规划设计、共建共享三个方面进行考虑。

(1) 主设备节能。

5G 基站主设备采用了 BBU+AAU/RRU、BBU 集中放置、室外一体化机柜三种节能技术。AAU/RRU 支持塔顶、楼面、抱杆等安装方式，能够节省机房建造，减少能耗；多个 BBU 集中放置，共用 BDS/GPS 天线时，仅需要一个机房；室外一体化机柜能节省机房建造以及减少机房内空调能耗。

(2) 重视网络规划设计。

通过合理的网络规划设计，在满足网络覆盖、业务需求的前提下，尽量减少基站数量，降低基站发射功率，提高设备利用率，从而达到降低基站能耗的目的。

(3) 加大共建共享力度，减少独立建站。

进一步加大移动通信基站共建共享的力度，提高共建共享比例，减少公司独立建站的数量，降低能耗。

3.8.2　电磁辐射防护

根据国家标准《电磁环境控制限值》(GB 8702—2014) 规定，为控制频率在 30 ~ 3000 MHz 范围内的电场、磁场、电磁场所导致的公众暴露，环境中电场、磁场、电磁场场量参数在任意连续 6 min 内的方均根值应满足表 3-25 的要求。

表 3-25　公众暴露控制限值

参　　数	限　值
电场强度 /(V/m^{-1})	12
磁场强度 /(A/m^{-1})	0.032
磁感应强度 /μT	0.04
等效平面波功率密度 /(W/ m^{-2})	0.4

当公众暴露在多个频率的电场、磁场、电磁场中时，应综合考虑多个频率的电场、磁场、电磁场所导致的暴露，以满足

$$\sum_{j=0.1\,\text{MHz}}^{300\,\text{GHz}} \frac{E_j^2}{E_{L,j}^2} \leq 1 \tag{3-19}$$

和

$$\sum_{j=0.1\,\text{MHz}}^{300\,\text{GHz}} \frac{B_j^2}{B_{L,j}^2} \leq 1 \tag{3-20}$$

式中，E_j 为频率 j 的电场强度；$E_{L,j}$ 为频率 j 的电场强度限值；B_j 为频率 j 的磁场强度；$B_{L,j}$ 为频率 j 的磁场强度限值。

为使公众受到的电磁辐射总照射剂量小于规定的限值，环保部《辐射环境保护管理导则　电磁辐射环境影响评价方法与标准》(HJ/T 10.3—1996) 和工信部《通信工程建设环境保护技术暂行规定》(YD 5039—2009) 对单个项目 (单项无线通信系统) 通过天线发射电磁波的电磁辐射评估限值作了规定：

(1) 国家环境保护局负责审批的大型项目，可取场强防护限值的 $1/\sqrt{2}$ 或功率密度防护限值的 1/2。

(2) 其他项目可取场强防护限值的 $1/\sqrt{5}$ 或功率密度防护限值的 1/5。

根据上述标准，本工程单个 5G 或 4G 基站电磁辐射等效平面波功率密度应小于 0.08 W/ m²，5G 或 4G 和其他系统共站址的情况应满足上述多辐射体限制规定。

所有基站应由建设单位委托具有相关资质的环境检测机构按照环保部与工信部的要求开展环境影响登记备案及环保检测工作。

3.8.3　生态环境保护

基站选址和通信线路路由的选取应尽量减少占用耕地、林地和草地。

在风景区、景区公路旁、繁华市区以及主要交通干道两侧兴建的通信设施，应在形态、线形、色彩等要素上与环境相协调，不得严重影响景观。

通信局 (站) 使用的柴油发电机、油汽轮机的废气排放应符合环保要求。

通信工程建设中应优先采用环保的施工工艺和材料，不得使用不符合环保标准的工艺、材料。

3.8.4　噪声控制

通信建设项目在城市市区范围内向周围生活环境排放的建筑施工噪声，应当符合国家标准《建筑施工场界环境噪声排放标准》(GB 12523—2011) 的规定，并符合当地环保部门的相关要求。

在城市范围内的通信局 (站)，向周围生活环境排放噪声的，应符合国家标准《工业

企业厂界环境噪声排放标准》(GB 12348—2008) 的相关要求。

必须保证防治环境噪声污染的设施能正常使用；拆除或闲置环境噪声污染防治设施应报环境保护行政主管部门批准。

3.8.5　废旧物品回收及处置

通信工程建设单位和施工单位应采取措施，防止或减少固体废物对环境的污染。施工单位应及时清运施工过程中产生的固体废弃物，并按照环境卫生行政主管部门的规定进行利用或处置。

严禁向江河、湖泊、运河、渠道、水库及其最高水位线以下的滩地和岸坡倾倒、堆放固体废弃物。

废旧电池、废矿物油、含汞废日光灯管等毒性大、不宜用通用方法进行管理和处置的特殊危险废物，应与生活垃圾分类收集、妥善贮存、安全处置。

练 习 题

一、填空题

1. 3GPP 制定的 5G 网络标准定义了＿＿＿＿和＿＿＿＿两大类部署架构。

2. 移动基站无线接入网组网方式主要有＿＿＿＿、＿＿＿＿和＿＿＿＿三种架构方式。

3. 根据设备类型划分，基站可分为＿＿＿＿、＿＿＿＿、＿＿＿＿、＿＿＿＿和＿＿＿＿。

4. 天线参数主要有＿＿＿＿、＿＿＿＿、＿＿＿＿、＿＿＿＿、＿＿＿＿和＿＿＿＿。

5. 移动基站的直流配电设备宜按＿＿＿＿负荷配置。

6. 机房配套的照明、检修插座和空调配电，采用～ 380 V/220 V＿＿＿＿制交流电源系统供电，电源引自＿＿＿＿交流配电箱＿＿＿＿回路。

7. PS48 600-2/50 代表这样的电源系统：输出电压为＿＿＿V DC，系统最大输出为＿＿＿A，一个整流模块的最大输出电流为＿＿＿A。

8. 接地引入线宜采用 40 mm × 4 mm 热镀锌扁钢或截面积不小于＿＿＿mm^2 的多股铜线，且长度不宜超过＿＿＿m。

9. 一般情况下，通信铁塔设计使用年限为＿＿＿年，结构安全等级为＿＿＿级。

10. 在公路、高速公路、铁路、桥梁、通航的河道等特殊地段和城镇交通繁忙人员密集处施工时必须设置有关部门规定的＿＿＿＿，必要时派专人警戒看守。

二、选择题

1. 目前国内电信运营商 5G 网络室外覆盖统计指标一般采用 (   )。

A. RSRP ≥ -105 dBm&SINR ≥ 0 dB

B. RSRP ≥ -110 dBm&SINR ≥ 3 dB

C. RSRP ≥ -105 dBm&SINR ≥ -3 dB

D. RSRP ≥ -110 dBm&SINR ≥ 0 dB

2. 密集城区 5G 主要采用的设备类型为 (   )。

A. 64T64R   B. 32T32R   C. 8T8R   D. 4T4R

3. 自有产权的 BBU 集中部署机房，一般设计 (   )5G 基站。

A.10 个左右   B. 不少于 10 个   C. 不少于 3 个   D. 15 个左右

4. 中国电信农村区域广覆盖主要采用 (   ) 频段。

A.800 MHz   B. 1.8 GHz   C. 2.1 GHz   D. 3.5 GHz

5. 在边远农村山区进行 5G 室外基站勘察设计，村部位于三叉路口，农户主要分布在三叉路周边，试问该站配置按照 (   ) 较合适。

A. S111   B. S0.3/0.3/0.3   C. S222   D. O1

6. 关于基站工程参数的设计，下列说法错误的是 (   )。

A. 天线下倾角根据具体情况确定，既要减少对同频小区的干扰，又要保证能满足覆盖区的范围，以免出现不必要的盲区

B. 在用户密集城区，基站 (不包括微蜂窝和室内分布式天线系统) 采用 65° 定向天线。为避免相互干扰，天线增益不需要太高

C. 在规划时,天线高度通常指天线相对地面的挂高。天线挂高依据不同的覆盖区类型、网络结构、建筑物平均高度而定

D. 在大中小城市中，不少街道两旁都有高大建筑物，为避免波导效应，附近的基站小区天线方位角应平行街道方向

7. 宏基站勘察发现，该站点需要采用 7/8" 馈线且长度为 70 m，那么馈线在进入机房前需要需要进行 (   ) 处接地。

A.2   B. 3   C. 4   D. 5

8. 目前，天线下倾主要有 (   ) 两种方式。

A. 机械下倾，电调下倾   B. 混合下倾，远端下倾

C. 机械下倾，远端下倾   D. 电调下倾，远端下倾

9. 设基站天线挂高为 H，计划覆盖半径为 R，采用的天线垂直半功率角为 α，则参考天线下倾角应为 (   )。

A. $\arctan(H/R)$ B. $\arctan(H/R) - \alpha/2$

C. $\arctan(H/R) + \alpha/2$ D. H/R

10. 如图 3-31 所示，在屋顶局部层安装定向天线时，h 和 D 的关系是 (   )。

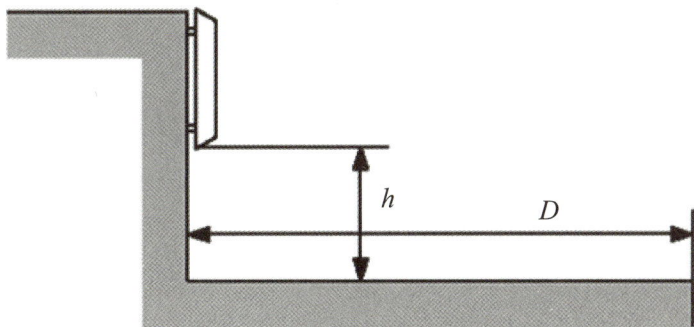

图 3-31　天线天面安装示意图

A. D 越大，h 越小
B. D 越大，h 越大
C. D 最大范围在 100 m 以内
D. 两者没有关系

11. 当两个或多个干扰信号同时加到接收机上时，由于非线性的作用，干扰的组合频率有时会恰好等于或接近有用信号频率而顺利通过接收机，这种干扰称为 (　　)。

A. 共道干扰　　　B. 邻道干扰　　　C. 互调干扰　　　D. 系统间干扰

12. 在 5G 基站设计中，BBU 的 GPS 天线应该朝 (　　) 更合适。

A. 东　　　　　　B. 南　　　　　　C. 西　　　　　　D. 北

13. 在市区进行有机房的 5G 室外基站设计，若本期新增 AAU 设备的额定功耗为 1100 W，现场发现开关电源能提供各种型号的空气开关，则以下 (　　) 空气开关最合适。

A. 16　　　　　　B. 20　　　　　　C. 32　　　　　　D. 63

14. 在市区进行有机房的室外基站设计，若本期新增设备的额定功耗为 1400 W，现场勘察发现，开关电源至设备的布线长度为 20 m，则以下 (　　)mm^2 铜线缆最合适。

A. 6　　　　　　　B. 10　　　　　　C. 16　　　　　　D. 25

15. 在 -48 V 直流供电系统中，蓄电池采用 (　　) 工作制。

A. 充放电　　　　B. 半浮充　　　　C. 全浮充　　　　D. 以上都不对

16. "GFM500" 中的 "500" (　　)。

A. 表示蓄电池 1 Ah 的容量是 500 A・h

B. 表示蓄电池 3 Ah 的容量是 500 A・h

C. 表示蓄电池 5 Ah 的容量是 500 A・h

D. 表示蓄电池 10 Ah 的容量是 500 A・h

17. 移动基站地网的接地电阻值不宜大于 (　　)。

A. 5 Ω　　　　　　B. 10 Ω　　　　　　C. 15 Ω　　　　　　D. 20 Ω

18. 征地或租用费用合理，可长期稳定占用，客户装机位置和负荷大，且有防盗要求、高风压、温差大的机房是哪一种？ (　　)

A. 土建机房　　　B. 彩钢活动机房　　　C. 租赁机房　　　D. 一体化机柜

19. (　　) 适合有很高景观需求的区域，如城市广场、体育场馆、公园、景区等。

A. 三管塔　　　　B. 角钢塔　　　　C. 单管塔　　　　D. 景观塔

20. 以下节能减排措施错误的是 (　　)。

A. 所有基站应由建设单位委托具有相关资质的环境检测机构按照环保部与工信部要求开展环境影响登记备案及环保检测工作

B. 基站选址和通信线路路由选取应尽量减少占用耕地、林地和草地

C. 拆除或闲置环境噪声污染防治设施无需报环境保护行政主管部门批准

D. 废旧电池、废矿物油、含汞废日光灯管等特殊危险废物，应与生活垃圾分类收集、妥善贮存、安全处置

三、简答题

1. 在 100 MHz 带宽条件下，3.5 GHz 5G 64T64R 宏站 S111 站型回传均值带宽需求是多少？ 3.5 GHz 5G 回传端口配置原则是什么？

2. BBU 集中部署原则是什么？

3. 基站天线方位角设计要求是什么？

4. 5G 基站工程天馈线选取原则是什么？

5. 施工现场安全防范措施有哪些？

四、计算题

现有电信运营商某基站需要扩容，扩容后该基站内通信设备总功耗约为 60 A/−48 V，机房内配置有两组 500 A·h 的蓄电池组。设计人员现场勘查时注意到现有开关电源已配置容量为 −48 V/200 A，该开关电源的单模块容量为 50 A。请问，该站扩容后，是否需要增加开关电源模块？如需要，则还需增加几个模块？请列出计算过程予以说明。

注：蓄电池充电时间按 10 h 考虑。

实践任务：基站工程设计方案编制

【实践目的】

通过本任务的实践，检测对移动通信无线网基站工程设计方案编制知识及技能的掌握程度，加强对 5G 基站工程设计方案编制技能的训练，达到训练初步具备基站工程设计方案编制能力的目标。

【实践要求】

(1) 熟悉基站工程设计规范；

(2) 熟悉无线网络设计、基站站型配置、BBU 建设要求、天馈线设计、电源配套设计、基础配套设计、安全生产、节能环保等方面的设计要求及方法；

(3) 能完成无线网络设计、基站站型配置、BBU 建设要求、天馈线设计、电源配套设计、

基础配套设计、安全生产、节能环保等方面的设计方案编制；

(4) 在设计方案编制过程中，不损坏工具，无安全事故发生。

【实践准备】

(1) 基站工程设计方案编制相关知识；

(2) 预装好 Word 软件的计算机、项目 2 中完成的勘察草图和勘察记录表、项目 4 中正确的 5G 基站无线专业工程设计图纸、项目 5 中正确的 5G 基站无线专业工程预算等；

(3) 配备 40 台以上计算机的实验室机房。

【实践组织】

以个人为单位完成基站工程设计方案编制。根据项目 2 中正确的勘察草图和勘察记录表、项目 4 中正确的 5G 基站无线专业工程设计图纸、项目 5 中正确的 5G 基站无线专业工程预算，完成 5G 无线网基站工程设计方案编制，方案内容应包括但不限于以下内容：

(1) 工程概况：设计依据、×× 基站概况、设计范围及分工、工程规模、工程预算及经济技术指标。

(2) 5G 无线网络设计：无线网络结构、5G 无线网工作频段、5G 帧结构配置、链路预算。

(3) 网络现状分析。

(4) 本期 5G 无线网建设目标：覆盖目标、容量指标。

(5) 无线网络建设原则及建设方案：总体原则及方案、站址选择原则及方案 (基站站址选择原则、BBU 集中机房选址、站点选址方案)、基站天馈线设置原则及方案、基站设备选择原则及方案等。

(6) 设备选型及主要性能指标。

(7) 基站电源系统建设方案：交流供电系统建设要求及方案、直流供电系统建设要求及方案。

(8) 基站基础配套建设要求：机房建设要求、塔桅建设要求、防雷及接地系统建设要求。

(9) 传输网及中继传输配置原则：传输网配置原则、中继传输配置原则。

(10) 设备布置安装及线缆布放要求：基站设备平面布置及安装要求、室内走线架平面布置及安装要求、基站天馈线系统布置及安装要求、抗震加固要求。

(11) 安全生产要求：总体要求、施工注意事项、网络安全要求。

(12) 共建共享、节能减排、环境保护 (电磁辐射、生态环境保护、噪声控制、废旧物品回收及处置)。

(13) 工程验收要求。

(14) 人员编制和人员培训。

(15) 其他需要说明的问题。

(16) 设计预算 (工程概述、编制依据、工程预算总额、相关费用及费率的取定、工程技术经济指标分析、预算表)。

【实践成果】

完成基站设计方案文本一份。

【实践考核】

强调过程考核，以个人为单位，根据表3-26所示的实践考核内容及考核点，给出实践考核成绩并计入登分册。

表 3-26　实践考核内容及考核点

评价内容		配分	考核点	得分
职业素养与规范 （20分）		5	做好设计方案编制前的工作准备：检查计算机（含Word软件）、已完成的设计图和工程预算，并将设备与资料摆放整齐，着装符合要求。未清点设备软件资料或着装不符合要求，每项扣2分，扣完为止	
		5	正确开关计算机和软件。动作不规范扣2分，计算机和软件开关每选错一项扣1分，扣完为止	
		5	具有良好的团队合作精神和职业操守，做到安全文明生产，有环保意识，否则扣1～2分。保持操作场地的文明整洁，否则扣1～3分	
		5	任务完成后，整齐摆放工具及凳子、回收工具及耗材等并符合要求，否则扣1～5分	
技能 考核 （80分）	操作流程	10	能掌握任务完成的流程，否则扣1～10分	
	方案提纲编写	20	设计方案提纲编写合理、正确。方案提纲不合理或错误，每错1处扣1分，扣完为止	
	方案内容编写	40	设计方案内容编写完整、合理、正确。方案内容不完整、不合理或错误，每错1处扣1分，扣完为止	
	操作熟练度	10	在规定时间内完成指定任务，操作熟练。否则扣1～10分	
总分		100		

备注：出现明显失误造成器材或仪表、设备损坏、人员受伤害等安全事故，以及严重违反实践教学纪律，造成恶劣影响的，本实践环节成绩记0分。

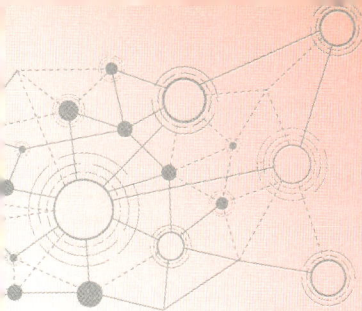

项目 4　移动通信工程设计图绘制

移动通信工程图纸是在对施工现场进行仔细勘察和认真收集资料的基础上，通过图形符号、文字符号、文字说明及标注来表达具体工程性质的一种图纸。它是通信工程设计文件的重要组成部分，是指导工程施工的主要依据，也是编制通信工程概预算的基本依据。

移动通信工程图纸里面包含了设备配置及安放情况、布线路由信息、技术数据、主要说明等内容。工程设计人员或其他技术人员通过阅读图纸就能够了解该工程规模与工程内容，统计出工程量及编制工程概预算。因此，只有绘制出准确的移动通信工程图纸，才能对移动通信工程施工提供正确的指导。

知识目标

(1) 掌握移动通信工程制图要求；
(2) 掌握基站工程设计图绘制要求及方法。

能力目标

(1) 能够根据设计要求制作或选用符合规定的基础图纸；
(2) 能够根据勘察草图和设计方案绘制地面站的全套图纸；
(3) 能够根据勘察草图和设计方案绘制楼面站的全套图纸。

素养目标

(1) 遵循国家和行业标准、规范，培养精益求精、勇于创新的工匠精神。
(2) 通过基站工程设计图的绘制实施与协作，培养良好的团队合作意识、规范意识、安全意识。

任务4.1　掌握移动通信工程制图要求及规定

4.1.1　总体要求

移动通信工程制图的总体要求如下：

(1) 工程图应布局合理、排列均匀、轮廓清晰，便于识别。

(2) 绘图时选取合适的图线宽度，避免图中的线条过粗或过细。标准通信工程制图中图形符号的线条除有意加粗者外，一般都是粗细统一的，一张图上要尽量统一，但不同大小的图纸 (例如 A1 和 A4 图) 可有不同，为了视图方便，大图的线条可以相对粗些。

(3) 正确使用国标和行标规定的图形符号。派生新的符号时，应符合国标图形符号的派生规律，并应在适合的地方加以说明。

(4) 在保证图面布局紧凑和使用方便的前提下，应选择适合的图纸幅面，使原图大小适中。

(5) 需按规定标注各种必要的技术数据和注释。

(6) 工程设计图纸应按规定设置图衔、责任范围签字、图纸编号等。

(7) 设备安装平面图、设备布线路由图、天馈线安装示意图应设置指北方向。

4.1.2　移动通信工程制图统一规定

1. 图纸幅面尺寸

(1) 工程设计图纸幅面和图框大小应符合国家标准《电气技术用文件的编制　第 1 部分：规则》(GB/T6988.1—2008) 中的规定，一般应采用 A0、A1、A2、A3、A4 及其加长的图纸幅面，目前在移动通信工程设计中基本采用 A3、A4 两种图纸幅面。各种图纸幅面和图框尺寸大小关系如表 4-1 及图 4-1 所示。

表 4-1　图纸幅面和图框尺寸大小关系

单位：mm

幅面代号	A0	A1	A2	A3	A4
图框尺寸 (长 × 宽)	1189 × 841	841 × 594	594 × 420	420 × 297	297 × 210
侧边框距 c	10			5	
装订侧边框距 a	25				

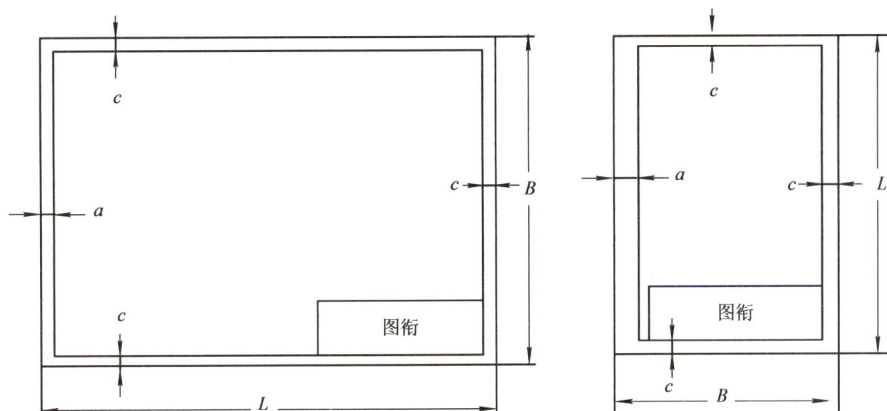

图 4-1 图框格式

(2) 当上述幅面不能满足要求时，可按照国家标准《技术制图 图纸幅面和格式》(GB/T 14689.1—2024) 的规定加大幅面，也可在不影响整体视图效果的情况下将图纸分割成若干张图绘制。

(3) 应根据表述对象的规模大小、复杂程度、所要表达的详细程度、有无图衔及注释的数量等因素来选择较小的合适幅面。

2. 图线型式及其应用

(1) 通信工程设计图纸中常用的图线型式及其用途应符合表 4-2 的规定。

表 4-2 图线型式及用途

图线名称	图线型式	一般用途
实线	———————	基本线条：图纸主要内容用线，可见轮廓线
虚线	- - - - -	辅助线条：屏蔽线，机械连接线、不可见轮廓线、计划扩展内容用线
点划线	- · - · -	图框线：表示分界线、结构图框线、功能图框线、分级图框线
双点划线	- ·· - ·· -	辅助图框线：表示更多的功能组合或从某种图框中区分不属于它的功能部件

(2) 常用的图线宽度包含 0.25 mm、0.35 mm、0.5 mm、0.7 mm、1.0 mm、1.4 mm 等。

(3) 通常只选用两种宽度的图线，粗线的宽度为细线宽度的两倍，主要图线粗些，次要图线细些，对复杂的图纸也可采用粗、中、细 3 种线宽，线的宽度按 2 的倍数依次递增，但线宽种类也不宜过多。

(4) 使用图线绘图时，应使图形的比例和配线协调恰当、重点突出、主次分明，在同一张图纸上，按不同比例绘制的图样及同类图形的图线粗细应保持一致。

(5) 细实线是最常用的线条，在以细实线为主的图纸上，粗实线主要用于主回路线图纸的图框及需要突出的设备、线路、电路等处，指引线、尺寸线、标注线应使用细实线。

(6) 当需要区分新安装的设备时，用粗线表示新建设备，细线表示原有设备，虚线表示规划预留部分。在改建的移动通信工程图纸上,需要表示拆除的设备及线路用"×"来标注。

(7) 平行线之间的最小间距不宜小于粗线宽度的两倍,同时不能小于 0.7 mm。

(8) 在使用线型及线宽表示图形用途有困难时,可用不同颜色来区分。

3. 图纸比例

(1) 对于建筑平面图、平面布置图、管道线路图、设备加固图及零部件加工图等图纸类型,一般应有比例要求;对于系统图、方案示意图、电路组织图等图纸类型则无比例要求,但应按工作顺序、线路走向、信息流向排列。

(2) 对平面布置图、线路图和区域规划性质的图纸,推荐的比例为 1:10、1:20、1:50、1:100、1:200、1:500、1:1000、1:2000、1:5000、1:10 000、1:50 000 等;对于设备加固图及零部件加工图等图纸推荐的比例为 1:2、1:4 等。在实际绘图中,应根据图纸要表达的内容深度和选用的图幅选择合适的比例,并在图纸上及图衔的相应栏目处注明。

4. 尺寸标注

(1) 一个完整的尺寸标注应由尺寸数字、尺寸界线、尺寸线及其终端等部分组成。

(2) 图中的尺寸单位,除标高和管线长度以米 (m) 为单位外,其他尺寸均以毫米 (mm) 为单位,按此原则标注的尺寸可不加单位的文字符号。若采用其他单位时,应在尺寸数值后加注计量单位的文字符号,尺寸单位应在图衔相应栏目中填写。

(3) 尺寸界线用细实线绘制,由图形的轮廓线、轴线或对称中心线引出,也可利用轮廓线、轴线或对称中心线作尺寸界线。尺寸界线一般应与尺寸线垂直。

(4) 尺寸线的终端可以采用箭头或斜线两种形式,但同一张图中只能采用一种尺寸线终端形式,不得混用。

(5) 采用箭头形式时,尺寸线两端应画出尺寸箭头,指到尺寸界线上,表示尺寸的起止。尺寸箭头宜用实心箭头,箭头的大小应按可见轮廓线选定,其大小在图中应保持一致。

(6) 采用斜线形式时,尺寸线与尺寸界线必须互相垂直。斜线用细实线,且方向及长短应保持一致。斜线方向应以尺寸线为准,将其逆时针方向旋转 45°,斜线长短约等于尺寸数字的高度。

(7) 图中的尺寸数字一般应注写在尺寸线的上方或左侧,也允许注写在尺寸线的中断处,但同一张图样上注法应尽量保持一致。尺寸数字应顺着尺寸线的方向书写并符合视图方向,数值的高度方向应和尺寸线垂直,并不得被任何图线通过。当该情况无法避免时,应将图线断开,在断开处填写数字。在不至于引起误解时,对非水平方向的尺寸其数字可水平地注写在尺寸线的中断处。标注角度时,其角度数字应注写成水平方向,一般应注写在尺寸线的中断处。

(8) 有关建筑类专业设计图纸上的尺寸标注,可按《建筑制图标准》(GB/T 50104—2010) 中的要求标注。

5. 字体及写法

(1) 图纸中书写的文字 (包括汉字、字母、数字、代号等) 均应字体工整、笔画清晰、排列整齐、间隔均匀,其书写位置应根据图面妥善安排,文字多时宜放在图纸的下方或右侧。文字内容从左向右横向书写，标点符号占一个汉字的位置，中文书写时，应采用国家正式颁布的简化汉字，字体宜采用长仿宋体。文字的字高 (打印到图纸上的字高) 应从以下系列中选用：2.5 mm、3.5 mm、5 mm、7 mm、10 mm、14 mm、20 mm，如需要书写更大的字，其高度应按 2 的比值递增。图样及说明中的汉字宜采用长仿宋字体，大标题、图册封面、地形图等的汉字也可书写成其他字体，但应易于辨认。

(2) 图中的"技术要求""说明"或"注"等字样，应写在具体文字内容的左上方并使用比文字内容大一号的字体书写，标题下均不画横线。具体内容多于一项时，应按以下顺序号排列：

• 1、2、3…
• (1)、(2)、(3)…
• ①、②、③…
• a、b、c…

(3) 在图中所涉及数量的数字均应用阿拉伯数字表示。计量单位应使用国家颁布的法定计量单位。

6. 图衔

(1) 通信管道及线路工程图纸应有图衔，若一张图不能完整画出时，可分为多张图纸，第一张图纸使用标准图衔，其后续图纸使用简易图衔。

(2) 移动通信工程勘察设计制图常用的图衔种类有移动通信工程勘察设计各专业常用图衔、机械零件设计图衔和机械装配设计图衔。

(3) 移动通信工程设计图纸常用图衔的规格要求如图 4-2 所示，包括图名、图号、单位名称、单位主管、部门主管、总负责人、单项设计人、主办人 (或设计人)、审核人员、校核人员、制 (描) 图人员、比例、日期等内容。图衔的位置在 A3 图纸的右下角、A4 图纸的下方。

图 4-2　常用图衔的规格要求

7. 图纸编号

图纸编号的编排应尽量简洁，在设计阶段时一般图纸编号的组成可分为四段，按图 4-3所示的规则处理。

图 4-3　常用图纸编号组成

对于同计划号、同设计阶段、同专业而多册出版的图纸，为避免编号重复，可在设计阶段代号和专业代号后面加字母进行区别。

工程计划号可使用上级下达、客户要求或自行编排的计划号。设计阶段的代号应符合表 4-3 的规定。

表 4-3　设计阶段代号对应表

设计阶段	代号	设计阶段	代号	设计阶段	代号
可行性研究	Y	初步设计	C	技术设计	J
规划设计	G	方案设计	F	设计投标书	T
勘察报告	K	初设阶段的技术规范书	CJ	修改设计	在原代号后加 X
咨询	ZX	施工图设计或一阶段设计	S		

各专业代号应符合表 4-4 的规定。

表 4-4　常用专业代号表

名称	代号	名称	代号	名称	代号
长途明线线路	CXM	人工长话交换	CHR	监控	JK
长途电缆线路	CXD	自动长话交换	CHZ	长途电缆无人站	CLW
长途光缆线路	CXG	程控长市合一	CCS	终端机	ZD
水底电缆	SL	程控市话交换	CSJ	载波电话	ZH
水底光缆	SG	程控长话交换	CCJ	电缆载波	LZ
海底电缆	HL	长途台	CT	明线载波	MZ
海底光缆	HGL	传输	CS	数字终端	SZ
市话电缆线路	SXD	传真	CZ	脉码设备	MM
市话光缆线路	SXG	自动转报	ZB	光缆数字设备	GS
微波载波	WZ	电报	DB	用户光纤网	YGQ
模拟微波	WBM	报房	BF	自动控制	ZK
数字微波	WBS	会议电话	HD	邮政机械	YJX
移动通信	YD	数字用户环路载波	SHZ	邮政电控	YDK
无线发射设备	WF	智能大楼	ZNL	房屋建筑	FJ
无线接收设备	WS	计算机网络	JWL	房屋结构	FG
短波天线	TX	计算机软件	RJ	房屋给排水	FS
微波铁塔	WT	同步网	TBW	弱电系统	RD
卫星地球站	WD	信令网	XLW	强电	QD
小卫星地球站	XWD	数据网	SSW	空调通风	KF
一点多址通信	DZ	图像通信	TXT	消防	XF
通信管道	GD	综合布线	ZB		
电源	DY	油机	YJ		

注：总说明中所附总图及工艺图纸一律用 YZ，总说明中引用的单项设计的图纸编号不变。

上述所讲的国家通信行业制图标准已对设计图纸的编号方法进行了规定，在此基础上，一般每个设计单位都有自己内部的一套完整的规范，其目的是进一步规范工程管理，配合项目管理系统实施，不断改进和完善设计图纸的编号方法。

以某设计院的图纸编号方法为例，图纸编号由四段组成，具体规则为：设计编号＋设计阶段号＋专业代号＋图页序号，例如：2024 年无线设计院项目任务号为 000101 的某地区 5G 无线网设备安装工程一阶段设计中的通信系统图的编号为 2024WX-000101-S-YD-001。

其中，设计编号由三段组成，具体规则为：年号＋设计部门代号＋项目任务号，例如：2024WX-000101。

图页序号应按图纸内容的主次关系，有序编号。

4.1.3　移动通信工程图纸常用图例规定

移动通信工程图纸中的图形符号常称为图纸绘制的图例。显而易见，了解这些图例所表示的含义是阅读和理解移动通信工程图纸的基础。

(1) 移动通信设备常用图例如表 4-5 所示。

表 4-5　移动通信设备常用图例

序号	名　称	图　例	说　明
1	手机		
2	基站		可在图形中加注文字符号表示不同技术，如 GSM、WCDMA 或 TD-SCDMA、CDMA2000、LTE、NR 等基站
3	全向天线		可在图形旁加注文字符号表示不同类型，如： Tx：发信天线； Rx：收信天线； Tx/Rx：收发共用天线
4	板状定向天线		可在图形旁加注文字符号表示不同类型，如： Tx：发信天线； Rx：收信天线； Tx/Rx：收发共用天线

序号	名　称	图　例	说　明
5	八木天线		
6	吸顶天线		主要用于室分分布系统工程
7	抛物面天线		
8	馈线		
9	泄漏电缆		主要用于室分分布系统工程
10	二功分器		主要用于室分分布系统工程
11	三功分器		主要用于室分分布系统工程
12	耦合器		主要用于室分分布系统工程

(2) 机房建筑及设施常用图例如表 4-6 所示。

表 4-6　机房建筑及设施常用图例

序号	名　称	图　例	说　明
1	墙		主要表示混凝土(砖)墙
2	单扇门	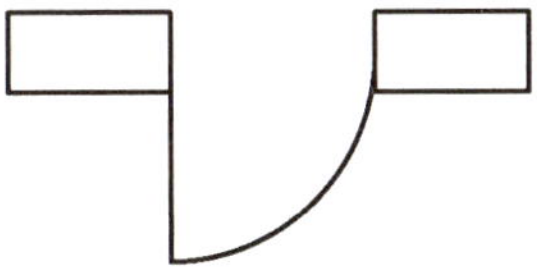	
3	双扇门		
4	窗户	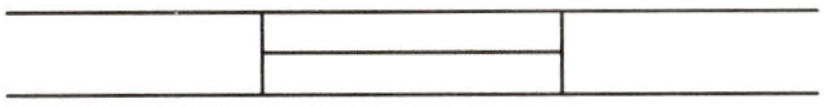	主要表示左右推拉窗户,应根据窗户实际情况进行制图
5	方形孔洞	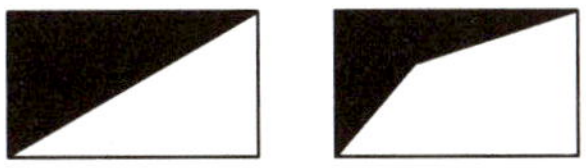	左边为穿墙洞,右边为地板洞
6	方形孔洞标注	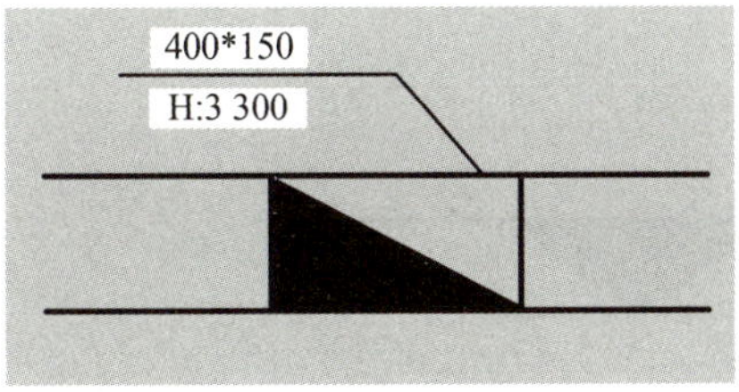	表示图中穿墙孔洞尺寸为 400 mm × 150 mm,下沿离地面的高度为 3300 mm。

续表

序号	名称	图例	说明
7	电梯		
8	楼梯	上	
9	房柱		
10	折断线		表示不需要画全的部分
11	波浪线		表示不需要画全的部分
12	标高		在上方横线上标出高度数值

(3) 机房设备及摆放常用图例如表 4-7 所示。

表 4-7 机房设备及摆放常用图例

序号	名 称	图 例	说 明
1	水平电缆走线架及标注	W:4 00 H:2 400	其中水平电缆走线架宽度为 400 mm，下沿距地面高度为 2400 mm
2	机柜或机架位置	500 800 800 ▲机柜正面 △安装基准点	如为新增机柜或机架，应加粗
3	预留扩容机架位置		
4	机柜或机架的室内摆放位置	800 800~1000 800 注意：列间距：800～1000 mm 机架背面到墙800 mm(当墙有柱子时应考虑柱子的情况)	其中机柜的室内摆放位置要求离主通道 1200～1500 mm，离辅通道 800～1000 mm
5	多排机柜或机架的室内摆放位置及有墙柱子	200 1200 注意：(1) 机柜面对面排列时，列间距大于 1200 mm；(2) 柱子居中时，机柜离柱子 200 mm 以上	其中列间距为 800～1000 mm，机架背距墙 800 mm。当墙边有柱子时，应考虑柱子所占的空间。机架面对面排列且有柱子居中时，列间距大于 1200 mm，机架离柱子 200 mm 以上

任务4.2 掌握基站工程设计图绘制

4.2.1 基站工程设计图绘制要求

目前移动通信工程设计图纸的绘制采用计算机辅助绘图软件，如 AutoCAD、中望 CAD 等。这些辅助设计软件可以满足移动通信工程设计和绘图的需求，可提供各种接口，使其可以和其他软件共享设计成果，并能十分方便地对图纸进行管理。

基站工程设计中主要绘制的设计图纸及其要求介绍如下。

1. 设备安装平面图

设备安装平面图即机房的整体布局规划，是走线架与设备布线路由图参考的基础。图纸要求如下：

(1) 绘制机房中原所有设备的布局示意图，设备布局须与实际勘察结果一致；

(2) 确定新增设备安装的具体位置、方向，且设备安装空间需预留后期维护空间；

(3) 新增设备及与本期工程相关的利旧设备均需在设备表中体现；

(4) 确定馈线窗在墙体的具体位置，并注明是新增或利旧；

(5) 图纸中应标明正北方位；

(6) 绘制图纸时应及时填写图纸名称和图纸比例；

(7) 图纸说明中必须有明确的安全生产注意事项。

2. 设备布线路由图

设备布线路由图包含走线架布局、设备路由信息及布线计划表等。绘图中需注意：

(1) 根据勘察结果绘制机房中走线架的具体布局，新增的走线架需按图例要求标识具体位置及长度；

(2) 信号线与电源线应区分开，可采用不同线宽和颜色进行标识；

(3) 采用统一标注格式对各路由线缆进行标识，并在图纸说明中进行描述；

(4) 布线计划表应结合勘察结果合理预估，且须满足工程安装需求；

(5) 绘制图纸时应及时填写图纸名称和图纸比例；

(6) 图纸说明中必须有明确的安全生产注意事项。

3. 电源系统图及电源端子分配图

电源系统图及电源端子分配图绘制中应注意：

(1) 电源端子分配图应与勘察结果完全一致，并准确标识各电源端子的使用情况及容量信息；

(2) 明确本期工程需用到的电源端子及容量；

(3) 图纸说明中应注明本期用到的电源端子是否需改造；

(4) 绘制图纸时应及时填写图纸名称和图纸比例；

(5) 图纸说明中必须有明确的安全生产注意事项。

4. 天馈线安装示意图

天馈线安装示意图直接影响基站天馈线安装，对于准确施工起着非常重要的作用。天馈线安装示意图绘制时有以下要求：

(1) 天馈线安装位置及路由在侧视图与俯视图应能完全对应，且与土建专业图纸位置信息保持一致；

(2) 天线安装位置、设备安装位置 (若 AAU/RRU 上塔安装)、BDS/GPS 安装位置应在图中准确标识；

(3) 室外新增走线架及布线路由应清晰；

(4) 安装材料表及光电缆参数表应满足工程需求；

(5) 图纸说明应符合工程实际，且与图纸对应；

(6) 绘制图纸时应及时填写图纸名称和图纸比例；

(7) 图纸说明中必须有明确的安全生产注意事项。

5. 安全风险说明和安全生产要求图

安全风险说明和安全生产要求图应列明从事工程活动时存在的危险因素、风险处置方案及计划。

4.2.2 地面站设计图绘制示例

在县城新建一个移动通信地面站，通过现场工程勘察，确定基本条件如下：共享铁塔公司原有 35 m 景观塔塔桅和室外一体化机柜，新增 NR 3.5 GHz S111 基站 1 个，AAU 为华为 32T32R 设备，BBU 集中放置，利旧 BBU 新增基带板 1 块。

根据勘察资料确定该基站无线专业图纸包括 ×× 基站机房设备安装平面图、×× 基站机房设备布线路由图、×× 基站电源系统图及电源端子分配图、×× 基站天馈线安装示意图、×× 基站安全风险说明和安全生产要求图、×× 基站 BBU 集中机房设备安装平面图、×× 基站 BBU 集中机房设备布线路由图、×× 基站 BBU 及主设备直流分配单元面板图。设计图纸绘制如下：

1. ×× 基站机房设备安装平面图

设备安装平面图包括设备现状、新增设备安装位置、基本标注 (设备名称和尺寸)、综合机柜示意图、设备表、图例及图纸说明。机房内的设备布置应遵循以下原则：每列设备间的间距不得小于 800 mm；机架正面到墙的距离不得小于 800 mm，当设备不支持靠墙安装时，侧面和反面到墙的距离不得小于 600 mm。该基站机房为共享铁塔公司原有室外一体化机柜。×× 基站机房设备安装平面图如图 4-4 所示。

原有室外机柜(900×900×1800)

```
39U ┌─────────────┐
    │      2      │
31U ├─────────────┤
28U ├──────5──────┤
27U ├──────3──────┤
    │             │
    │             │      1800
    │             │
 7U ├─────────────┤
    │      1      │
 3U ├─────────────┤      6
 2U └──────4──────┘
        900
```

安全风险点：
风险NO.1 运输、搬运违章
风险NO.19 电烙铁、手电钻、电锤等
　　　　　电动工具漏电
风险NO.20 插座、插头漏电
风险NO.21 携带金属工具，电源附近作业
风险NO.22 不通知停送电
风险NO.23 带电更换机械附件
风险NO.27 电源线裸露
风险NO.29 设备超重
风险NO.30 设备搬运碰撞
风险NO.31 终端、板卡安装错误
风险NO.32 乱动设备开关
风险NO.33 不戴防静电手环插拔电路板
风险NO.34 设备接电、接地错误
风险NO.35 电源端子配置不当
风险NO.36 违章关停开设备
风险NO.37 不核实电源负荷
风险NO.38 不检查电源极性及相位
风险NO.39 电源操作失误
风险NO.42 布放缆线路由经过其他系统
以上安全风险点处置方案见"安全风险点评估说明处置方案及计划表"

设备表

序号	名称	单位	数量	尺寸 (W×D×H)	备注
1	蓄电池	组	1	100AH/组	原有
2	嵌入式开关电源	架	1	442×310×178	利旧
3	主设备直流分配单元	台	1	483×228×44	新增，由无线专业负责
4	光缆终端盒(含跳纤单元)	个	1	442×310×132	新增，由线路专业负责
5	监控单元	个	1	442×310×45	原有
6	机柜地排	块	1	示意	利旧

图例：　[　] 新增设备　　[　] 原有设备

说明：
1. 本机房为共享铁塔室外一体化机柜。
2. 本基站位置：××，基站编码：××。
3. 本站原无电信存量。
4. 本期新增3.5G AAU设备3套，对应BBU放置在××机房，载波配置为S111。
5. 新增设备放置于一体化机柜内，具体安装位置如一体化机柜示意图所示，施工单位若发现现场情况发生变化，
　请与设计人员确认。
6. 传输设备具体安装位置以传输专业设计为准。
7. 本设计不负责机柜地面负荷的计算，设备安装前需建设单位请相关土建单位核实。
8. 无线基站设备安装需要遵守相关的安全生产规范，防范安全风险，详见安全风险提示和安全生产要求图。

××设计院有限公司				工程名称	××分公司2023年5G无线网设备安装四期工程
项目负责人		三　审		建设单位	××分公司
设 计 人		二　审		图纸名称	××基站机房设备安装平面图
制 图 人		一　审			
单位，比例	mm，示意	日　期		图　号	

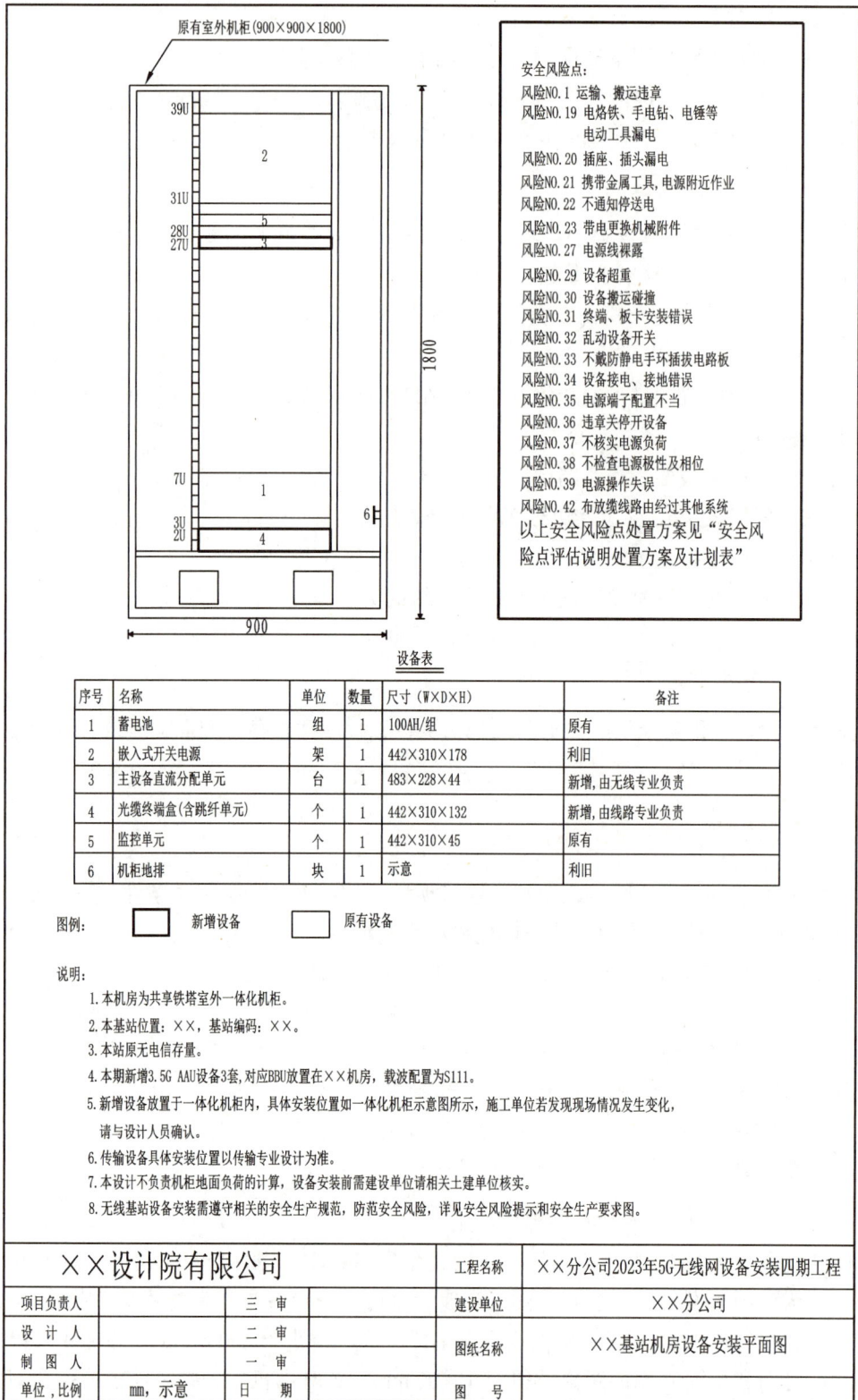

图4-4　××基站机房设备安装平面图

2.××基站机房设备布线路由图

设备布线路由图包括设备现状、走线架布置、走线路由、布线计划表、图例及图纸说明。其中图纸说明中要对走线架和路由示意图中各线缆路由情况进行说明，布线计划表应准确表达各种线缆需求。××基站机房设备布线路由图如图 4-5 所示。

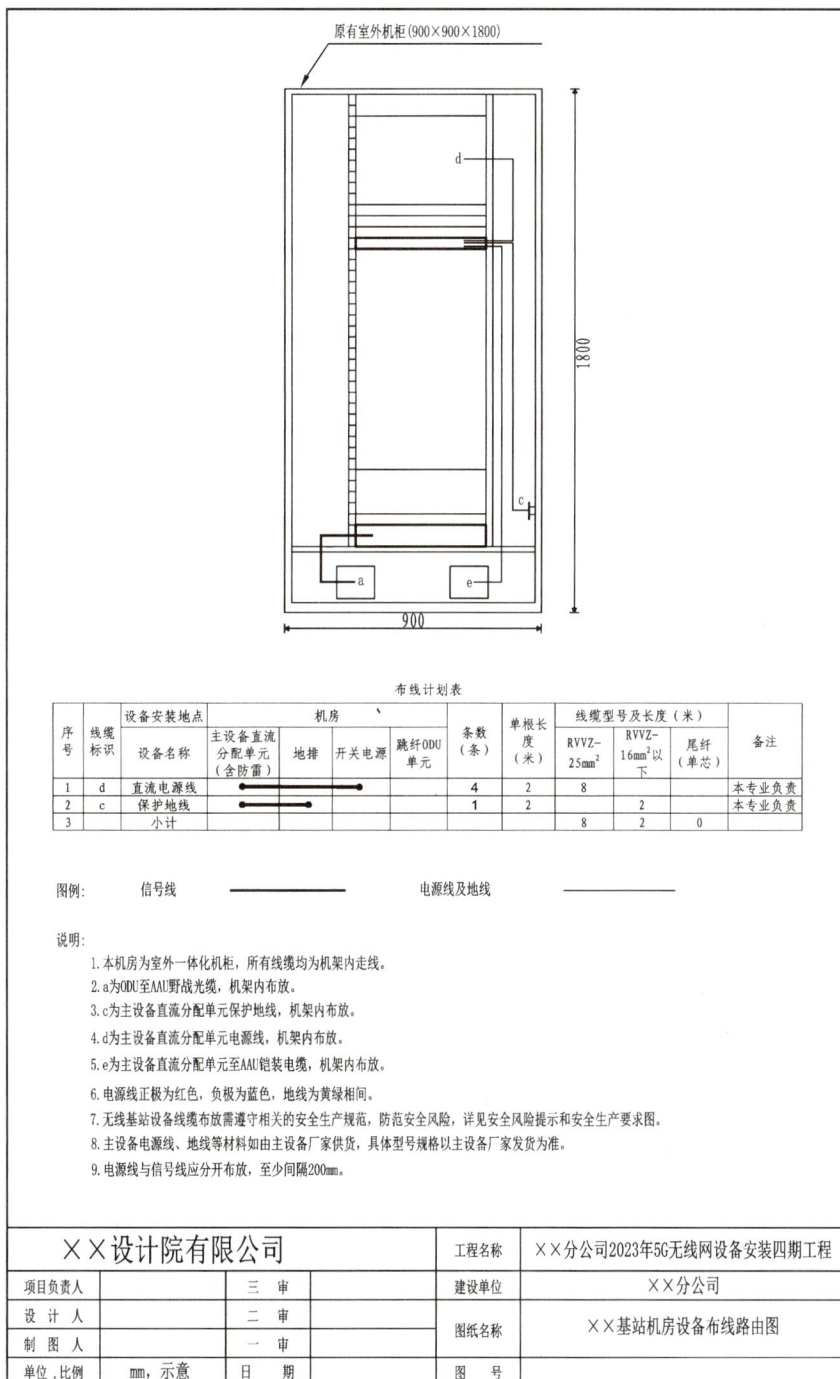

布线计划表

序号	线缆标识	设备安装地点				条数（条）	单根长度（米）	线缆型号及长度（米）			备注
		设备名称	机房					RVVZ-25mm²	RVVZ-16mm²以下	尾纤（单芯）	
			主设备直流分配单元（含防雷）	地排	开关电源	跳纤ODU单元						
1	d	直流电源线					4	2	8			本专业负责
2	c	保护地线					1	2		2		本专业负责
3		小计							8	2	0	

图例：　　信号线 ————————　　　　电源线及地线 ————————

说明：

1.本机房为室外一体化机柜，所有线缆均为机架内走线。

2.a为ODU至AAU野战光缆，机架内布放。

3.c为主设备直流分配单元保护地线，机架内布放。

4.d为主设备直流分配单元电源线，机架内布放。

5.e为主设备直流分配单元至AAU铠装电缆，机架内布放。

6.电源线正极为红色，负极为蓝色，地线为黄绿相间。

7.无线基站设备线缆布放需遵守相关的安全生产规范，防范安全风险，详见安全风险提示和安全生产要求图。

8.主设备电源线、地线等材料如由主设备厂家供货，具体型号规格以主设备厂家发货为准。

9.电源线与信号线应分开布放，至少间隔200mm。

××设计院有限公司				工程名称	××分公司2023年5G无线网设备安装四期工程
项目负责人		三　审		建设单位	××分公司
设　计　人		二　审		图纸名称	××基站机房设备布线路由图
制　图　人		一　审			
单位，比例	mm，示意	日　期		图　号	

图 4-5　××基站机房设备布线路由图

3.××基站电源系统图及电源端子分配图

电源系统图及电源端子分配图包括电源系统图、现有电源端子使用现状及新增电源端子需求分配、图例及图纸说明等。××基站电源系统图及电源端子分配图如图4-6所示。

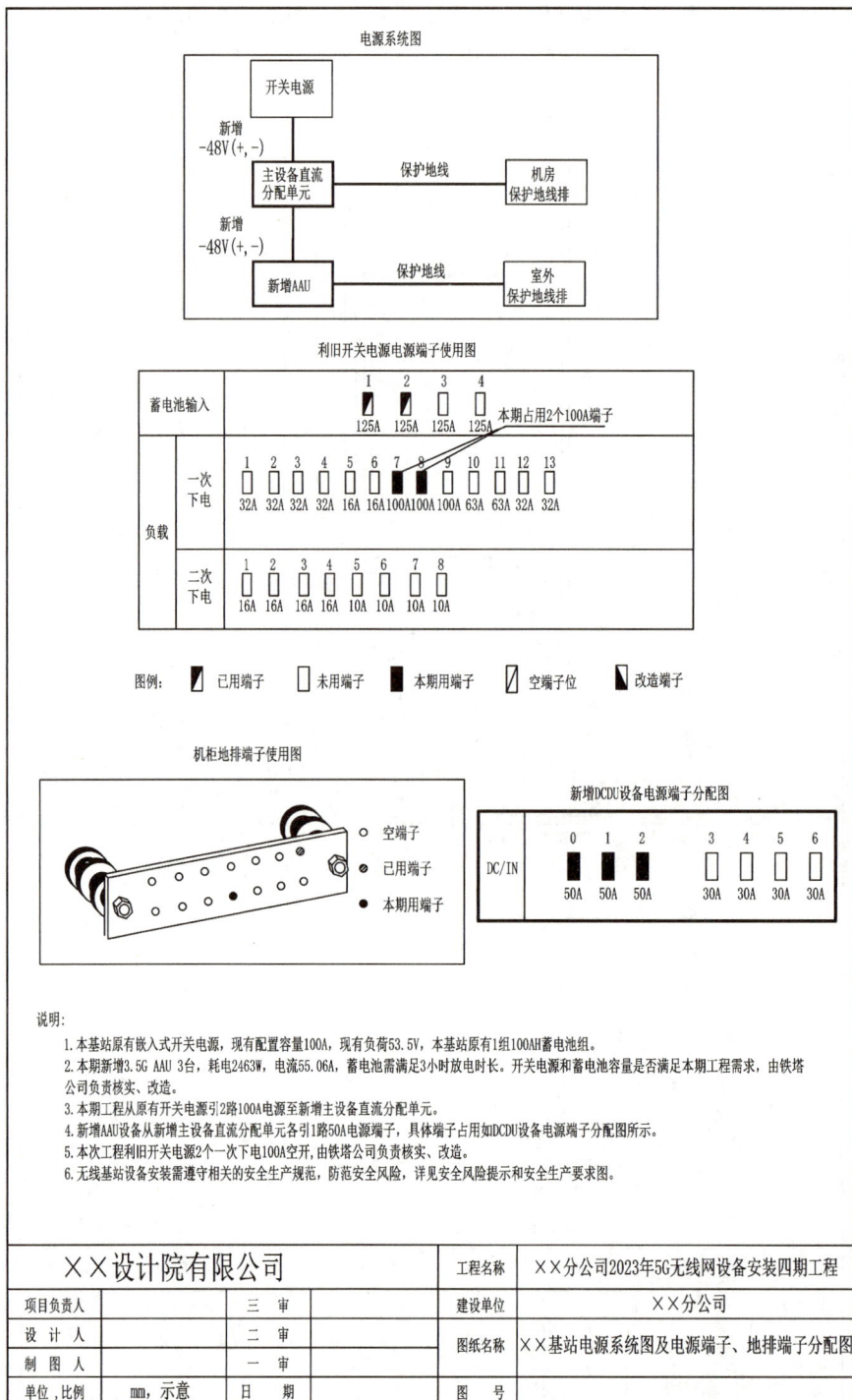

图 4-6　××基站电源系统图及电源端子分配图

4. ××基站天馈线安装示意图

天馈线安装示意图中包括天馈线安装侧视图和俯视图、基站各小区方位设置、安装材料表、图例及图纸说明等。××基站天馈线安装示意图如图 4-7 所示。

5. ××基站安全风险说明和安全生产要求图

安全风险说明和安全生产要求图包括从事工程活动时存在的危险因素、风险处置方案及计划。××基站安全风险说明和安全生产要求图如图 4-8 所示。

6. ××基站 BBU 集中机房设备安装平面图

设备安装平面图包括设备现状、新增设备安装位置、基本标注 (设备名称和尺寸)、综合机柜示意图、设备表、图例及图纸说明。××基站 BBU 集中机房设备安装平面图如图 4-9 所示。

7. ××基站 BBU 集中机房设备布线路由图

设备布线路由图包括设备现状、走线架布置、走线路由、布线计划表、图例及图纸说明。××基站 BBU 集中机房设备布线路由图如图 4-10 所示。

8. ××基站 BBU 及主设备直流分配单元面板图

直接分配单元面板图包括 BBU 板卡配置情况或新增板卡位置、现有主设备直流分配单元使用现状及新增直流分配单元端子需求分配、图例及图纸说明等。××基站 BBU 及主设备直流分配单元面板图如图 4-11 所示。

4.2.3　楼面站设计图绘制示例

在一般城区的核心区域新建一个移动通信楼面站，通过现场工程勘察，确定基本条件如下：共享铁塔公司原有楼面 6 m 抱杆和机房内综合机柜，新增 NR 3.5 GHz S111 基站 1 个，AAU 为中兴公司 64T64R 设备，BBU 集中放置，利旧 BBU 原有基带板，新增光模块 3 个。

根据勘察资料确定该基站无线专业图纸包括 ××基站机房设备安装平面图、××基站机房设备布线路由图、××基站电源系统图及电源端子分配图、××基站天馈线安装示意图、××基站安全风险说明和安全生产要求图、××基站 BBU 集中机房设备安装平面图、××基站 BBU 集中机房设备布线路由图、××基站 BBU 及主设备直流分配单元面板图。设计图纸绘制如下：

1. ××基站机房设备安装平面图

设备安装平面图包括设备现状、新增设备安装位置、基本标注 (设备名称和尺寸)、综合机柜示意图、设备表、图例及图纸说明。机房内设备布置应遵循以下原则：每列设备间的间距不得小于 800 mm；机架正面到墙的距离不得小于 800 mm，当设备不支持靠墙安装时，侧面和反面到墙的距离不得小于 600 mm。该基站机房为共享铁塔公司租赁机房。××基站机房设备安装平面图如图 4-12 所示。

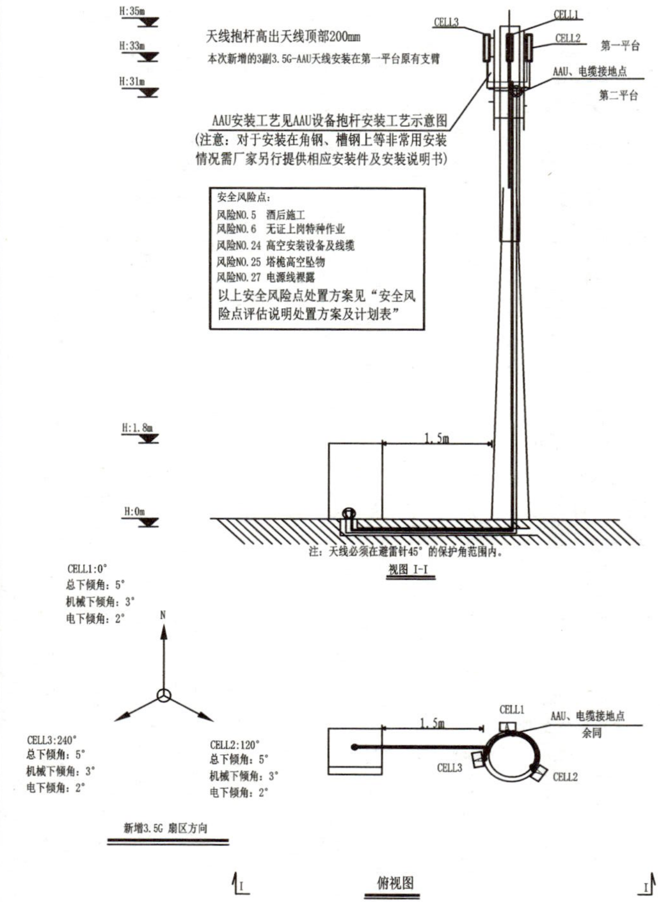

经纬度：　E：××°　　N：××°

站址：××。

图例：
原有定向天线　新增定向天线　GPS天线　CELLn 表示第n扇区定向双极化天线
新增RRU设备　野战光缆　跳线　电源线和保护地线
新增外走线架　原室外走线架　接地点　新增AAU设备

表1. 本期安装工作量及安装材料表

序号	名称	单位	数量	规格型号	备注
1	新增双极化天线	副	0	65° 15dBi电调	800MHz单频双极化定向（4端口）
2	新增双极化天线	副	0	65° 18dBi电调	2GHz单频双极化定向（4端口）
3	利旧双极化天线	副	0	65° 15dBi/18dBi电调	800MHz/2GHz宽频双极化定向（4+4端口）
4	新增双极化天线	副	0	65° 17dBi/18dBi电调	800MHz/2GHz宽频双极化定向（4+4端口）
5	新增排气管天线	根	0	65° 18dBi电调	2GHz宽频双极化定向（4端口）
6	AAU设备	套	3	NR:32T32R 320W	新增，厂家提供
7	白光模块	个	3	25G	新增，厂家提供

表2. 本期线缆安装参数表

序号	名称	单位	数量(NR系统)	规格型号	备注
1	布放野战光缆	米×条	CELL1:50×1 CELL2:50×1 CELL3:50×1	2芯野战光缆	厂家提供(ODU至AAU)
2	布放电源线	米×条	CELL1:50×1 CELL2:50×1 CELL3:50×1	2芯铠装电源线 $2\times10mm^2$	厂家提供(AAU至电源设备)
3	布放RRU接地线	米×条	CELL1:3×1 CELL2:3×1 CELL3:3×1	$16mm^2$	厂家提供，颜色为黄绿相间
4	布放铠装电缆接地线	米×条	1×6	$16mm^2$	厂家提供，颜色为黄绿相间

说明：

1. 本工程新增NR 3.5G基站，站型为S111；各扇区天线方位角及下倾角如图所示。
2. 本工程新增3副3.5G-AAU天线，天线安装在35m景观塔第一平台原有支臂上，天线挂高为33m，位置如图所示，施工单位若发现现场情况发生变化，请与设计人员确认。
3. 本工程新增3根AAU野战光缆，其长度为估算，以厂家工勘实测长度为准。
4. 本工程新增3根AAU铠装电缆，其长度为估算，以厂家工勘实测长度为准。铠装电缆屏蔽层应在两端做接地处理，在塔上部分可通过AAU或者防雷箱进行屏蔽层的接地，机房侧接地点应选择进入机房前在馈窗口附近实施。
5. 天线、AAU和天线支撑杆注意做好防雷接地工作，由建设单位核实本塔的防雷地阻，基站地网的防雷地阻不宜大于10Ω，如本塔防雷地阻达不到工程要求应重新做防雷接地；所有接地符合《通信局(站)防雷与接地工程设计规范》（GB 50689—2011）的要求，天线及设备在避雷针45°保护范围内。
6. 本设计不负责地面承重及原有天线荷载对塔桅的安全影响，设备安装前需建设单位请相关土建单位核实。
7. 无线基站设备和天馈安装需遵守相关的安全生产规范，防范安全风险，详见安全风险提示和安全生产要求图。

××设计院有限公司				工程名称	××分公司2023年5G无线网设备安装四期工程
项目负责人		三　审		建设单位	××分公司
设　计　人		二　审		图纸名称	××基站天馈线安装示意图
制　图　人		一　审			
单位，比例	mm，示意	日　期		图　号	

图 4-7　×× 基站天馈线安装示意图

安全风险点评估说明处置方案及计划表

人身安全风险关键因素列表

风险编号	安全风险场景分类	风险因素（危险环境）	工程活动	评估说明	风险处理方案	风险处置计划
1	施工现场作业安全	运输、搬运	搬运设备、材料	项目施工地点较多，室外作业点较多，存在重量吊物，设备搬运操作不当，施工地点杂乱，驾驶时间长导致伤害	1.运输设备、材料途中禁止人员乘坐。2.防止起重吊物、设备搬运操作不当，导致物体打击伤害	增强安全施工意识，杜绝违章操作
2		驾驶车辆时间长		夜间作业成井出现危险，施工地点杂、远，驾驶时间长、疲劳	做好施工进度策划、调配相应的人员与车辆资源、避免延长驾驶时间	增强安全施工意识，杜绝违章操作
3		火灾、爆炸	全程	在光（电）缆进线房、水线房、机房、无（有）人站、草房、林区、仓库、加油站、鞭炮存放处等施工	1.严禁吸烟、施工车辆进入禁火区必须加装排气管防火装置。2.在易燃、易爆场所，必须使用防爆式电气用工	增强安全施工意识，杜绝违章操作
4		异常天气室外作业	全程	表热高温、寒冷冰雹、雷雨冰雪、大风等恶劣天气室外作业，造成人员伤害、设备损坏	1.在高温天气作业时，应做好防暑工作，做好防护品、避免长时间作业。2.在寒冷、冰雪天气作业时，应采取防滑、防冻、防滑措施。3.遇雷雨暴雨、雷雨冰雪等恶劣天气应停止室外作业，雷雨天不得在电杆铁塔、大树、广告牌下躲避，不得手持金属物品在野外行走并应关闭手机。4.作业人员感到身体不适时应立即停止作业	增强安全施工意识
5		酒后施工	全程	施工人员无证上网特种作业，造成安全事故	加强员工的安全意识教育，禁止酒后作业	增强安全施工意识，杜绝违章操作
6		无证上网特种作业	全程	施工人员无证上网特种作业，造成安全事故	电工作业、焊接与热切割作业、高处作业三类特种作业人员必须经过特种工种岗位培训合格后持证上岗	增强安全施工意识，杜绝违章操作
7		铁塔沿线作业	全程	携带工器具上坐作业时、跨越铁塔架线作业时，可能造成车辆、人员伤害	携带工器具上坐作业时，不准在路基上休息。1.不准在路基上休息；2.跨越铁路架线作业应采用"环系度拖线法"操作	增强安全施工意识
8		在野外山区作业	全程	1.基站位于山区野外，存在野兽费出的可能性。2.在地势低陡峭、地面被积雪覆盖施工时，存在山体明塌风险。3.边远山区施工、山区动明火作业，存在火灾风险	1.不准昼然下跪、地面被积雪覆盖时应用棍棒试探行进。2.必须了解野生有毒动物、野禽，并佩戴好防护用具。3.必须报批并指定严密措施储备有消防设备	增强安全施工意识
9		夜间施工	全程	边远山区施工、山区动明火作业，存在火灾风险	夜间作业必须配备足足的照明	增强安全施工意识
10		屋面站建筑天面无防护	室外设备安装	建筑物天面没有足够高的女儿墙、防护栏等安全防护设施	1.倒设基站施工模架，按章操作。2.天面作业时需要攀握能力大的鞋，裙子登高，禁止穿头皮鞋、操作时不得倚靠在女儿墙上	增强安全施工意识，配备相关防护器具
11		施工中的建筑物	室外设备安装	正在施工的建筑物容易构架物体	施工时应配备手电筒、戴安全帽，做好高空防护	增强安全施工意识
12		接近高压线	室外设备安装	由于靠近基站比较近，施工队在进行新建移动基站施工时易碰到高压线	应设置安全标志和监控区域、避免施工辅助的工具倾倒高压线，施工人员靠近时必须设定警示标志的警示牌	增强安全施工意识，杜绝违章操作
13		未完施工警示标志	室外设备安装	施工时未按相关规定设定警示标志的警示牌警示标志等	任在公路、高速公路、铁路、桥梁、通信的河道等特殊地段和城镇交通繁忙人员密集处施工必须设定明明规定可能有大的对数电缆时，应采取围栏1-2层或设人警戒看守	增强安全施工意识，杜绝违章操作
14		布放竖井、通道敷设电缆	布放竖井、通道敷设电缆	高处坠落、物体打击	并用高层建筑内的竖井，安全带系于牢固可靠的固定物件上，防止往下拖拽材料、工具。1.高层建筑内的竖井，安全带系于牢固可靠的固定物件上；2.竖井或通道内必须有可靠的通信联络，保持井下照明光线，禁止往下地拖拽材料、工具	增强安全施工意识，杜绝违章操作

安全生产注意事项说明：
1. 设备安装前图必须按照设计图纸严格按照设计图纸所示的位置安装，必须遵守安全规范，开工前操作人员必须熟悉操作流程，接触金属物品必须佩戴绝缘手套等，做好安全防护措施。
2. 设备要严格按照设计图纸所示的位置安装，必须遵守安全操作规程，施工地点杂乱、远，驾驶时间长疲劳。做好的防护措施。
3. 对涉及在封口客、露槽和移动电作业的工程，施工企业必须全须与维护部门商定实施方案，必要时应派专人警戒看守，作业完毕确认安全后方可封口。程顺利进行。
4. 应确保施工作不对原有各种线或设备造成影响，以免造成意外通信事故。
5. 机房防火设施必须符合行业标准《邮电建筑设计防火规范》(YD 5002—2005)的规定，机房内及施工时严禁存放易燃易爆等危险品。
6. 防雷及接地线系统必须满足国家标准《通信局(站)防雷与接地工程设计规范》(GB 50689—2011)的要求。
7. 应严格遵守《安全生产法》和《通信建设工程安全生产操作规范》(YD 5201—2014)的要求。

××设计院有限公司			工程名称		××分公司2023年5G无线网设备安装四期工程
项目负责人		年 月 日	建设单位		××分公司
设计人		年 月 日	图纸名称		××基站安全风险说明和安全生产要求图(1)
制图人		年 月 日	图 号		
单位	示意	比例			

图 4-8(a)　××基站安全风险说明和安全生产要求图 1

安全风险点评估说明和处置方案及计划表（续）

人身安全风险关键因素列表（续）

风险编号	安全风险点分类	工程活动	风险因素（危险环境）	评估说明	风险处置方案	风险处置计划
15	一般工具使用安全	全程	使用一般常用工具	携带锋利刀具，使用手锤、榔头作业；使用锉刀、钳子；使用消耗材、紧固器等，操作不当容易对人员造成伤害。	1. 锋利刀具不能插入腰带上或放在衣服口袋内。 2. 使用手锤、榔头类工器具时，不准加长把柄。 3. 传递工器具时，不准上抛下掷。 4. 部件应活动自如，不得用力猛或磕住把柄。 5. 应定期注油，紧固或补加紧套磨损的零件。	增强安全施工意识，杜绝违章操作。
16	登高用具使用安全	全程	人字梯、伸缩梯、木梯、竹梯、木高凳等登高工具使用不当	人字梯中间铰有固定装置或没有防滑胶、竹梯等存有折断、腐朽等绑扎松脱等现象，木高凳在高处临时作业，折断或高处危险危产生，使用金属伸缩梯下方或危险范围内，造成金属伸缩梯触电	1. 使用前检查梯子有固定装置或防滑脱缺陷，木高凳在高处临时作业不准使用。 2. 对施工人员进行安全作业教育，一个梯子或高凳上不准同时有两人作业；严禁梯子作业临时伸长或接高；在电力线路、电力设备下方或危险范围内，严禁使用金属伸缩梯。	增强安全施工意识，杜绝违章操作。
17	施工机具使用安全	全程	机械不当操作	工具、机械操作不当导致机械伤害等。	严格按照机电工具的操作规程进行施工，避免不当及设备损坏，造成施工人员伤害。	增强安全施工意识，杜绝违章操作。
18		室外设备安装	使用手拉葫芦等	拉钩、肖子、链条、刹车等装置存有缺陷，造成物体打击伤害。	1. 使用前检查肖子和链条等是否完好有效。 2. 不准随意使用，被吊物件必须捆绑牢固引出，物件吊起后下不准有人停留；导线不准随意缠绕 3. 使用手拉葫芦两次收缩放置要平稳、固定牢固。	增强安全施工意识，杜绝违章操作。
19	电气用具、手持式电动工具安全	全程	电焊机、手电钻、电锤等电动工具漏电	电动工具没有定期检验绝缘试验，金属外壳不绝缘，带电体裸露，导线老化、破损，带电体触及导致触电伤害者	1. 施工单位应检查施工工器具有定期检查及处理。对施工人员进行安全生产教育，导线不准乱拉乱用，插座应专用 2. 上、下传递时，必须先切断电源；格线、格处上的金属不准乱用，电线铁等对应放在专用安全位置。 3. 在潮湿或金属容器内使用手持电动工具时，应采用安全电压。	加强定期安全检查
20		全程	插座、插头漏电	各类电气插座、插头老化导致触电伤害者。	使用通信工程专用电器元件。	加强定期安全检查
21		室内设备安装	携带金属工具、电源附近坠物	基站垫尺或是其它金属物与电池或是电源工具互相接触造成触电。	不要接触带电的正负极，不要用金属工具与电线互连接的部分（带电部分）接触。	增强安全施工意识，杜绝违章操作。
22		室内设备安装	不通知传送电	停送电不通知、不挂牌、不看牌，造成触电伤害者。	施工过程中停送电应通知维护管理人员，现场应进行相应的标识。	增强安全施工意识，杜绝违章操作。
23		室内设备安装	带电更换机械附件	工具、机械带电更换附件导致机械故障触电伤害者。	施工人员需做好绝缘安全措施，同时施工现场需有人守护。	安装设备带电需要改造需电梯护检查工作，认真执行工安全规范。
24	通信设备安装工程安全	室外设备安装	高空安装设备及缆线	施工作业位于高处的天面，通信杆等处施工改做好安全全措施防止高空坠落，铁塔作业人与人应离不得小于3m。	1. 按要求设置安全标志、做好防护，安全作业人员必须正确使用安全带，安全解配戴防坠落防护用具，严禁带一般绳索、严禁代替安全带，在楼顶等高处作业必须站在稳定台。 2. 患有高血压、心脏病、贫血、前庭、大风、大风等不得上作业，护士能见度足够拾停停业，坐歇休息。 3. 登塔时人与人应离不得小于3m。 4. 作业上下不准双持物工具。 5. 布吊时布防护栏杆对应沿路停停，电源线路头应做对应处理。 6. 布吊。 7. 布线绳。 8. 线缆缠绕头应对应处理。	增强安全施工意识，杜绝违章操作。
25		室外设备安装	塔构高空坠物	塔上使用的所有可能滑落的器具，比如暂时不使用的工具、金属安装件等物体易坠落，造成塔下人员伤亡。	1. 在起吊前对人在业时，塔下严禁有人。 2. 操作人员应配戴安全防护装备	增强安全施工意识，杜绝违章操作。
26		室外设备安装	吊装天滑轮	滑轮及固定绳操作存有缺陷，造成物体打击伤害者。	1. 吊装前检查滑轮，捆绑物件上升轨道不得碰撞确保其他建筑物	增强安全施工意识，杜绝违章操作。
27		布放各类电缆	电源线剥离	未做好绝缘和护护导致触碰触电源带电部位。	按常操作，按电缆工、验收规范施工。	施工前要对施工人员反复强调施工规范

XX设计院有限公司

项目负责人		审
设计人		审
制图人		审

工程名称	XX分公司2023年5G无线网设备安装期工程
建设单位	XX分公司
图纸名称	XX基站安全风险说明和安全生产要求表（2）
图 号	

| 单位：比例 | mm | 示意 | 日 期 | 图 号 (2) |

图4-8(b)　XX基站安全风险说明和安全生产要求图2

安全风险点评估说明处置方案及计划表（续2）

风险编号	安全风险场所分类	工程活动	风险因素（危险环境）	网络安全风险关键因素 评估说明	风险处置方案	风险处置计划
28		全程	重要通信机房内违法施工，重要系统瘫痪	在重要通信机房内进行无线网络设备安装，因操作失误引起重要系统瘫痪	施工前就组织各部门进行施工方案会审，严格遵守通信机房的施工操作规范。在监理的监督下进行施工	增强安全施工意识，杜绝违章操作
29		室内设备安装	设备超重	设备超重、支架或墙板的楼板或基础的荷载不足，引发建筑跨塌、导致通信阻断	设备重超超重，应着重做好承重评估，并按评估结果做加固预防措施。对于无法满足承重要求的机房，应考虑另外选址	认真执行承重评估，安全隐患
30		室内设备安装	设备搬运碰碰撞	在重要设备或重要客户设备旁边施工，发生设备碰撞或成线缆拉扯现象，造成通信中断	1. 以备既定事无规划路径、避免经过重要客户设备。不可避免时，应做好对原有线缆的保护	增强安全施工意识，杜绝违章操作
31		室内设备安装	终端、板卡安装错误	终端、板卡安装错误	主各终端及板卡安装需在前厂家领导下进行，配套设备相应端板及电源卡安装	认真执行规范
32	通信设备安装工程安全	室内设备安装	乱动设备开关，触触此正在运行的设备	机房内乱动设备及其它电源开关、容易导致设备断电、停止工作	1. 进机房后按规范要求打开照明开关。禁止乱动设备及电源开关。2. 施工前就须制定详细的施工方案和应急措施。3. 各种手动工具要做好绝缘处理。4. 现场应设专人盯守	增强安全施工意识，杜绝违章操作
33		室内设备安装	不戴防静电手环插拔电路板	插拔电路板未戴防静电手环，损坏设备造成通信中断	严格按操作规程，佩戴防静电手环扶插板卡	增强安全施工规范，执行操作规程
34		室内设备安装	设备接地、地接错接	损坏设备造成通信中断	按操作规程实施，在连接地线时严格按照连接顺序施工，注意不影响原有电缆、做好线缆两端标签	增强安全施工意识，杜绝违章操作
35		室内设备安装	电源端子配置不当	损坏设备造成通信中断	按施工图纸要求实施，施工中设备加电前应检查可用电源端是否与图纸要求一致	增强安全施工意识，杜绝违章操作
36		室内设备安装	违章停关开设备	未经许可启动、关停、拆除、移动设备，导致系统中断	机房内进行设备开关、拆除维护人员，应根据管理维护人员、或批准后方能进行	增强安全施工意识，杜绝违章操作
37		室内设备安装	不核实电源负荷	设备加电加电、设备加电后通信网络断电	设计文件中应核实各机架、列柜、上架电源系统的负荷，施工中电源加电前做好检查及相应，并记录在案	认真执行电源质量核实，杜绝违章操作
38		室内设备安装	不检查电源接地及相位	送电前不检查接地及相位导致短路或损坏	施工中设备加电前应检查各相符合、地线、各级符合符合	增强安全施工意识，杜绝违章操作
39		室内设备安装	电源操作失误	施工队进行电源扩容施工时操作不当、毁坏基站系统，导致基站通信中断	按电源要求实施，并做好设备内有各金属碎屑，正负极不得违反、各级符合符合	增强安全施工意识，杜绝违章操作
40		室内设备安装	设备加电调试	使用有缺陷的工具，违反电工操作，导致基站通信失误、导致基站通信中断	1. 必须防电流方向绝缘加电，逐级测量。2. 插线时必须预须戴防静电手环。3. 割接前就需经建设单位、监理单位审核；割接时就建设单位、监理单位、厂家各方均应在场，严格按按，并严格按照方案流程实施。4. 多面应急措施必须到位	增强安全施工意识，杜绝违章操作
41		室内设备安装	设备割接	割接方案不严密或未按方案操作，导致基站通信失误，导致基站通信系统中断	按施工规范进行操作，做好不同系统间的防护，严禁交流、直流、信号交叉	增强安全施工意识，满足隔离要求
42		布放各类线缆	布放线缆线路自经过其他线线		按施工规范要求进行操作，做好不同系统引起的缠绕处理	杜绝违章操作
43		布放各类线缆	不平台地连接电源线	触电、通信阻断	1. 活电作业必须使用绝缘良好的工具。2. 材料端须做好绝缘处理。3. 作业时应取下手表、戒指等金属物，垫片等金属材料掉落引起短路	增强安全施工意识，杜绝违章操作

×× 设计院有限公司		工程名称	×× 分公司2023年5G无线网络设备安装四期工程
项目负责人		建设单位	×× 分公司
设计人		图纸名称	×× 基站安全风险说明和安全生产要求图（3）
制图人		图 号	
单位：比例	mm 示意	日 期	

图4-8(c)　×× 基站安全风险说明和安全生产要求图3

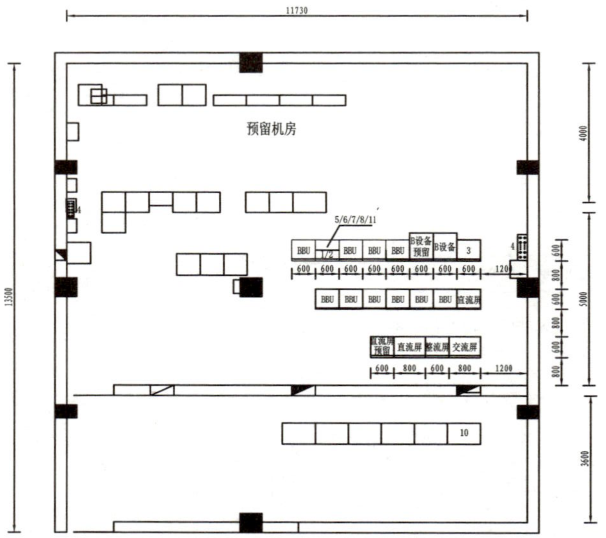

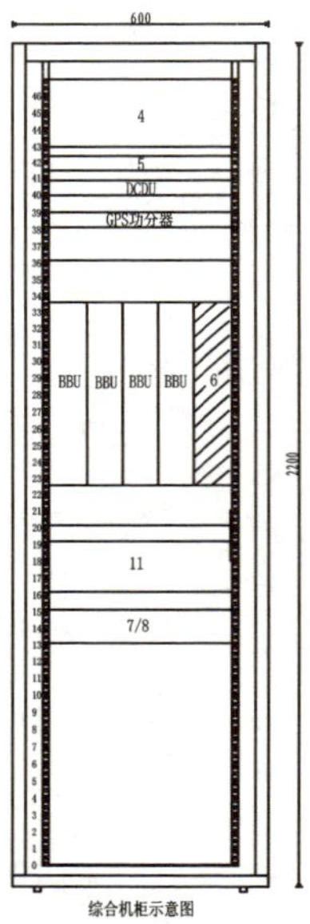

安全风险点:
风险NO.1 运输、搬运违章
风险NO.17 机械不当操作
风险NO.21 携带金属工具,电源附近作业
风险NO.22 不通知停送电
风险NO.23 带电更换机械附件
风险NO.27 电源线裸露
风险NO.28 重要通信机房内违章施工
风险NO.29 设备超重
风险NO.30 设备搬运碰撞
风险NO.31 终端、板卡安装错误
风险NO.32 乱动设备开关
触碰正在运行的设备
风险NO.33 不戴防静电手环插拔电路板
风险NO.34 设备接电、接地错误
风险NO.35 电源端子配置不当
风险NO.36 违章关停开设备
风险NO.37 不核实电源负荷
风险NO.38 不检查电源极性及相位
风险NO.39 电源操作失误
风险NO.42 布放缆线路由经过其他系统
以上安全风险点处置方案见“安全风险点评估说明处置方案及计划表”

说明:

1. 本机房为电信自有机房，净高4050mm，最小梁下高度3600mm，活动地板350mm。
2. 本局所位置:××。
3. 本期利旧NR(3.5G)基站BBU设备(华为)1套，原载波配置为S111，现载波扩容配置为S111/S111，本次新增1块UBBP g9b基带板卡，用于开通××宏站AAU设备。
4. 利旧设备安装在现有综合机柜内，安装位置如图所示；施工单位若发现现场情况发生变化，请与设计人员确认。
5. 本设计不负责机房楼面负荷的计算，设备安装前需建设单位请相关土建单位核实。
6. 本期工程新增3个25G单芯双向白光模块。
7. 现场如有疑问，请联系××：××。
8. 无线基站设备安装需遵守相关的安全生产规范，防范安全风险，详见安全风险提示和安全生产要求图。

设备表

序号	名称	单位	数量	尺寸（W×D×H）	备注
1	综合机架	架	1	600×600×2200	利旧
2	直流分配单元	个	1	442×310×134	原有
3	直流屏	个	1		原有
4	室内接地排	个	2		原有
5	主设备直流分配单元(华为)	台	1	483×65×42	利旧
6	5G基站BBU设备(华为)	台	1	442×310×86	利旧
7	CWDM解复用器	个	1	130×100×25	原有
8	CWDM复用/解复用器机框	个	1	3U	原有
9	馈线洞	个	1		原有
10	MODF架	架	1		利旧
11	传输设备（IPRAN-A2）	台	1	442×220×132	原有

图例: 新增设备 原有设备 设备正面 扩容设备

××设计院有限公司				工程名称	××分公司2023年5G无线网设备安装四期工程
项目负责人		三 审		建设单位	××分公司
设 计 人		二 审		图纸名称	××基站BBU集中机房设备安装平面图
制 图 人		一 审			
单位，比例	mm，1:200	日 期		图 号	

图 4-9 ×× 基站 BBU 集中机房设备安装平面图

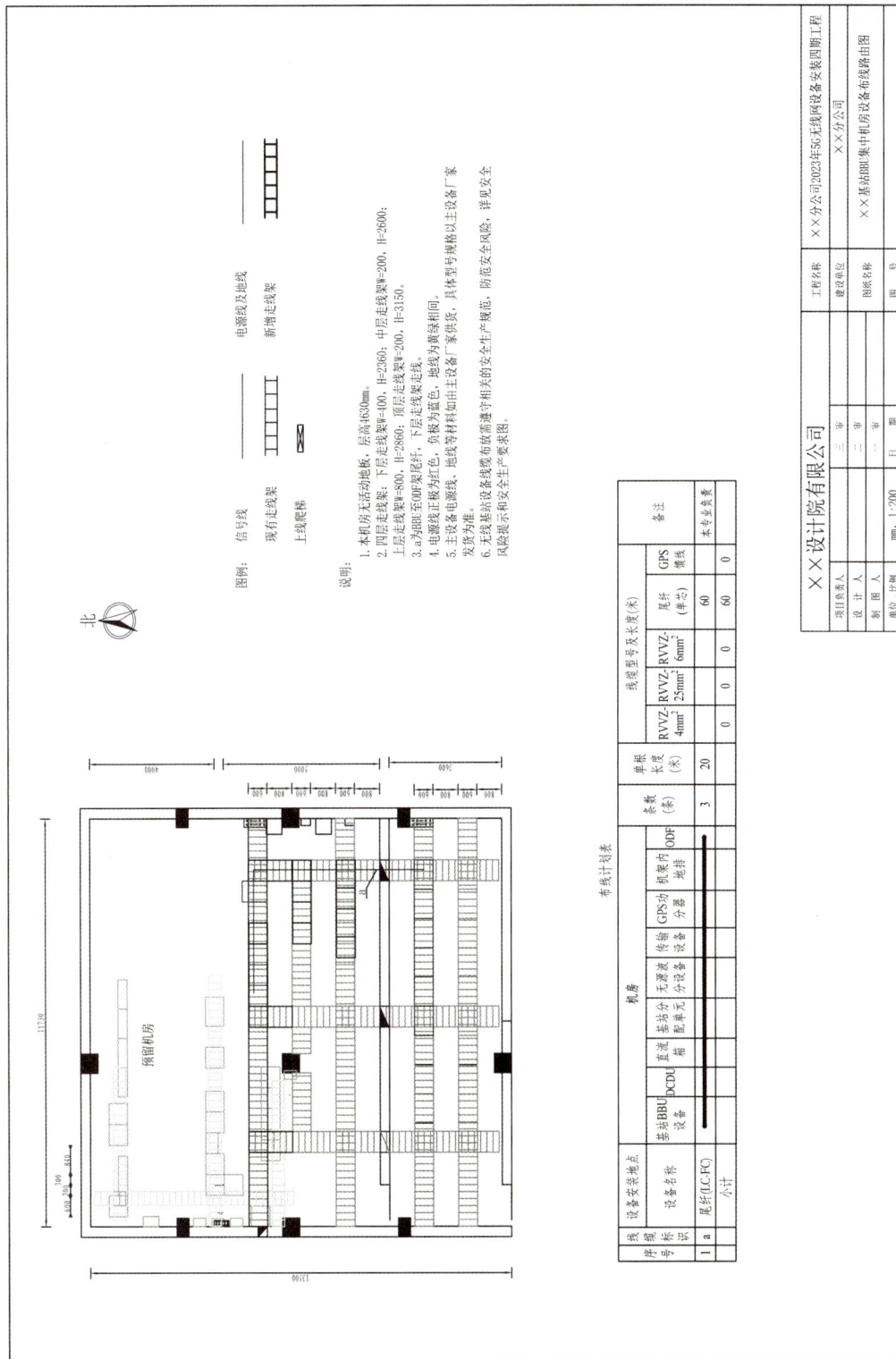

图 4-10　××基站 BBU 集中机房设备布线路由图

××基站（BBU集中机房）利旧华为BBU（BBU5900）设备面板图

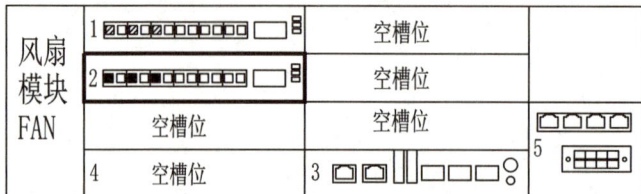

风扇模块 FAN	1	空槽位		
	2	空槽位		
	空槽位	空槽位		5
	4　空槽位	3		

图例：
- ▰▰ 本期工程占用光口
- ▨▨ 已用光口
- ▱▱ 空闲光口

BBU设备板卡表

板卡编号	板卡类型	单位	数量	备注
1	通用基带处理单元（5G 6对CPRI接口）	块	1	原有
2	通用基带处理单元（5G 6对CPRI接口）	块	1	新增，由无线专业负责
3	通用主控传输单元(5G 2个FE/GE接口，2个10GE光口)	块	1	原有
4	通用主控传输单元(4G 1个FE/GE接口，1个FE/GE光口)	块	0	预留
5	电源模块	块	1	原有

利旧华为DCDU设备面板图

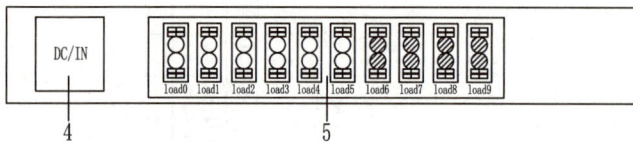

DC/IN	load0 load1 load2 load3 load4 load5 load6 load7 load8 load9

4　　　　　　　　　　5

图例：
- ▮ 本期工程占用端子
- ▨ 已用端子
- ▯ 空闲端子

DCDU设备模块表

模块编号	名称	说明
4	DC/IN	外部DC电源输入
5	直流输出端子	1至9给BBU使用

说明：
1. 图中BBU、厂家直流分配单元（DCDU）面板图仅供参考，具体以采购设备为准。
2. 无线基站设备安装需遵守相关的安全生产规范，防范安全风险，详见安全风险提示和安全生产要求图。

××设计院有限公司				工程名称	××分公司2023年5G无线网设备安装四期工程
项目负责人		三　审		建设单位	××分公司
设 计 人		二　审		图纸名称	××基站BBU集中机房BBU面板图
制 图 人		一　审			
单位，比例	mm，示意	日　期		图　号	

4-11　××基站BBU及主设备直流分配单元面板图

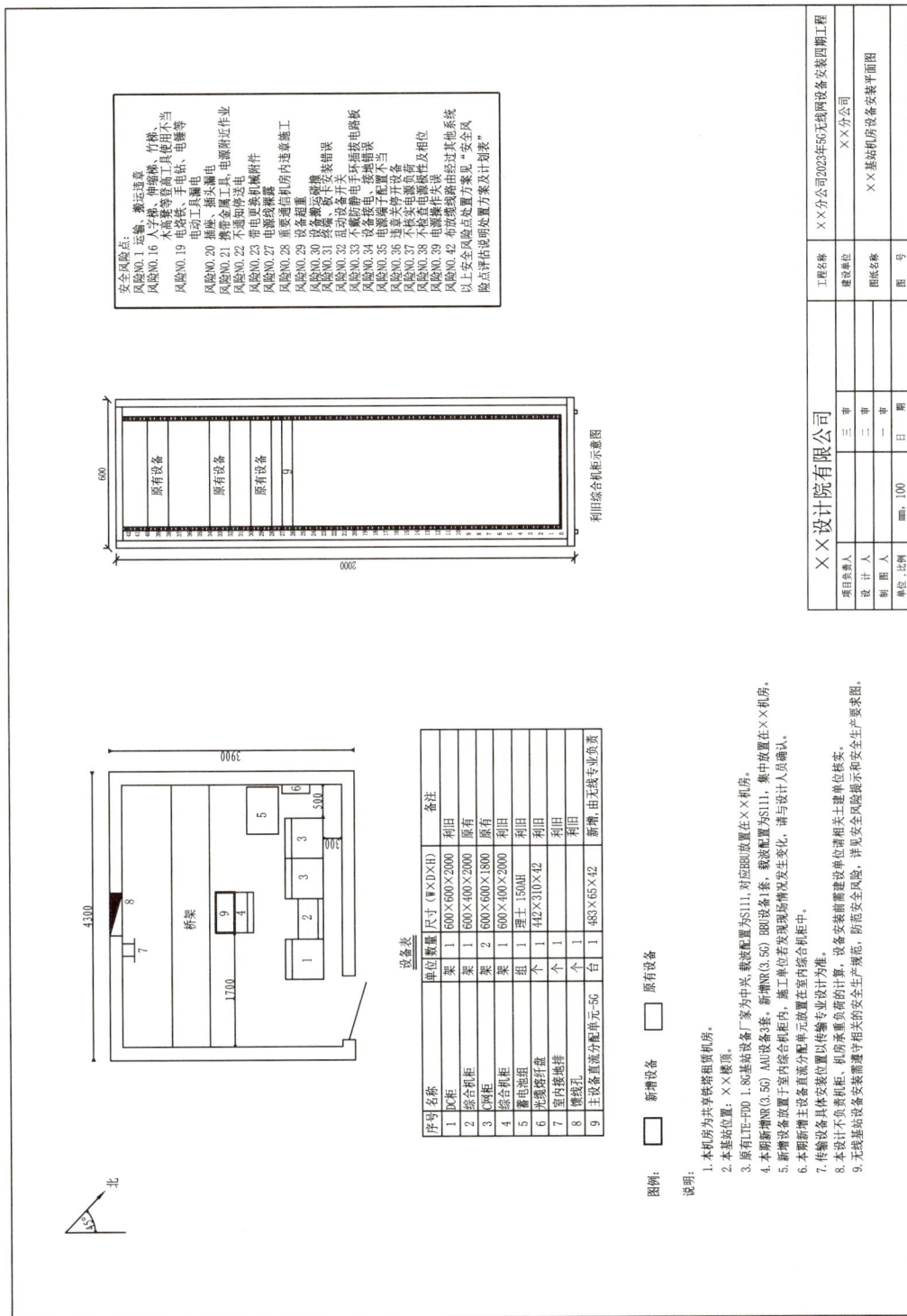

安全风险点:
风险No.1 运输、搬运违章
风险No.16 人字梯、伸缩梯、竹梯、木马凳等登高工具使用不当
风险No.19 电烙铁、手枪钻、电锤等电动工具漏电
风险No.20 插座、插头漏电
风险No.21 携带金属工具、电源靠近作业
风险No.22 不遵知停送电
风险No.23 带电更换机械附件
风险No.27 电源线缠器
风险No.28 重要通信机房内违章施工
风险No.29 设备超重
风险No.30 设备搬运碰撞
风险No.31 终端电源线、放电开关
风险No.32 乱动设备开关
风险No.33 不戴防静电手环施工电路拆除
风险No.34 电源线接电、接地错误
风险No.35 电源端子配置不当
风险No.36 违章半停开设备
风险No.37 不检查电源开关
风险No.38 不检查电源顺位
风险No.39 违章操作电源
风险No.42 布放缆线路由经过其他系统
以上安全风险由经过其他"安全风险点详由说明处置方案及计划表"

利旧综合机柜示意图

600

2000

原有设备
原有设备
原有设备

设备表

序号	名称	单位	数量	尺寸 (W×D×H)	备注
1	DC柜	架	1	600×600×2000	利旧
2	综合机柜	架	1	600×600×2000	原有
3	C网柜	架	2	600×600×1800	原有
4	综合机柜	架	1	600×400×2000	利旧
5	蓄电池组	组	1	混注×150AH	利旧
6	光缆终纤盘	个	1	442×310×42	利旧
7	室内接地排	个	1		利旧
8	馈线孔	个	1		
9	主设备首流分配单元-5G	台	1	483×65×42	新增,由无线专业负责

图例:
□ 新增设备   □ 原有设备

说明:
1. 本机房为共享铁塔租赁机房。
2. 本基站位置:××楼顶。
3. 原有LTE-FDD 1.8G基站设备厂家为中兴,载波配置为S111,对应BBU放置在××机房。
4. 本期新增NR(3.5G) BBU设备1套,载波配置为S111,集中设置在××机房。
5. 新增设备放置于室内综合机柜内,施工单位若发现现场情况发生变化,请与设计人员确认。
6. 本期新增主设备首流分配单元放置在室内综合机柜中。
7. 传输设备具体放置位置以传输专业设计为准。
8. 本设计不负责机柜、机房承重负荷的计算,设备安装前建设单位相关土建单位核实。
9. 无线基站设备安装需遵循相关技术的安全生产规范、防范安全风险,详见安全风险提示和安全生产要求。

××设计院有限公司

工程名称	××分公司2023年5G无线网设备安装四期工程
建设单位	××分公司
图纸名称	××基站机房设备安装平面图
图 号	

项目负责人		三审	
设计人		三审	
制图人		日期	
单位	mm	比例	100

图4-12 ××基站机房设备安装平面图

2. ××基站机房设备布线路由图

设备布线路由图包括设备现状、走线架布置、走线路由、布线计划表、图例及图纸说明。××基站机房设备布线路由图如图4-13所示。

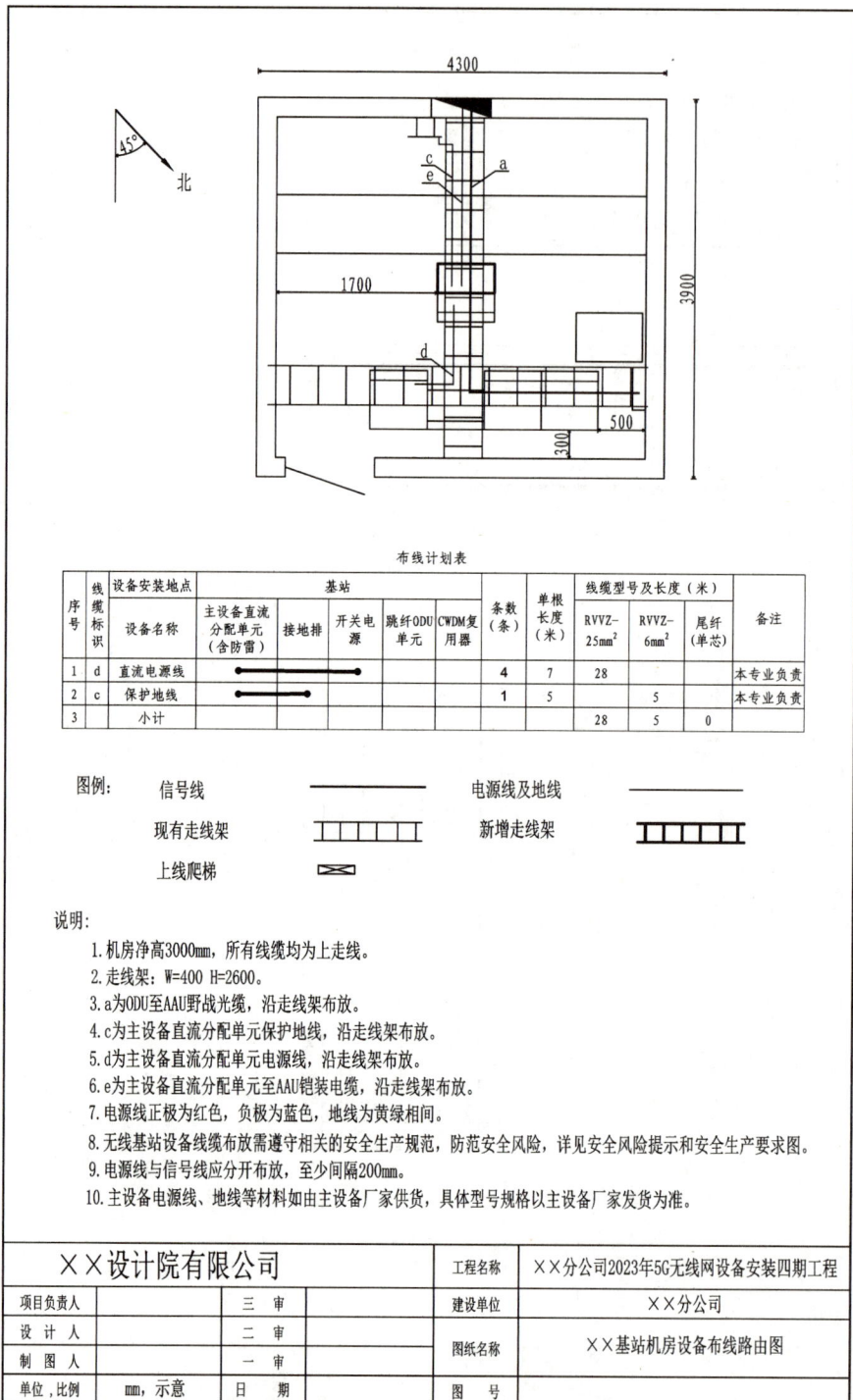

布线计划表

序号	线缆标识	设备安装地点 设备名称	基站 主设备直流分配单元(含防雷)	接地排	开关电源	跳纤ODU单元	CWDM复用器	条数(条)	单根长度(米)	线缆型号及长度(米) RVVZ-25mm²	RVVZ-6mm²	尾纤(单芯)	备注
1	d	直流电源线	●━━━━━━●		●			4	7	28			本专业负责
2	c	保护地线	●━●	●				1	5		5		本专业负责
3		小计								28	5	0	

图例:　信号线 ————————　电源线及地线 ————————
现有走线架 ▭▭▭▭　新增走线架 ▭▭▭▭▭
上线爬梯 ⋈

说明:
1.机房净高3000mm,所有线缆均为上走线。
2.走线架:W=400 H=2600。
3.a为ODU至AAU野战光缆,沿走线架布放。
4.c为主设备直流分配单元保护地线,沿走线架布放。
5.d为主设备直流分配单元电源线,沿走线架布放。
6.e为主设备直流分配单元至AAU铠装电缆,沿走线架布放。
7.电源线正极为红色,负极为蓝色,地线为黄绿相间。
8.无线基站设备线缆布放需遵守相关的安全生产规范,防范安全风险,详见安全风险提示和安全生产要求图。
9.电源线与信号线应分开布放,至少间隔200mm。
10.主设备电源线、地线等材料如由主设备厂家供货,具体型号规格以主设备厂家发货为准。

××设计院有限公司			工程名称	××分公司2023年5G无线网设备安装四期工程
项目负责人		三 审	建设单位	××分公司
设 计 人		二 审	图纸名称	××基站机房设备布线路由图
制 图 人		一 审		
单位,比例	mm,示意	日 期	图 号	

图4-13　××基站机房设备布线路由图

3.××基站电源系统图及电源端子分配图

电源系统图及电源端子分配图包括电源系统图、现有电源端子使用现状及新增电源端子需求分配、图例及图纸说明等。××基站电源系统图及电源端子分配图如图 4-14 所示。

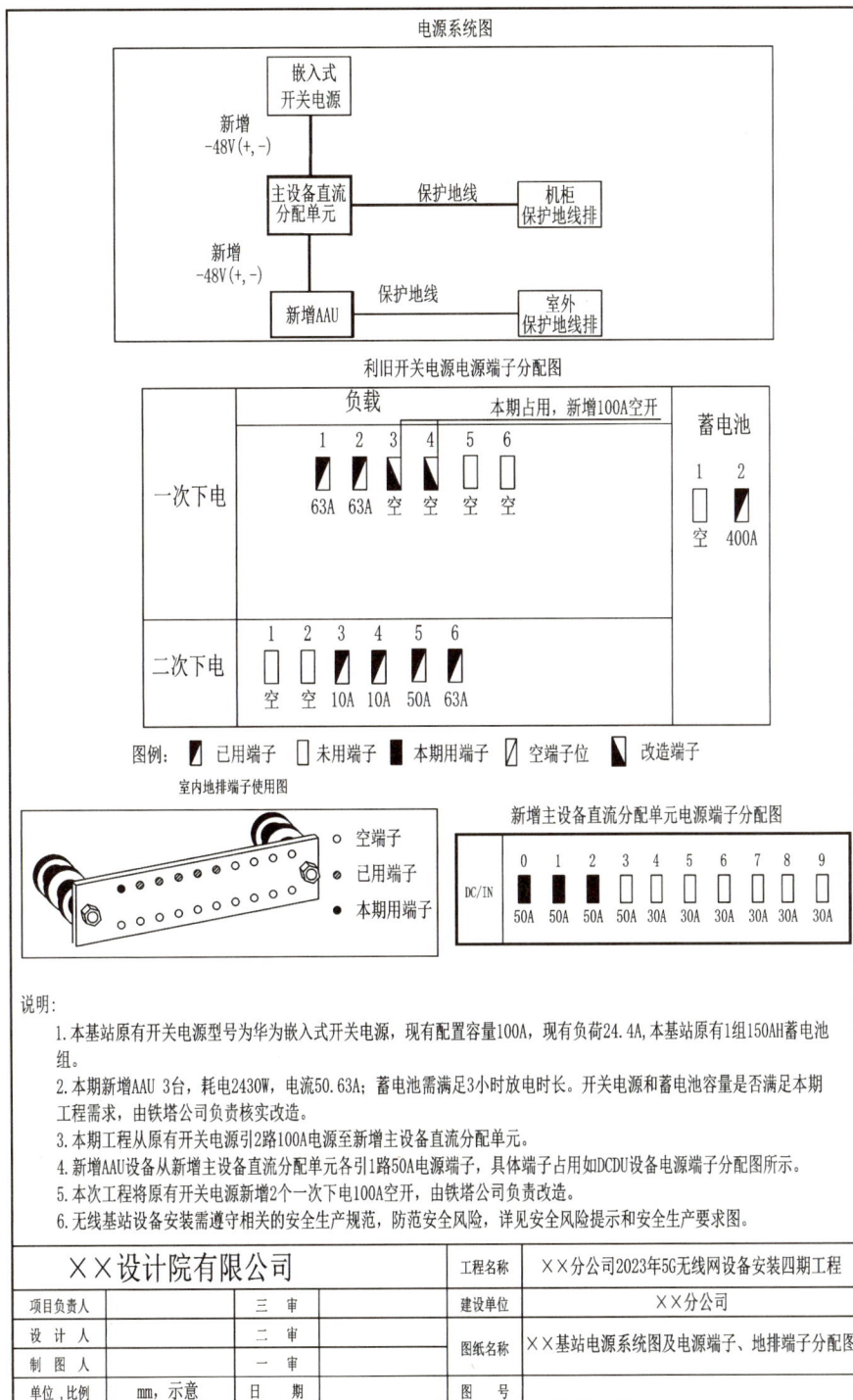

说明：

1. 本基站原有开关电源型号为华为嵌入式开关电源，现有配置容量100A，现有负荷24.4A，本基站原有1组150AH蓄电池组。
2. 本期新增AAU 3台，耗电2430W，电流50.63A；蓄电池需满足3小时放电时长。开关电源和蓄电池容量是否满足本期工程需求，由铁塔公司负责核实改造。
3. 本期工程从原有开关电源引2路100A电源至新增主设备直流分配单元。
4. 新增AAU设备从新增主设备直流分配单元各引1路50A电源端子，具体端子占用如DCDU设备电源端子分配图所示。
5. 本次工程将原有开关电源新增2个一次下电100A空开，由铁塔公司负责改造。
6. 无线基站设备安装需遵守相关的安全生产规范，防范安全风险，详见安全风险提示和安全生产要求图。

××设计院有限公司				工程名称	××分公司2023年5G无线网设备安装四期工程
项目负责人		三 审		建设单位	××分公司
设 计 人		二 审		图纸名称	××基站电源系统图及电源端子、地排端子分配图
制 图 人		一 审			
单位,比例	mm,示意	日 期		图 号	

图 4-14　××基站电源系统图及电源端子分配图

4.××基站天馈线安装示意图

天馈线安装示意图中包括天馈线安装侧视图和俯视图、基站各小区方位设置、安装材料表、图例及图纸说明等。××基站天馈线安装示意图如图4-15所示。

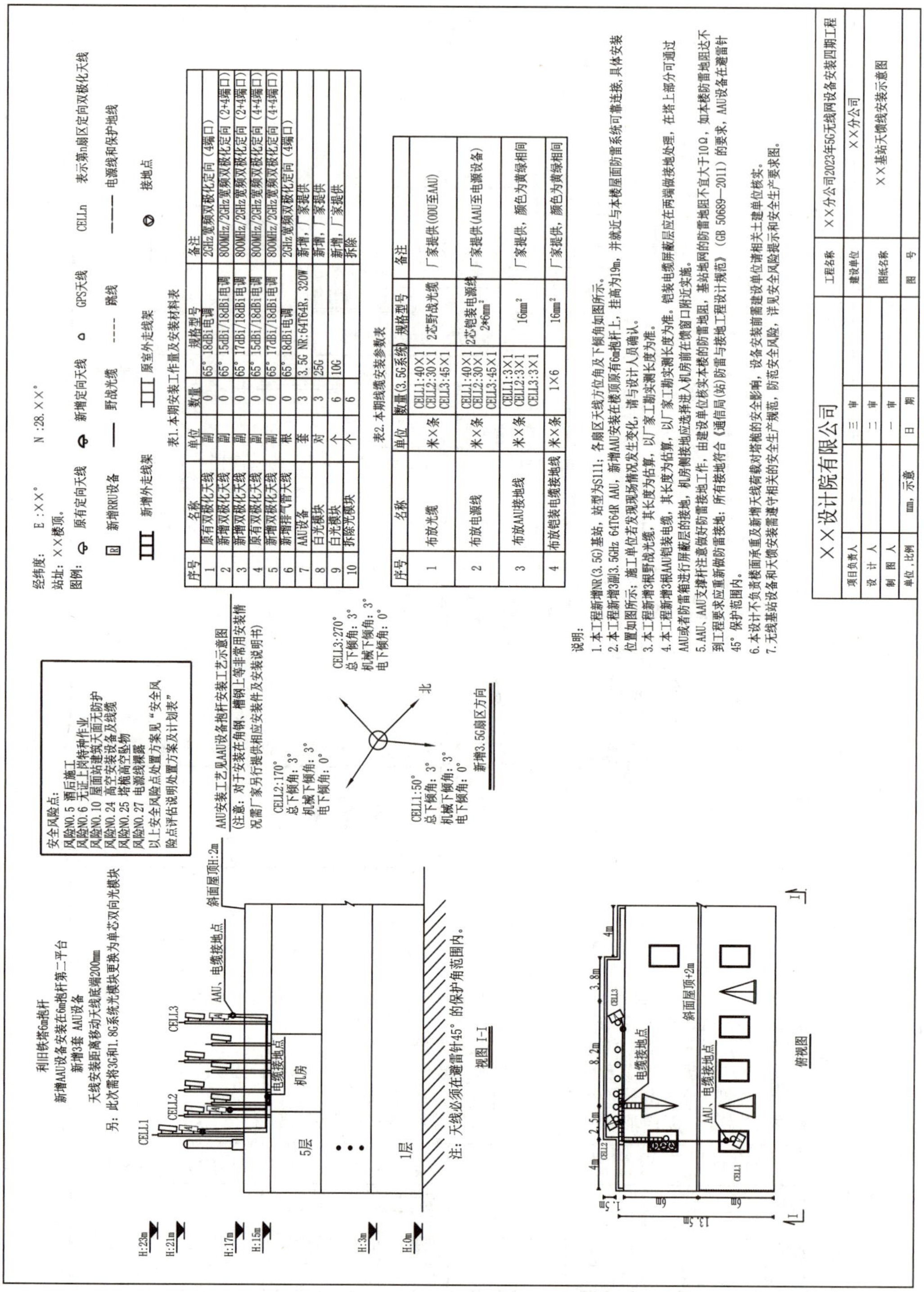

图4-15　××基站天馈线安装示意图

5. ×× 基站安全风险说明和安全生产要求图

安全风险说明和安全生产要求图包括从事工程活动时存在的危险因素、风险处置方案及计划。×× 基站安全风险说明和安全生产要求图如图 4-16 所示。

安全风险点评估说明处置方案及计划表

人身安全风险关键因素列表

风险编号	安全风险场景分类	工程活动	风险因素（危险环境）	评估说明	风险处置方案	风险处置计划
1	施工现场作业安全	搬运设备、材料	运输、搬运违章	项目施工地点较多，室外点施工时需要使用吊车等机械，存在起重吊物、设备搬运操作不当，导致物体打击伤害	1. 运输设备、材料途中禁止人货混装。 2. 防止起重吊物、设备搬运操作不当，导致物体打击伤害	增强安全施工意识，杜绝违章操作
2		驾驶车辆	驾驶时间、时长不合理	夜间作业或早出晚归，施工地点多、远，驾驶时间长，导致交通事故造成人员伤亡	做好施工进度策划，调配相应的人员车辆资源，避免延长驾驶时间	增强安全施工意识，杜绝违章操作
3		全程	火灾、爆炸	在光（电）缆进线室、水线房、机房、无（有）人站、木工场地、仓库、林区、草原、加油站、鞭炮厂附近等处施工	1. 严禁烟火，施工车辆进入禁火区必须加装排气管防火装置。 2. 在易燃、易爆场所，必须使用防爆式用电工具	增强安全施工意识，杜绝违章操作
4		全程	异常天气作业	炎热高温、寒冷冰雪、雷雨冰雹、大风等恶劣天气室外作业，造成人员伤害、设备损坏	1. 高温天气在室外作业时，应准备好防暑物品，做好防暑工作，避免超负荷工作。 2. 在寒冷、冰雪天气施工作业时，应采取防寒、防冻、防滑措施。 3. 遇强风暴雨、雷雨冰雹等恶劣天气应停止室外作业。雷雨天气不得在电杆、铁塔、大树、广告牌下躲避，不得手持金属物品在野外行走并应关闭手机。 4. 作业人员感到身体不适时应立即停止作业	增强安全施工意识
5		全程	酒后施工	摔伤、跌落、损坏设备	加强员工的安全意识教育，禁止酒后作业	增强安全施工意识，杜绝违章操作
6		全程	无证上岗特种作业	施工人员无证上岗特种作业，造成安全事故	电工作业、焊接与热切割作业、高处作业三类特种作业人员必须经过特殊工种岗位培训合格后持证上岗	增强安全施工意识，杜绝违章操作
7		全程	铁路沿线作业	携带工器具作业时，跨越铁路架线作业时，可能造成车辆、人员伤害	1. 不准在路基上坐卧休息；携带较长工器具必须与铁路顺行。 2. 跨越铁路架线作业需采用“环系度线法”操作	增强安全施工意识
8		全程	在野外山区施工作业	1. 基站位于山区野外，存在野兽袭击的可能性。 2. 在地势陡峭、地面被积雪覆盖山区施工作业时，存在山体坍塌风险。 3. 边远山区施工、山区动用明火作业，存在火灾风险	1. 不准冒然下跳，地面被积雪覆盖时应用棍棒试探行进。 2. 必须了解作业地区有无毒蛇、野兽，并佩戴好防护用具。 3. 必须报批并制定严密措施和备有消防设备	增强安全施工意识
9		全程	夜间施工	摔伤、跌落	夜间高处作业必须配备充足的照明	增强安全施工意识
10		室外设备安装	屋面站建筑天面无防护	建筑物天面没有足够高的女儿墙、防护栏等防护设施	1. 制定基站施工规范，按章操作。 2. 天面作业时需穿磨擦力大的鞋，禁止穿尖头皮鞋、裙子登高，操作时不倚靠女儿墙	增强安全施工意识，配备相关防护器具
11		室外设备安装	施工中的建筑物	正在施工的建筑物容易掉落物体	施工时应配备手电筒，戴安全帽，做好高空落物防护	增强安全施工意识
12		室外设备安装	接近高压线	由于高压线离基站比较近，施工队在进行新建移动基站施工时容易碰到高压线	应设置安全标志和监护区域，避免施工辅助工具倾倒后压断高压线，并按章操作	增强安全施工意识，杜绝违章操作
13		室外设备安装	未设置施工警示标志	施工时未按相关规定设置警示标志造成交通拥堵、人员伤亡等	在公路、高速公路、铁路、桥梁、通航的河道等特殊地段和城镇交通繁忙、人员密集处施工时必须设置有关部门规定的警示标志，必要时派专人警戒看守	增强安全施工意识
14		布放竖井、通道电缆	作业区域受限	高处坠落、物体打击	1. 高层建筑内的竖井、通道布放大对数电缆时，应采取隔1~2层设1~2人的方法，并用绳索牵拉至终端或机房。 2. 竖井或通道内必须有可靠的立足地，安全带系于牢固可靠的固定物件上，防止坠落。 3. 应有照明设备，保持通信联络，禁止往下抛掷材料、工具	增强安全施工意识，杜绝违章操作

安全生产注意事项说明：
1. 设备安装加固必须按照行业标准《电信设备安装防震设计规范》（YD 5059—2005）的要求。
2. 设备要严格按照设计图纸指示的位置安装，必须遵守安全规范，开工前操作人员身上的金属物品必须摘除，接触设备前必须配戴接地良好的防静电手环。
3. 对涉及在线扩容、割接和带电作业的工程，施工企业必须与维护部门商定实施方案、保护措施、应急方案，作好安全防范措施，保证工程顺利进行。
4. 应确保施工工作不对原有设备和系统造成影响，以免造成意外通信事故。
5. 机房防火设施必须符合行业标准《邮电建筑防火设计标准》（YD 5002—2005）的规定。机房内及附近严禁存放易燃易爆等危险品。
6. 防雷及接地系统必须满足国家标准《通信局(站)防雷与接地工程设计规范》（GB 50689—2011）的要求。
7. 应严格遵守《安全生产法》和《通信建设工程安全生产操作规范》（YD 5201—2014），保证施工安全。

××设计院有限公司		工程名称	××分公司2023年5G无线网设备安装四期工程
项目负责人	三　审	建设单位	××分公司
设 计 人	二　审	图纸名称	××基站安全风险说明和安全生产要求图（1）
制 图 人	一　审		
单位，比例　mm，示意	日　期	图　号	

图 4-16(a)　×× 基站安全风险说明和安全生产要求图 1

安全风险点评估说明处置方案及设计表（续1）

人身安全风险关键因素及设计表（续）

风险安全风险点编号	危险分类	工程活动	风险因素（危险环境）	评估说明	人身安全风险关键因素及设计表（风险处置方案）	风险处置计划
15	一般工具具使用安全	全程	使用一般常用工具	携带刃口工具，使用手锤、榔头作业；使用滑车、钳子；使用滑车、紧线器等容易对人员造成伤害	1. 锤子刃口工具不能插入腰带上或放在衣服口袋内。2. 使用手锤、榔头不能戴手套。3. 传递工具要稳妥，不能上抛下掷。4. 部件应固定好，不得用力过猛或超过伸长的止负内。5. 应定期检油、紧线器应定时加检查或套管接头过长。	增强安全施工意识，杜绝违章操作。
16	登高器具使用安全	全程	人字梯、伸缩梯、竹梯、木梯等登高工具使用不当	人字梯中间没有固定装置或没有防滑胶、竹梯存有防断胶、脚扣、绑扎线松动出现松脱或捆绑线松脱，折旧，磨断等现象。木梯高处电缆时，有损坏时，不能使用。造成高处坠落伤害；在电力场所，电力设备下方或高危险区域内作业不当，造成使用金属伸缩梯	1. 对梯子应加强安全生产教育。2. 对梯子应加强安全生产教育，有损坏时，不能使用。3. 伸缩梯严禁超过其规定值；在电力场所，电力设备下方危险区域内严禁使用金属梯。	增强安全施工意识，杜绝违章操作。
17	施工机具使用安全	全程	机械不当操作	工具、机械操作不当导致安全机械伤害	严格按照机电工具的操作规程要求必须齐全、有效。避免不当野蛮施工而带来的危害	增强安全施工意识，杜绝违章操作。
18		室外设备安装	使用用手拉葫芦的等	拉钩、肖子、链条、刹车等装置存有缺陷，造成机械伤害	1. 使用前检查所有起重装置是否齐全、有效。2. 不超过负荷使用量，不得将物件固定在物件上起吊下方不准有人停留。3. 使用两人同时作一物件时，必须要专人指挥。	增强安全施工意识，杜绝违章操作。
19	电气用具、手持式电动工具使用安全	全程	电烙铁、手电钻、电锤等电动工具漏电	电动工具没有定期做绝缘试验，金属外壳绝缘、手柄夹及插座乱放或破损，导线老化，造成触电伤害	1. 使用前对施工器具进行定期安全生产教育，对施工人员进行安全生产教育，导线不准使用时使用强度过低的塑料电线。2. 电烙铁在机架上使用时，应将地线接好无误，检查外壳是否漏电，在带电设备上使用时不准使用。3. 在潮湿危险容器内使用手持电动工具，应采用安全电压。4. 下线通时，必须首先切断电源。	加强定期安全检查
20		全程	插座、插头接触	各类电气插座	使用通信工程专用电器元件	加强定期安全检查
21		室内设备安装	携带金属工具、电源附近作业	基站架至其它金属物与电池或电缆接触，造成触电	不要接触地面的正压，不要用金属工具与电池互通触电（带电部分）；接触	增强安全施工意识，杜绝违章操作。
22		室内设备安装	不通知停送电	停送电不通知，不挂牌、不看护，造成触电伤害者	施工过程中停送电应通知维护管理人员，现场进行相应的标识	增强安全施工意识，杜绝违章操作。
23		室内设备安装	带电更换机械附件	工具、机械带电更换机械附件或机械触电伤害者	施工人员需做好绝缘安全措施，同时施工现场需有人护	安装设备带电必要更换端带电操作工作中，认真做好施工安全规范
24	通信设备安装及工程安全	室外设备安装	高空安装设备及线缆	施工作业设于高处天面、铁塔、通信杆等高处施工时没有安全全措施在防护栏杆边沿停靠，造成踩空失足坠地身亡	1. 按要求设置安全标志，做好防护、高空作业人员必须正确使用安全带、安全帽、配置的安全带必须系挂牢靠，严禁用一般绳索代替安全带。在上楼顶、有防坠线的地方，应当挂在专用上必要时在防坠线上作业。2. 患有高血压、心脏病、癫痫病等人员不得从事高空作业。3. 高、低温、风雨、雪、沙尘暴天气风力大于3m。4. 严禁违反安全规程超负荷工作。5. 要持证上岗不得喝酒登高作业，单独作业。6. 使用绳索传递工具。7. 有绳时不应超负荷吊，并设专人看管绳索。8. 高空作业应设置安全防坠措施及绳索悬接绳挂牌。	增强安全施工意识，杜绝违章操作。
25		室外设备安装	塔架高空坠物	塔上、使用的所有可能作落的器具，比如暂不使用的防坠上的绳索、工具、金属安装件等物体易坠落，造成塔下人员伤亡	高空作业应设置安全防坠措施及绳索，塔下禁止有人；在起吊和进上有人作业时，塔下严禁有人。未经现场指挥人员同意，未经现场指挥人员同意，严禁非施工人员进入施工区域。	增强安全施工意识，杜绝违章操作。
26		室外设备安装	吊装天线馈线	滑轮及固定绳易存有缺陷，造成物体打击伤害者	操作人员应配备安全防护装备	增强安全施工意识，杜绝违章操作。
27	布放各类线缆		电源线碰撞源	未做好绝缘和防护导致触碰电源带电部位	1. 起吊前检查滑轮、钢丝绳是否有缺陷。2. 系好绳索，按牌定点起吊。3. 拆卸物件上升热必不得硬碰将体及其他建筑物。按操作、按流程、验收规范施工	施工前要求施工人员认真反复强调施工现场安全规范

××设计院有限公司		
项目负责人		三 审
设 计 人		二 审
制 图 人		审
单位	比例 mm 示意	日 期

工程名称	××分公司2023年5G无线网络设备安装周期工程
建设单位	××分公司
图纸名称	××基站安全风险说明和安全生产要求图 (2)
图 号	

图 4-16(b) ××基站安全风险说明和安全生产要求图 2

安全风险点评估说明处置方案与要求计划表（续）

网络安全风险关键因素

风险编号	安全风险场景分类	工程活动	风险因素/危险环境	评估说明	风险处理方案	风险处置计划
28		全程	重要通信机房内违章施工	在重要通信机房内进行无线网设备安装，因操作失误引起重要系统瘫痪	施工前需组织各部门进行施工方案会审，严格确定通信机房的施工操作规范，严格遵守通信机房内的用电要求，在监理的督下进行施工	增强安全施工意识，认真执行承重校实，杜绝安全隐患
29		室内设备安装	设备超重	设备超重，支承设备的楼板承载不足，引发建筑跨塌，导致通信阻断	施工前需对设备重量超过楼板荷载要求的机房，应对楼板承重做复核，并核实评估结果做加固预防措施，对于无法满足承重要求的机房，应避免超引处出	增强安全施工意识，杜绝违章操作
30		室内设备安装	设备搬运碰撞	在重要设备或重要客户设备旁作业施工，发生设备碰撞或缆线拉拽现象，造成通信中断	1.设备搬运过程要避免对重要设备或重要客户设备。2.不可蛮力时，应加好对原有设备和线缆的保护，并报备相应维护管理人员	增强安全施工意识，杜绝违章操作
31		室内设备安装	终端、板卡安装错误	终端、板卡安装错误	严格遵守设备安装操作指导说明书进行，配合各设备终端及板卡安装应严格在前	认真执行操作规范
32		室内设备安装	乱动设备开关、触碰正在运行的设备	机房内乱动设备及其它电源开关，容易导致设备断电，停止工作	1.进入机房后按规范要求打开照明开关，禁止乱动设备及电源开关。2.施工前必须制定详细的施工方案和应急措施。3.各种手动工具应做好绝缘处理。4.现场应配专人盯守	增强安全施工意识，杜绝违章操作
33		室内设备安装	捕拔防静电手环、环插散电路板、设备接地、接地网	捕拔电路板未戴防静电手环，损坏设备造成通信中断	严格按操作规范，佩戴防静电手环，在连接电缆时严格按照原有接地端进行施工，注意不影响原有电缆，做好线缆两端标签	增强安全施工意识，认真操作
34		室内设备安装	电源接地、地线错	损坏设备造成通信中断	按施工图纸实施，做好线缆两端标签	增强安全施工意识，杜绝违章操作
35		室内设备安装	电源端子配置不当	损坏设备造成通信中断	按施工图纸实施，施工中设备取电前应检查可用电源端子是否与图纸要求一致	增强安全施工意识，杜绝违章操作
36	通信设备安装工程	室内设备安装	违章关停开关	未经许可启动、关停、拆除、移动设备，导致整体网络瘫痪	机房内设备关停开关，应由各设备管理维护人员，列布、上级各电源系统的负荷进行	增强安全施工意识，认真执行电源容量核实，杜绝安全隐患
37		室内设备安装	不按实定电源负荷	设备加电前，没有核实电源负荷，导致加电后超用电负荷	设计文件中应按实开关，或批准过的设计文件，机房用电前应检查容量及批准执行	增强安全施工意识，杜绝违章操作
38		室内设备安装	不按电源极性及相位	送电前不检查相线及相位接头错误，导致短路或烧坏	施工中设备加电前应检查容量及相位，监理在案	增强安全施工意识，杜绝违章操作
39		室内设备安装	电源操作失误	施工队在电源扩容施工时操作失误，导致基站通信中断	按规范要求实施，并根据做好无金属碎屑，各级线路符合要求	增强安全施工意识，杜绝违章操作
40		室内设备安装	设备加电调试	使用存在缺陷的工具，工具加反导致设备加电中断	加电前应检查设备内有无金属碎屑，正负极不料接反，地线，逐级测量。1.必须活动电流方向逐级加电。2.插接模块时必须佩戴防静电手环。3.各项应急措施必须到位	增强安全施工意识，杜绝违章操作
41		室内设备安装	设备割接	割接方案或未按方案操作，导致基站通信中断	1.割接前应明确经过建设单位、施工单位、监理单位、厂家等各方均应在场，并严格按照方案实施，并根据做好不同系统的防护，严禁交叉	增强安全施工意识，杜绝违章操作
42		布放其他线缆	布放线缆路由经过其他地系统	触电、通信中断	按施工规范进行操作，做好不同系统间绝缘良好处理	杜绝违章操作，满足隔离要求
43		布放其他线缆	不牢电连接电源线缆	触电、通信阻断	1.涉电作业必须使用绝缘工具，做好防护，并拧紧止螺钉，垫片金属材料碎屑引起短路。2.材料须做好接地处理。3.作业时应采取下手表，戒指、项链等	增强安全施工意识，杜绝违章操作

××设计院有限公司

项目负责人		三 审
设计人		二 审
制图人		一 审
单位：比例	mm示意	日 期

工程名称	××分公司2023年5G无线网设备装配工程
建设单位	××分公司
图纸名称	××基站安全风险说明和安全生产要求图(3)
图 号	

图4-16(c) ××基站安全风险说明和安全生产要求图3

6. ××基站 BBU 集中机房设备安装平面图

设备安装平面图包括设备现状、新增设备安装位置、基本标注(设备名称和尺寸)、综合机柜示意图、设备表、图例及图纸说明。××基站BBU集中机房设备安装平面图如图4-17所示。

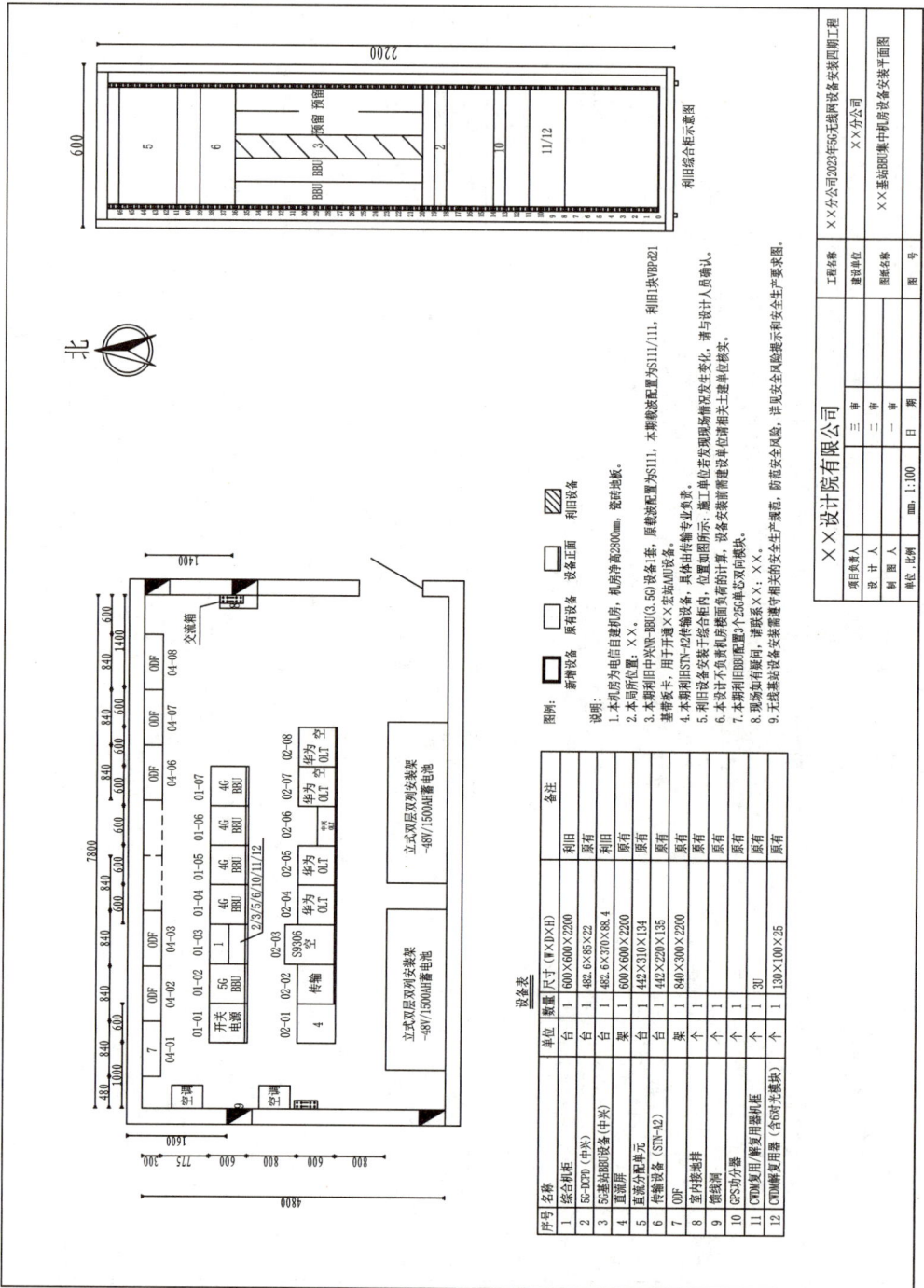

图 4-17　××基站 BBU 集中机房设备安装平面图

7. ××基站 BBU 集中机房设备布线路由图

设备布线路由图包括设备现状、走线架布置、走线路由、布线计划表、图例及图纸说明。××基站 BBU 集中机房设备布线路由图如图 4-18 所示。

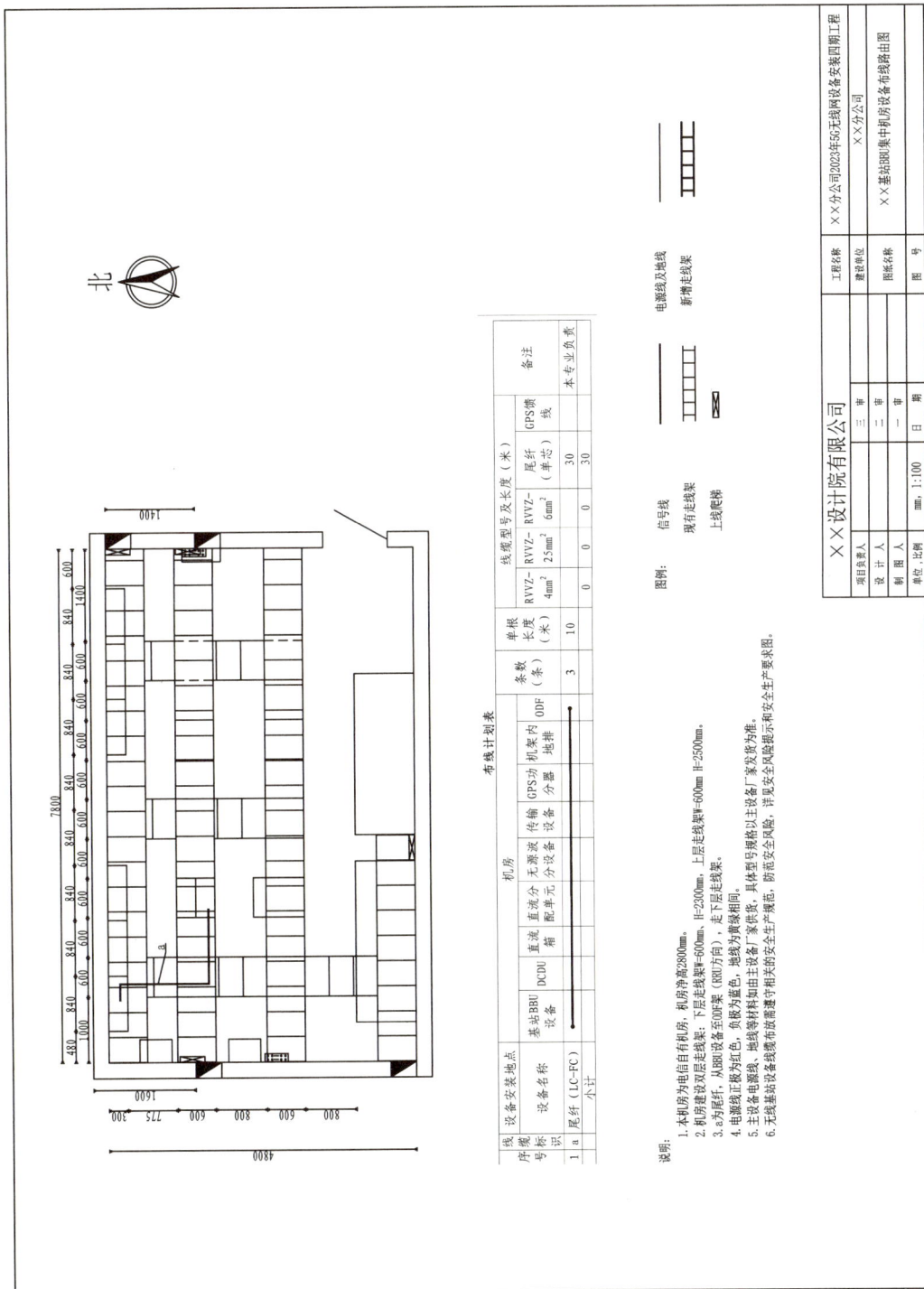

图 4-18　××基站 BBU 集中机房设备布线路由图

8. XX 基站 BBU 及主设备直流分配单元面板图

BBU 及主设备直流分配单元面板图包括 BBU 板卡配置情况或新增板卡位置、现有主设备直流分配单元使用现状及新增直流分配单元端子需求分配、图例及图纸说明等。××基站 BBU 及主设备直流分配单元面板图如图 4-19 所示。

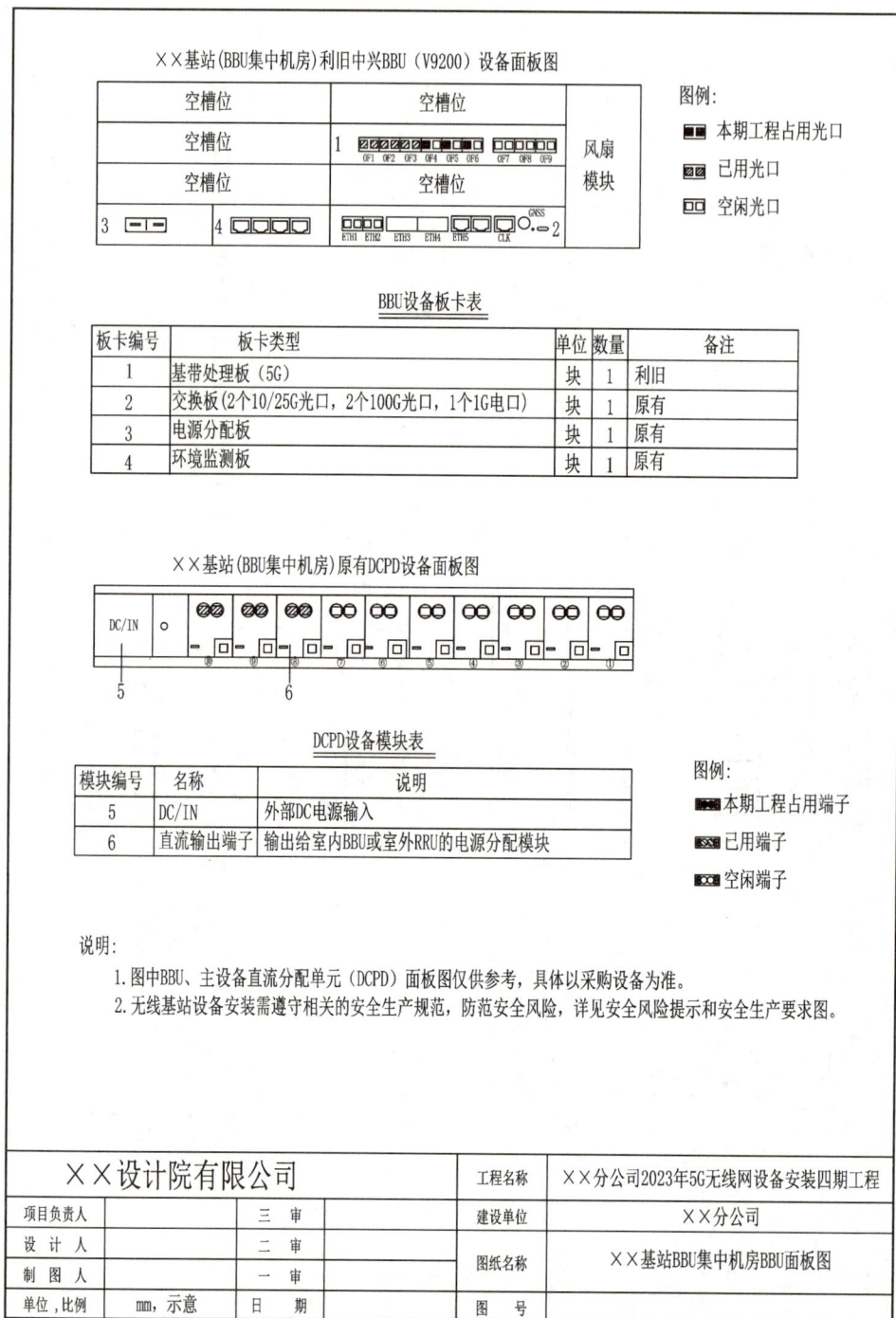

××基站(BBU集中机房)利旧中兴BBU（V9200）设备面板图

空槽位	空槽位	风扇模块
空槽位	1	
空槽位	空槽位	

图例:
- ■■ 本期工程占用光口
- ▨▨ 已用光口
- □□ 空闲光口

BBU设备板卡表

板卡编号	板卡类型	单位	数量	备注
1	基带处理板（5G）	块	1	利旧
2	交换板(2个10/25G光口，2个100G光口，1个1G电口)	块	1	原有
3	电源分配板	块	1	原有
4	环境监测板	块	1	原有

××基站(BBU集中机房)原有DCPD设备面板图

DCPD设备模块表

模块编号	名称	说明
5	DC/IN	外部DC电源输入
6	直流输出端子	输出给室内BBU或室外RRU的电源分配模块

图例:
- ■■■ 本期工程占用端子
- ▨▨ 已用端子
- ■□□ 空闲端子

说明:
1. 图中BBU、主设备直流分配单元（DCPD）面板图仅供参考，具体以采购设备为准。
2. 无线基站设备安装需遵守相关的安全生产规范，防范安全风险，详见安全风险提示和安全生产要求图。

××设计院有限公司			工程名称	××分公司2023年5G无线网设备安装四期工程
项目负责人		三　审	建设单位	××分公司
设 计 人		二　审	图纸名称	××基站BBU集中机房BBU面板图
制 图 人		一　审		
单位,比例	mm,示意	日　期	图　号	

图 4-19　×× 基站 BBU 及主设备直流分配单元面板图

练 习 题

一、填空题

1. 移动通信工程制图应选取合适的_____，避免图中的线条过粗或过细。标准通信工程制图中图形符号的线条除有意加粗者外，一般都是_____的，一张图上要尽量统一。

2. 移动通信工程设计图纸幅面和图框大小应符合国家标准《电气技术用文件的编制 第 1 部分：规则》(GB/T 6988.1—2024) 中的规定，A3 图纸图框大小是_____。

3. 图衔也是图纸的重要组成部分，图衔中一般包含移动通信工程图纸的_____、_____、单位名称，以及单位主管、_____、总负责人、_____、设计人或主办人、_____等相关人员姓名信息。

4. 一阶段设计阶段的代号是_____。

5. 单个基站设计图纸至少应包括_____、_____、_____、电源系统图、电源端子分配图以及安全风险说明和安全生产要求图等。

6. 设备布线路由图中信号线与电源线应区分开，采用不同_____和_____进行标识。

7. 设备布线路由图绘图内容应包括_____、_____、_____、_____、图例及图纸说明等。

8. 电源系统图及电源端子分配图绘图内容应包括_____、_____、图例及图纸说明等。

二、选择题

1. 当采用 A4 图纸绘图时，其图框尺寸 (宽 × 长) 为 (　　) mm。

A. 594 × 841　　　B. 420 × 59　　　C. 297 × 420　　　D. 210 × 297

2. 当采用 A3 图纸绘图且横向排列时，其侧边框距 c 和装订侧边框距 a 分别为 (　　) mm。

A. 10，25　　　B. 5，25　　　C. 5，10　　　D. 25，10

3. 工程图纸中，虚线的一般用途是 (　　)。

A. 基本线条：图纸主要内容用线，可见轮廓线

B. 辅助线条：屏蔽线，机械连接线、不可见轮廓线、计划扩展内容用线

C. 图框线：表示分界线、结构图框线、功能图框线、分级图框线

D. 辅助图框线：表示更多的功能组合或从某种图框中区分不属于它的功能部件

4. 工程图纸中，点画线的一般用途是 (　　)。

A. 基本线条：图纸主要内容用线，可见轮廓线

B. 辅助线条：屏蔽线，机械连接线、不可见轮廓线、计划扩展内容用线

C. 图框线：表示分界线、结构图框线、功能图框线、分级图框线

D. 辅助图框线：表示更多的功能组合或从某种图框中区分不属于它的功能部件

5. 图线的宽度选用为 0.25、0.35、0.5、（   ）、1.4 等。

A. 0.7、1.0　　　　B. 0.65、1.0　　　　C. 0.7、0.9　　　　D. 0.6、0.9

6. 以下哪一项不属于图纸编号的组成内容。（   ）

A. 设计编号　　　B. 设计阶段号　　　C. 专业结构　　　D. 图页序号

7. 图例"▭"表示什么设备或设施？（   ）

A. 墙　　　　　　B. 窗户　　　　　　C. 门　　　　　　D. 房柱

8. 当设备不支持靠墙安装时，侧面和反面到墙的距离不得小于（   ）mm。

A. 600　　　　　B. 800　　　　　C. 1000　　　　D. 1200

三、简答题

1. 移动通信工程图纸图框有哪几种？主要使用的又是哪几种？

2. 简述指北针在工程图纸内的作用。

3. 简述绘制基站机房设备安装平面图的要求有哪些？

4. 基站天馈线安装示意图应包含哪些内容？

5. 绘制图纸时可能遇到的问题有哪些？是否有解决的办法？

6. CAD 中正交的快捷键是什么？开启正交对绘制图纸有什么帮助？

四、实操应用题

根据教学或培训时完成的项目 2 工程现场勘察案例，结合项目 3 方案编制方法，完成 5G 基站无线专业工程设计图纸的绘制。5G 基站无线专业工程设计应包含以下图纸：

(1) 基站机房设备安装平面图；

(2) 基站机房设备布线路由图；

(3) 基站电源系统图及电源端子分配图；

(4) 基站天馈线安装示意图。

实践任务：基站工程设计图绘制

【实践目的】

通过本任务的实践，检测对基站工程设计图绘制知识及技能的掌握程度，加强对新址新建站、共址新建站等工程设计图绘制技能训练，达到训练初步具备基站工程设计图绘制

能力的目标。

【实践要求】

(1) 熟悉移动通信工程制图要求；

(2) 熟悉基站工程设计图绘制要求及方法；

(3) 能正确读懂新址新建地面站 (或楼面站)、共址新建地面站 (或楼面站) 的勘察草图和勘察记录表；

(4) 能运用 CAD 制图软件完成新址新建地面站 (或楼面站)、共址新建地面站 (或楼面站) 的工程设计图绘制；

(5) 能熟练掌握 CAD 制图软件的使用技巧；

(6) 绘图过程中，不损坏工具和软件，无安全事故发生。

【实践准备】

(1) 基站工程设计图绘制相关知识；

(2) 预装好 CAD 制图软件的计算机、项目 2 中完成的勘察草图和勘察记录表等；

(3) 配备 40 台以上计算机的实验室机房。

【实践组织】

以个人为单位完成基站工程设计图绘制。统一指定项目 2 已完成的一个任务，依据自己所在小组已完成的勘察草图和勘察记录表，结合项目 3 的方案编制方法，完成 5G 基站无线专业工程设计图纸的绘制。具体要求如下：

(1) 选择合适的图框，并完成图框信息的填写；

(2) 达到本书中示例设计图纸的绘制要求及内容要求，图、图例、表、说明都应完整。

【实践成果】

完成以下四种基站工程设计图纸的绘制：

(1) 基站机房设备安装平面图；

(2) 基站机房设备布线路由图；

(3) 基站电源系统图及电源端子分配图；

(4) 基站天馈线安装示意图。

【实践考核】

强调过程考核，以个人为单位，根据如表 4-8 所示的实践考核内容及考核点，给出实践考核成绩并计入登分册。

表 4-8 实践考核内容及考核点

评价内容		配分	考核点	得分
职业素养与规范 （20分）		5	做好设计图绘制前的工作准备：检查计算机、绘图软件、已勘察资料，并将设备与资料摆放整齐，着装符合要求。未清点设备软件资料或着装不符合要求，每项扣2分，扣完为止	
		5	正确开关计算机、安装和开关绘图软件。动作不规范扣2分，计算机开关、绘图软件安装和开关选择每选错一项扣1分，扣完为止	
		5	具有良好的团队合作精神和职业操守、做到安全文明生产，有环保意识，否则扣1～2分。保持操作场地的文明整洁，否则扣1～3分	
		5	任务完成后，整齐摆放工具及凳子、回收工具及耗材等并符合要求，否则扣1～5分	
技能考核 （80分）	操作流程	10	能掌握任务完成的流程，否则扣1～10分	
	软件及示例识别	10	能选用正确的绘图软件，能根据勘察草图正确选择书中对应示例，否则扣1～10分	
	操作规范	20	能熟练掌握任务环节的绘制要求。能正确使用软件，操作符合规范。不熟悉制图要求及规范的，视情况扣1～10分；不能正确使用绘图软件的，视完成情况扣1～10分	
	作品质量	30	能顺利完成作品，作品符合任务要求，工程设计图数据准确，符合规范要求。错1处，扣1分，扣完为止	
	操作熟练度	10	在规定时间内完成指定任务，操作熟练。否则扣1～10分	
总分		100		

备注：出现明显失误造成器材或仪表、设备损坏、人员受伤害等安全事故，以及严重违反实践教学纪律，造成恶劣影响的，本实践环节成绩记0分。

项目 5 移动通信工程概预算编制

通信建设工程概预算的编制是通信工程设计文件的重要组成部分，它是根据各个不同设计阶段的深度和建设内容，按照国家主管部门颁发的预算定额、费用定额、费用标准、设备与材料价格、编制方法等有关规定，对通信建设项目、单项工程按实物工程量法预先计算和确定的全部费用文件。

通信建设工程概算、预算应按不同的设计阶段进行编制。

(1) 工程采用三阶段设计时，初步设计阶段编制设计概算，技术设计阶段编制修正概算，施工图设计阶段编制施工图预算。此时的概算有预备费，预算无预备费。

(2) 工程采用两阶段设计时，初步设计阶段编制设计概算，施工图设计阶段编制施工图预算。此时的概算有预备费，预算无预备费。

(3) 工程采用一阶段设计时，编制施工图预算，但施工图预算应反映全部费用内容，即除工程费和工程建设的其他费用外，还应计列预备费、建设期利息等费用。一般情况下，移动通信工程采用"一阶段设计"方式。

💡 知识目标

(1) 掌握通信建设工程概预算定额使用要求及方法；

(2) 掌握通信建设工程费用定额使用要求及方法；

(3) 掌握基站工程概预算编制要求及方法。

💡 能力目标

(1) 能够根据预算定额，识读基站工程设计图纸，完成工程量统计及（表三）甲、（表三）乙、（表三）丙的概预算编制；

(2) 能够根据费用定额完成基站工程表四、表二、表五、表一、汇总表的概预算编制。

素养目标

(1) 遵循国家和行业标准、规范，培养严谨细致的职业素养；

(2) 通过基站工程预算编制实施与协作，培养良好的团队合作意识、规范意识、安全意识。

任务5.1 掌握通信建设工程预算定额

5.1.1 概述

1. 预算定额的作用

预算定额的作用主要有以下几个方面。

① 预算定额是编制施工图预算、确定和控制建筑安装工程造价的计价基础。

② 预算定额是落实和调整年度建设计划、对设计方案进行技术经济比较分析的依据。

③ 预算定额是施工企业进行经济活动分析的依据。

④ 预算定额是编制标底、投标报价的基础。

⑤ 预算定额是编制概算定额和概算指标的基础。

2. 通信工程定额的发展过程

我国通信建设工程定额的发展大致经历了以下几个阶段。

(1)"433定额"。1990年，邮电部颁布的《通信工程建设概算 预算编制办法及费用定额》和《通信工程价款结算办法》(邮部〔1990〕433号)。

(2)"626定额"。1995年，邮电部颁布《通信建设工程概算、预算编制办法及费用定额》《通信建设工程价款结算办法》和《通信建设工程预算定额》(共三册，邮部〔1995〕626号)，贯彻了"量价分离、技普分开"的原则，并且将预算定额中的消耗量从全统定额中分离出来。

(3)"75定额"。2008年，工信部颁布《通信建设工程概算、预算编制办法》《通信建设工程费用定额》《通信建设工程施工机械、仪表台班费用定额》和《通信建设工程预算定额》(共五册，工信部规〔2008〕75号)。

(4)"451定额"。2016年，工信部颁布《信息通信建设工程概预算编制规程》《信息通信建设工程费用定额》和《信息通信建设工程预算定额》(共五册，工信部通信〔2016〕451号)。另外在2021年5月工信部还给出了《第五代移动通信设备安装工程造价编制指导意见》。

目前，我国通信建设工程整体的技术发展周期逐渐缩短，通信建设工程定额应随着技术的不断更新、升级，及时进行改革与调整，以适应经济发展的需要。

3. 现行通信建设工程定额的构成

(1) 工信部通信〔2016〕451 号，2016 年 12 月 30 日发布通知：为适应通信建设行业发展需要，合理有效控制通信建设工程投资，规范通信建设工程计价行为，根据国家法律法规及有关规定，我部对《通信建设工程概算、预算编制办法》及相关定额 (2008 年版) 进行修订，形成了《信息通信建设工程预算定额》《信息通信建设工程费用定额》及《信息通信建设工程概预算编制规程》，现予以发布，自 2017 年 5 月 1 日起施行。工业和信息化部发布的《关于发布〈通信建设工程概算、预算编制办法〉及相关定额的通知》(工信部规〔2008〕75 号) 同时废止。

(2) 为满足第五代移动通信设备安装工程建设需要，合理有效地控制工程建设投资，规范工程造价文件的编制与管理工作，根据《通信建设工程定额编制管理办法》(工信部通〔2014〕457 号) 等相关规定，工信部通信工程定额质监中心在 2021 年 5 月编制了《第五代移动通信设备安装工程造价编制指导意见》。

4. 通信建设工程预算定额的编制原则

现行通信建设工程预算定额的编制，主要遵照以下几个原则。

1) 贯彻相关政策精神

贯彻国家和行业主管部门关于修订通信建设工程预算定额相关政策精神，结合通信行业的特点进行认真调查研究、细算粗编，坚持实事求是的原则，做到科学、合理、便于操作和维护。

2) 贯彻执行"控制量""量价分离""技普分开"的原则

(1) 控制量。预算定额中的人工、主材、机械和仪表台班的消耗量是法定的，任何单位和个人不得随意调整。

(2) 量价分离。预算定额中只反映人工、主材、机械和仪表台班的消耗量，而不反映其单价。单价由主管部门或造价管理归口单位另行发布。

(3) 技普分开。为适应社会主义市场经济和通信建设工程的实际需要，取消综合工。凡是由技工操作的工序内容均按技工计取工日，凡是由非技工操作的工序内容均按普工计取工日。

通信设备安装工程均按技工计取工日 (即普工为零)。

通信线路和通信管道工程分别计取技工工日、普工工日。

3) 定额子目编号规则

定额子目编号由三部分组成：第一部分为册名代号，表示通信建设工程的各个专业，由汉语拼音 (首字母) 缩写组成；第二部分为定额子目所在的章号，由一位阿拉伯数字表示；第三部分为定额子目所在章内的序号，由 3 位阿拉伯数字表示。编号的具体表示方法参见图 5-1。

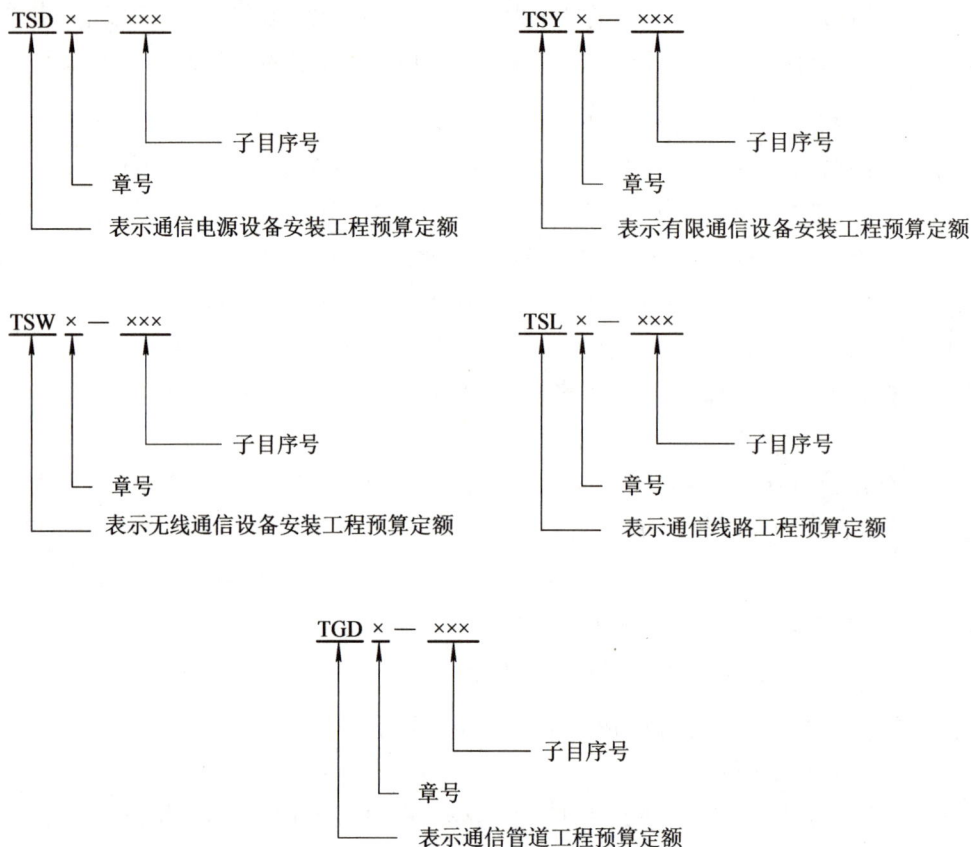

图 5-1　定额子目编号

5.1.2　现行通信建设工程预算定额构成

　　为适应通信建设行业发展需要，合理、有效地控制通信建设工程投资，规范通信建设工程计价行为，根据国家法律法规及有关规定，工信部对《通信建设工程概算、预算编制办法》及相关定额(2008 年版)进行修订，形成了《信息通信建设工程预算定额》，包括第一册《通信电源设备安装工程》、第二册《有线通信设备安装工程》、第三册《无线通信设备安装工程》、第四册《通信线路工程》、第五册《通信管道工程》，共计五册。

　　每册通信建设工程预算定额均由总说明、册说明、章节说明、定额项目表和附录构成。

　　另外，在 2021 年 5 月工信部编制了《第五代移动通信设备安装工程造价编制指导意见》，指导意见共包含 3 章，主要包括安装机架、缆线及附属设施，安装移动通信设备，安装铁塔等内容。对于指导意见中未涵盖的内容，可参照《信息通信建设工程预算定额》(工信部通信〔2016〕451 号)执行。

1. 总说明

　　总说明不仅阐述了定额的编制原则、指导思想、编制依据和适用范围，同时还说明了编制定额时已经考虑和没有考虑到的各种因素以及有关规定和使用方法等。在使用定额时应了解和掌握这部分内容，以便正确地使用定额。《信息通信建设工程预算定额》(2016 版)

总说明的具体内容引用如下。

(1)《信息通信建设工程预算定额》(以下简称《预算定额》) 是完成规定计量单位工程所需要的人工、材料、施工机械和仪表的消耗量标准。

(2)《预算定额》共分五册，内容如下。

第一册《通信电源设备安装工程》(册名代号 TSD)

第二册《有线通信设备安装工程》(册名代号 TSY)

第三册《无线通信设备安装工程》(册名代号 TSW)

第四册《通信线路工程》(册名代号 TXL)

第五册《通信管道工程》(册名代号 TGD)

(3)《预算定额》是编制信息通信建设项目投资估算、概算、预算和工程量清单的基础，也可作为信息通信建设项目招标、投标报价的基础。

(4)《预算定额》适用于新建、扩建工程,改建工程可参照使用。本定额用于扩建工程时，其扩建施工降效部分的人工工日按乘以系数 1.1 计取，拆除工程的人工工日计取办法见各册的相关内容。

(5)《预算定额》是以现行通信工程建设标准、质量评定标准及安全操作规程等文件为依据，按符合质量标准的施工工艺、合理工期及劳动组织形式条件进行编制的。

① 设备、材料、成品、半成品、构件符合质量标准和设计要求。

② 通信各专业工程之间、与土建工程之间的交叉作业正常。

③ 施工安装地点、建筑物、设备基础、预留孔洞均符合安装要求。

④ 气候条件、水电供应等应满足正常施工要求。

(6) 定额子目编号原则。定额子目编号由三部分组成：第一部分为册名代号，由汉语拼音(字母)缩写而成；第二部分为定额子目所在的章号，由一位阿拉伯数字表示；第三部分为定额子目所在章内的序号，由三位阿拉伯数字表示。

(7) 关于人工。

① 定额人工分为技工和普工。

② 定额人工消耗量包括基本用工、辅助用工和其他用工。

基本用工：完成分项工程和附属工程实体单位的加工量。

辅助用工：定额中未说明的工序用工量，包括施工现场某些材料临时加工、排除故障、维持安全生产的用工量。

其他用工：定额中未说明的而在正常施工条件下必然发生的零星用工量，包括工序间搭接、工种间交叉配合、设备与器材施工现场转移、施工现场机械(仪表)转移、质量检查配合以及不可避免的零星用工量。

(8) 关于材料。

① 材料分为主要材料和辅助材料。定额中仅计列构成工程实体的主要材料，辅助材料以费用的方式表现，其计算方法按《信息通信建设工程费用定额》的相关规定执行。

② 定额中的主要材料消耗量包括直接用于安装工程中的主要材料净用量和规定的损耗量。规定的损耗量指施工运输、现场堆放和生产过程中不可避免的合理损耗量。

③ 施工措施性消耗部分和周转性材料按不同施工方法、不同材质分别列出一次使用量和一次摊销量。

④ 定额不含施工用水、电、蒸汽消耗量，此类费用在设计概算、预算中根据工程实际情况在建筑安装工程费中按相关规定计列。

(9) 关于施工机械。

① 施工机械单位价值在 2000 元以上，构成固定资产的列入定额的机械台班。

② 定额的机械台班消耗量是按正常合理的机械配备综合取定的。

(10) 关于施工仪表。

① 施工仪器仪表单位价值在 2000 元以上，构成固定资产的列入定额的仪表台班。

② 定额的施工仪表台班消耗量是按信息通信建设标准规定的测试项目及指标要求综合取定的。

(11)《预算定额》适用于海拔高程 2000 m 以下、地震烈度为 7 度以下的地区，超过上述情况时，按有关规定处理。

(12) 在以下地区施工时，定额按下列规则调整：

① 高原地区施工时，本定额人工工日、机械台班消耗量乘以表 5-1 所列出的系数。

表 5-1　高原地区调整系数表

海拔高程		2000 m 以上	3000 m 以上	4000 m 以上
调整系数	人工	1.13	1.3	1.37
	机械	1.29	1.54	1.84

② 原始森林地区（室外）及沼泽地区施工时人工工日、机械台班消耗乘以系数 1.30。

③ 非固定沙漠地带，进行室外施工时，人工工日乘以系数 1.10。

④ 其他类型的特殊地区按相关部分规定处理。

以上四类特殊地区若在施工中同时存在两种以上情况时，只能参照较高标准计取一次，不应重复计列。

(13)《预算定额》中带有括号表示的消耗量，系供设计选用；"*"表示由设计确定其用量。

(14) 凡是定额子目中未标明长度单位的均指"mm"。

(15)《预算定额》中注有"××以内"或"××以下"者均包括"××"本身；"×× 以外"或"××以上"者则不包括"××"本身。

(16) 本说明未尽事宜，详见各章节和附注说明。

2. 册说明

册说明阐述了该册的内容、编制基础和使用该册应注意的问题及有关规定等，特列举如下。

第一册《通信电源设备安装工程》的册说明引用如下。

(1)《通信电源设备安装工程》预算定额覆盖了通信设备安装工程中所需的全部供电系统配置的安装项目，内容包括 10 kV 以下的变、配电设备，机房空调和动力环境监控，电力缆线布放，接地装置，供电系统附属设施的安装与调试。

(2) 本册定额不包括 10 kV 以上电气设备安装；不包括电气设备的联合试运转工作。

(3) 本册定额人工工日均以技工作业取定。

(4) 本册定额中的消耗量，凡有需要材料但未予列出的，其名称及用量由设计按实计列。

(5) 本册定额用于拆除工程时，其人工按表 5-2 所示系数进行计算。

表 5-2 拆除工程人工系数

名　　称	拆除工程人工系数	
	不需入库	清理入库
第一章的变压器	0.55	0.70
第四章的室外直埋电缆	1.00	—
第五章的接地极、板	1.00	—
除以上内容外	0.40	0.60

第二册《有线通信设备安装工程》的册说明引用如下。

(1)《有线通信设备安装工程》预算定额共包括五章内容：安装机架、缆线及辅助设备；安装、调测光纤通信数字传输设备；安装、调测数据通信设备；安装、调测交换设备；安装、调测视频监控设备。

(2) 本册定额第一章"安装机架、缆线及辅助设备"为有线设备安装工程的通用设备安装项目。

(3) 本册定额人工工日均以技术工(简称技工)作业取定。

(4) 本册定额中的消耗量，凡是带有括号表示的，系供设计时根据安装方式选用其用量。

(5) 使用本定额编制预算时，凡明确由设备生产厂家负责系统调测工作的，仅计列承建单位的"配合调测用工"。

(6) 本册定额中所列"配合调测"定额子目，是指施工单位无法独立完成，需配合专业调测人员所做工作(包括配合测试区域的协调、调测过程中故障处理、旁站配合硬件调整等)，由设计根据工程实际套用。

(7) 本册定额用于拆除工程时，其人工工日按表 5-3 所列系数进行计算。

表 5-3 拆除工程时人工工日系数

章　号	第一章	第二章	第三章	第四章
拆除工程系数	0.40	0.15	0.30	0.40

第三册《无线通信设备安装工程》的册说明引用如下。

(1)《无线通信设备安装工程》预算定额共包括五章内容：安装机架、缆线及辅助设备；安装移动通信设备；安装微波通信设备；安装卫星通信地球站设备；安装铁塔及铁塔基础施工。

(2) 本册定额第一章"安装机架、缆线及辅助设备"为无线设备安装工程的通用设备安装项目，第二章至第五章为各专业设备安装项目。

(3) 本册定额人工工日均以技工作业取定。

(4) 本册定额用于拆除工程时，其人工工日按表 5-4 所列系数进行计算。

表 5-4　拆除工程人工工日系数

名　　称	拆除工程人工工日系数
第二章的天、馈线及室外基站设备	1.00
第三章的天、馈线及室外单元	1.00
第四章的天、馈线及室外单元	1.00
第五章的铁塔	0.70
除上述内容外	0.40

第四册《通信线路工程》的册说明引用如下。

(1)《通信线路工程》预算定额适用于通信光 (电) 缆的直埋、架空、管道、海底等线路的新建工程。

(2) 通信线路工程，当工程规模较小时，人工工日以总工日为基数按下列规定系数进行调整。

① 工程总工日在 100 工日以下时，增加 15%。

② 工程总工日在 100 ~ 250 工日时，增加 10%。

(3) 本定额中以分数表示的消耗量，系供设计选用。

(4) 本定额拆除工程，不单立子目，发生时按表 5-5 所列规定执行。

表 5-5　定额拆除工程占新建工程百分比

序号	拆除工程内容	占新建工程定额的百分比 /%	
		人工工日	机械台班
1	光 (电) 缆 (不需清理入库)	40	40
2	埋式光 (电) 缆 (清理入库)	100	100
3	管道光 (电) 缆 (清理入库)	90	90
4	成端电缆 (清理入库)	40	40
5	架空、墙壁、室内、通道、槽道、引上光 (电) 缆 (清理入库)	70	70
6	线路工程各种设备以及除光 (电) 缆外的其他材料 (清理入库)	60	60
7	线路工程各种设备以及除光 (电) 缆外的其他材料 (不需清理入库)	30	30

(5) 敷设光 (电) 缆工程量计算时，应考虑敷设的长度和设计中规定的各种预留长度。

第五册《通信管道工程》的册说明引用如下。

(1)《通信管道工程》预算定额主要是用于城区通信管道的新建工程。

(2) 本定额中带有括号表示的材料，系供设计选用；"*"表示由设计确定其用量。

(3) 通信管道工程，当工程规模较小时，人工工日以总工日为基数按下列规定系数进调整。

① 工程总工日在 100 工日以下时，增加 15%。

② 工程总工日在 100 ～ 250 工日时，增加 10%。

(4) 本定额的土质、石质分类参照国家有关规定，结合通信工程实际情况，划分标准详见本分册附录一。

(5) 开挖土 (石) 方工程量计算见本分册附录二。

(6) 主要材料损耗率及参考容重表见本分册附录三。

(7) 水泥管管道每百米管群体积参考表见本分册附录四。

(8) 通信管道水泥管块组合图见本分册附录五。

(9) 100 m 长管道基础混凝土体积一览表见本分册附录六。

(10) 定型人孔体积参考表见本分册附录七。

(11) 开挖管道沟土方体积一览表见本分册附录八。

(12) 开挖 100 m 长管道沟上口路面面积见本分册附录九。

(13) 开挖定型人孔土方及坑上口路面面积见本分册附录十。

(14) 水泥管通信管道包封用混凝土体积一览表见本分册附录十一。

3. 章节说明

章节说明的内容主要包括分部、分项工程的工作内容，工程量计算方法和本章节有关规定计量单位、起讫范围，应扣除和应增加的部分等。这部分是工程量计算的基本规则，必须全面掌握。

4. 定额项目表

定额项目表是预算定额的主要内容，定额项目表不仅给出了详细的工作内容，还列出了在不同工作内容下的各分部分项工程所需的人工、主要材料、机械台班和仪表台班的消耗量。

5. 附录

预算定额最后列有附录，供使用预算定额时参考。其中册附录情况如下。

第一册、第二册、第三册没有附录。第四册有 3 个附录，名称分别为附录一"土壤及岩石分类表"、附录二"主要材料损耗率及参考容重表"、附录三"光 (电) 缆工程成品预制件材料用量表"。第五册有 11 个附录,名称分别为附录一"土壤及岩石分类表"、附录二"开

挖土 (石) 方工程量计算表"、附录三"主要材料损耗率及参考容重表"、附录四"水泥管管道每百米管群体积参考表"、附录五"通信管道水泥管块组合图"、附录六"100 m 长管道基础混凝土体积一览表"、附录七"定型人孔体积参考表"、附录八"开挖管道沟土方体积一览表"、附录九"开挖 100 m 长管道沟上口路面面积"、附录十"开挖定型人孔方及坑上口路面面积"、附录十一"水泥管通信管道包封用混凝土体积一览表"。

6.《第五代移动通信设备安装工程造价编制指导意见》说明

2021 年 5 月《第五代移动通信设备安装工程造价编制指导意见》的说明引用如下。

(1) 本指导意见适用于第五代移动通信设备安装工程估算、概算、预算的编制，也可作为第五代移动通信设备安装工程项目招标、投标、价款结算的依据。

(2) 本指导意见按照"量价分离"的原则编制，只反映人工、主要材料、机械、仪表的消耗量。各项费用的计算按照《信息通信建设工程费用定额》的相关规定执行。

(3) 本指导意见适用于新建、扩建工程，改建工程可参照使用。用于扩建工程时，其扩建施工降效部分的人工消耗量按乘以系数 1.1 计取。

(4) 本指导意见是以现行通信工程建设标准为依据，结合第五代移动通信主流设备的施工特点，按符合质量标准的施工工艺、合理工期及劳动组织形式进行编制的。

① 设备、材料、成品、半成品、构件符合质量标准和设计要求。

② 通信各专业工程之间、与土建工程之间的交叉作业正常。

③ 施工安装地点、建筑物、设施基础、预留孔洞等均符合安装要求。

④ 气候条件、水电供应等应满足正常施工要求。

(5) 关于人工。

① 人工分为技工和普工。

② 人工消耗量包括基本用工、辅助用工和其他用工。

基本用工：完成分项工程和附属工程实体单位的用工量。

辅助用工：指导意见中未说明的工序用工量，包括施工现场某些材料临时加工、排除故障、维持安全生产的用工量。

其他用工：指导意见中未说明的而在正常施工条件下必然发生的零星用工量，包括工序间搭接、工种间交叉配合、设备与器材施工现场转移、施工现场机械 (仪表) 转移、质量检查配合以及不可避免的零星用工量。

(6) 关于材料。

① 材料分为主要材料和辅助材料。指导意见中仅计列构成工程实体的主要材料，辅助材料以费用的方式表现，其计算方法按《信息通信建设工程费用定额》的相关规定执行。

② 指导意见中的主要材料消耗量包括直接用于安装工程中的主要材料净用量和规定

的损耗量。规定的损耗量指施工运输、现场堆放和生产过程中不可避免的合理损耗量。

③ 施工措施性消耗部分和周转性材料按不同施工方法、不同材质分别列出一次使用量和一次摊销量。

④ 指导意见中不含施工用水、电、蒸汽消耗量，此类费用在设计概算、预算中根据工程实际情况在建筑安装工程费中按相关规定计列。

(7) 关于施工机械。

① 施工机械单位价值在 2000 元以上，构成固定资产的列入机械台班。

② 机械台班消耗量是按正常合理的机械配备综合取定的。

(8) 关于施工仪表。

① 施工仪器仪表单位价值在 2000 元以上，构成固定资产的列入仪表台班。

② 施工仪表台班消耗量是按通信建设标准规定的测试项目及指标，结合第五代移动通信建设工程实际综合取定的。

(9) 本指导意见适用于海拔高程 2000 m 以下、地震烈度为 7 度以下的地区，超过上述情况时，按有关规定处理。

(10) 在以下地区施工时，按下列规则调整：

① 在高原地区施工时，人工、机械消耗量乘以表 5-1 列出的系数。

② 在原始森林地区 (室外) 及沼泽地区施工时，人工、机械消耗量乘以系数 1.30。

③ 在非固定沙漠地带进行室外施工时，人工消耗量乘以系数 1.10。

④ 其他类型的特殊地区按相关规定处理。

以上四类特殊地区若在施工中同时存在两种及以上情况时，只能参照较高标准计取一次，不应重复计列。

(11) 本指导意见中带有括号表示的消耗量，系供设计选用；"*"表示由设计确定其用量。

(12) 凡是子目中未标明长度单位的均指毫米 (mm)。

(13) 本指导意见中注有"××以内"或"××以下"者均包括"××"本身；"××以外"或"××以上"者则不包括"××"本身。

(14) 本指导意见用于拆除工程时，其人工消耗量按表 5-6 系数进行计算。

表 5-6　拆除工程人工工日系数

名　称	拆除工程人工工日系数
天、馈线及室外基站设备	1.00
第三章的铁塔	0.70
其他内容	0.40

(15) 本说明未尽事宜，详见各章节和附注说明。

另外，指导意见中含有附录 A 调测基站系统子目涵盖的工作内容、附录 B 信息通信建设工程费用定额补充内容。

任务5.2 掌握通信建设工程费用定额

5.2.1 通信建设工程费用构成

费用定额是指工程建设过程中各项费用的计取标准，通信建设工程费用定额依据通信建设工程的特点，对其费用构成、定额及计算规则进行了相应的规定。

通信建设工程项目的总费用由各单项工程总费用构成，如图 5-2 所示。

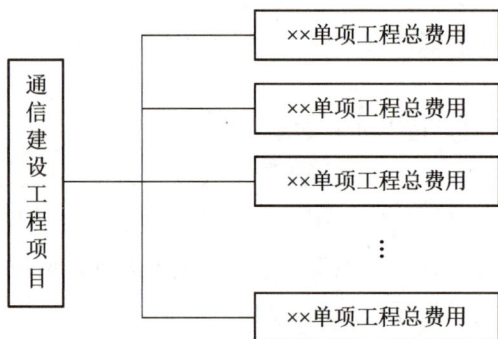

图 5-2 通信建设工程项目总费用构成

通信建设单项工程的总费用由工程费、工程建设其他费、预备费、建设期利息四部分组成，如图 5-3 所示。

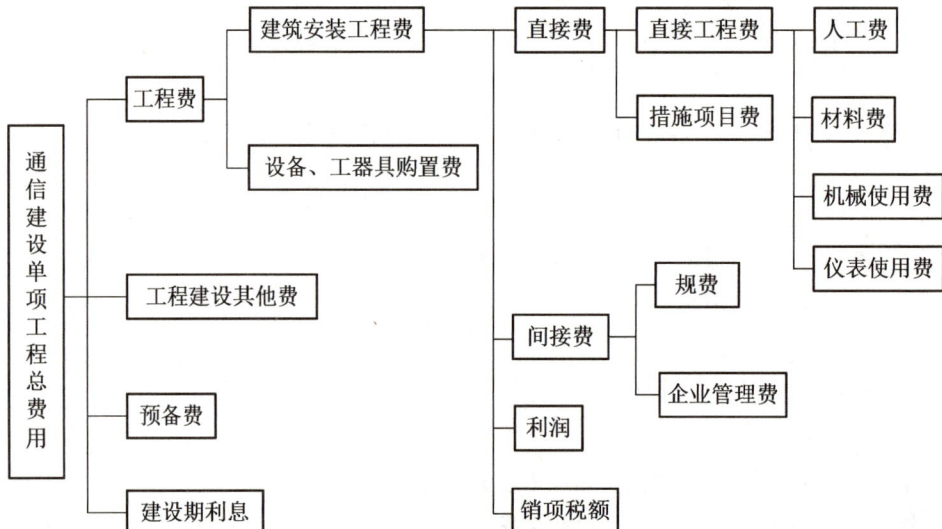

图 5-3 通信建设单项工程总费用构成

5.2.2　工程费

工程费由建筑安装工程费和设备、工器具购置费组成。

（一）建筑安装工程费

建筑安装工程费由直接费、间接费、利润和销项税额组成。

1. 直接费

直接费由直接工程费、措施项目费构成，各项费用均为不包括增值税可抵扣进项税额的税前价格。

1) 直接工程费

直接工程费指施工过程中耗用的构成工程实体和有助于工程实体形成的各项费用，包括人工费、材料费、机械使用费、仪表使用费。

(1) 人工费。

人工费指直接从事建筑安装工程施工的生产人员开支的各项费用。它包括基本工资、工资性补贴、辅助工资、职工福利费和劳动保护费。

不分专业和地区工资类别，综合取定人工费。技工人工单价为 114 元，普工人工单价为 61 元。

计取方式：

$$人工费 = 技工费 + 普工费$$
$$技工费 = 技工单价 \times 概算、预算的技工总工日$$
$$普工费 = 普工单价 \times 概算、预算的普工总工日$$

(2) 材料费。

材料费指施工过程中实体消耗的原材料、辅助材料、构配件、零件、半成品或成品的费用和周转使用材料的摊销，以及采购材料所发生的费用总和。它包括材料原价、材料运杂费、运输保险费、采购及保管费、采购代理服务费和辅助材料费。

材料费计取方式如图 5-4 所示。

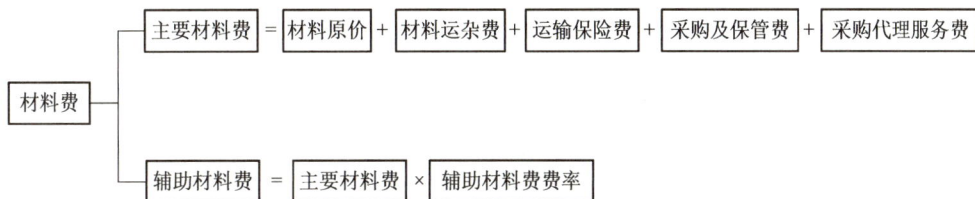

图 5-4　材料费计取方式

其中：

① 材料原价：供应价或供货地点的价格。

② 运杂费 = 材料原价 × 运杂费费率。编制概算时，水泥及水泥制品的运输距离按 500 km 计算，其他类型材料的运输距离按 1500 km 计算。器材运杂费费率如表 5-7 所示。

表 5-7 器材运杂费费率表

运距 L/km	不同器材费率 /%					
	光缆	电缆	塑料及塑料制品	木材及木制品	水泥及水泥构件	其他
$L \leqslant 100$	1.3	1.0	4.3	8.4	18.0	3.6
$100 < L \leqslant 200$	1.5	1.1	4.8	9.4	20.0	4.0
$200 < L \leqslant 300$	1.7	1.3	5.4	10.5	23.0	4.5
$300 < L \leqslant 400$	1.8	1.3	5.8	11.5	24.5	4.8
$400 < L \leqslant 500$	2.0	1.5	6.5	12.5	27.0	5.4
$500 < L \leqslant 750$	2.1	1.6	6.7	14.7	—	6.3
$750 < L \leqslant 1000$	2.2	1.7	6.9	16.8		7.2
$1000 < L \leqslant 1250$	2.3	1.8	7.2	18.9		8.1
$1250 < L \leqslant 1500$	2.4	1.9	7.5	21.0		9.0
$1500 < L \leqslant 1750$	2.6	2.0		22.4		9.6
$1750 < L \leqslant 2000$	2.8	2.3		23.8		10.2
$L > 2000$ 时，每增 250 km 增加	0.3	0.2		1.5		0.6

③ 运输保险费 = 材料原价 × 保险费费率 (0.1%)。

④ 采购及保管费 = 材料原价 × 采购及保管费费率。采购及保管费费率如表 5-8 所示。

表 5-8 采购及保管费费率表

工程专业	费率 /%
通信设备安装工程	1.0
通信线路工程	1.1
通信管道工程	3.0

⑤ 采购代理服务费按实际计列。

⑥ 辅助材料费 = 主要材料费 × 辅助材料费费率。辅助材料费费率如表 5-9 所示。

表 5-9 辅助材料费费率表

工程专业	费率 /%
有线、无线通信设备安装工程	3.0
电源设备安装工程	5.0
通信线路工程	0.3
通信管道工程	0.5

凡是由建设单位提供的利旧材料，其材料费用不得计入工程成本，但可作为计算辅助材料费的基础。

(3) 机械使用费。

机械使用费是指施工机械作业所发生的机械使用费及机械安拆费。它包含折旧费、大修理费、经常修理费、安拆费及场外运费、人工费、燃料动力费和税费。

计取方式：

$$机械使用费 = 机械台班单价 \times 概算、预算的机械台班量$$

(4) 仪表使用费。

仪表使用费是指施工作业所发生的属于固定资产的仪表使用费。它包含折旧费、经常修理费、年检费和人工费。

计取方式：

$$仪表使用费 = 仪表台班单价 \times 概算、预算的仪表台班量$$

2) 措施项目费

措施项目费指为完成工程项目施工，发生于该工程前和施工过程中非工程实体项目的费用。它包括文明施工费，工地器材搬运费，工程干扰费，工程点交、场地清理费，临时设施费，工程车辆使用费，夜间施工增加费，冬雨季施工增加费，生产工具用具使用费，施工用水电蒸汽费，特殊地区施工增加费，已完工程及设备保护费，运土费，施工队伍调遣费，大型施工机械调遣费。

(1) 文明施工费。

文明施工费指施工现场为达到环保要求及文明施工所需的各项费用。文明施工费费率如表 5-10 所示。

计取方式：

$$文明施工费 = 人工费 \times 文明施工费费率$$

表 5-10　文明施工费费率表

工程专业	费率 /%
无线通信设备安装工程	1.1
通信线路工程、通信管道工程	1.5
有线传输设备安装工程、电源设备安装工程	0.8

(2) 工地器材搬运费。

工地器材搬运费指由工地仓库 (或指定地点) 至施工现场转运器材时所发生的费用。工地器材搬运费费率如表 5-11 所示。因施工场地条件限制造成一次运输不能到达工地仓库时，可在此费用中按实计列二次搬运费用。

计取方式：

$$工地器材搬运费 = 人工费 \times 工地器材搬运费费率$$

表 5-11　工地器材搬运费费率表

工程专业	费率 /%
通信设备安装工程	1.1
通信线路工程	3.4
通信管道工程	1.2

(3) 工程干扰费。

工程干扰费指通信线路工程、通信管道工程及移动基站安装工程由于受市政管理、交通管制、人流密集、输配电设施等影响工效的补偿费用。工程干扰费费率如表 5-12 所示，干扰地区指城区、高速公路隔离带、铁路路基边缘等施工地带。城区的界定以当地规划部门的规划文件为准。

计取方式：

$$工程干扰费 = 人工费 \times 工程干扰费费率$$

表 5-12　工程干扰费费率表

工程专业	费率 /%
通信线路工程 (干扰地区)、通信管道工程 (干扰地区)	6.0
无线通信设备安装工程 (干扰地区)	4.0

(4) 工程点交、场地清理费。

工程点交、场地清理费指按规定编制竣工图及资料、工程点交、场地清理等发生的费用。工程点交、场地清理费费率如表 5-13 所示。

计取方式：

$$工程点交、场地清理费 = 人工费 \times 工程点交、场地清理费费率$$

表 5-13　工程点交、场地清理费费率表

工程专业	费率 /%
通信设备安装工程	2.5
通信线路工程	3.3
通信管道工程	1.4

(5) 临时设施费。

施工企业为进行工程施工所必须设置的生活和生产用的临时建筑物、构筑物和其他临时设施费用等。临时设施费包括临时租用或搭设、维修、拆除、清理费或摊销费用。临时设施费费率如表 5-14 所示。临时设施费按施工现场与企业的距离划分为 35 km 以内、35 km 以外两档。

计取方式：

$$临时设施费 = 人工费 \times 临时设施费费率$$

表 5-14　临时设施费费率表

工程专业	不同距离费率 /%	
	距离 ≤ 35 km	距离 >35 km
通信设备安装工程	3.8	7.6
通信线路工程	2.6	5.0
通信管道工程	6.1	7.6

(6) 工程车辆使用费。

工程车辆使用费指工程施工中接送施工人员、生活用车等 (含过路、过桥) 费用。工程车辆使用费费率如表 5-15 所示。

计取方式：

$$工程车辆使用费 = 人工费 × 工程车辆使用费费率$$

表 5-15　工程车辆使用费费率表

工程专业	费率 /%
无线通信设备安装工程、通信线路工程	5.0
有线通信设备安装工程、电源设备安装工程、通信管道工程	2.2

(7) 夜间施工增加费。

夜间施工增加费指因夜间施工所发生的夜间补助费、夜间施工降效、夜间施工照明设备摊销及照明用电等费用。夜间施工增加费费率如表 5-16 所示，此项费用不考虑施工时段，均按相应费率计取。

计取方式：

$$夜间施工增加费 = 人工费 × 夜间施工增加费费率$$

表 5-16　夜间施工增加费费率表

工程专业	费率 /%
通信设备安装工程	2.1
通信线路工程 (城区部分)、通信管道工程	2.5

(8) 冬雨季施工增加费。

冬雨季施工增加费指冬雨季施工时所采取的防冻、保温、防雨、防滑等安全措施及工效降低所增加的费用。冬雨季施工增加费费率、冬雨季施工地区分类分别如表 5-17 和表 5-18 所示。此项费用在编制预算时不考虑施工所处季节，均按相应费率计取。如工程跨越多个地区分类档，则按最高档计取该项费用。综合布线工程不计取该项费用。

计取方式：

$$冬雨季施工增加费 = 人工费 × 冬雨季施工增加费费率$$

表 5-17　冬雨季施工增加费费率表

工程专业	不同分类地区费率 /%		
	一类	二类	三类
通信设备安装工程 (室外部分)	3.6	2.5	1.8
通信线路工程、通信管道工程			

表 5-18　冬雨季施工地区分类表

地区分类	省、自治区、直辖市名称
一类	黑龙江、青海、新疆、西藏、辽宁、内蒙古、吉林、甘肃
二类	陕西、广东、广西、海南、浙江、福建、四川、宁夏、云南
三类	其他地区

(9) 生产工具用具使用费。

生产工具用具使用费指施工所需的不属于固定资产的工具用具等的购置、摊销、维修费。生产工具用具使用费费率如表 5-19 所示。

计取方式：

$$生产工具用具使用费 = 人工费 × 生产工具用具使用费费率$$

表 5-19　生产工具用具使用费率表

工程专业	费率 /%
通信设备安装工程 (室外)	0.8
通信线路工程、通信管道工程	1.5

(10) 施工用水电蒸汽费。

施工用水电蒸汽费指施工生产过程中使用水、电、蒸汽所发生的费用。信息通信建设工程依照施工工艺要求按实际计列施工用水电蒸汽费。

(11) 特殊地区施工增加费。

特殊地区施工增加费指在原始森林地区、2000 m 以上高原地区、沙漠地区、山区无人值守站、化工区、核工业区等特殊地区施工所需增加的费用。特殊地区分类及补贴如表 5-20 所示。若工程所在地同时存在上述多种情况，则按最高档计取该项费用。

计取方式：

$$特殊地区施工增加费 = 特殊地区补贴金额 × 总工日$$

表 5-20　特殊地区分类及补贴表

地区分类	高海拔地区		原始森林、沙漠、化工、核工业、山区无人值守站地区
	4000 m 以下	4000 m 以上	
补贴金额 (元 / 天)	8	25	17

(12) 已完工程及设备保护费。

已完工程及设备保护费指竣工验收前，对已完工程及设备进行保护所需费用。已完工程及设备保护费费率如表 5-21 所示。

计取方式:

已完工程及设备保护费 = 人工费 × 已完工程及设备保护费费率

表 5-21 已完工程及设备保护费费率表

工程专业	费率 /%
通信线路工程	2.0
通信管道工程	1.8
无线通信设备安装工程	1.5
有线通信及电源设备安装工程 (室外部分)	1.8

(13) 运土费。

运土费指工程施工中,需从远离施工地点取土或向外倒运土方所发生的费用。

计取方式:

运土费 = 工程量 (t·km) × 运费单价 (元 /t·km)。

其中,工程量由设计按实计列,运费单价按工程所在地运价计算。

(14) 施工队伍调遣费。

施工队伍调遣费指因建设工程的需要应支付施工队伍的调遣费用。施工队伍调遣费包括调遣人员的差旅费、调遣期间的工资、施工工具与用具等的费用。施工队伍单程调遣费定额和施工队伍调遣人数定额分别如表 5-22 和表 5-23 所示,调遣里程依据铁路里程计算,铁路无法到达的里程部分,依据公路、水路里程计算。

施工队伍调遣费按调遣费定额计算。施工现场与企业的距离在 35 km 以内时,不计取此项费用。

计取方式:

施工队伍调遣费 = 单程调遣费定额 × 调遣人数 × 2

表 5-22 施工队伍单程调遣费定额表

调遣里程 L/km	调遣费 / 元	调遣里程 L/km	调遣费 / 元
$35 < L \leqslant 100$	141	$1600 < L \leqslant 1800$	634
$100 < L \leqslant 200$	174	$1800 < L \leqslant 2000$	675
$200 < L \leqslant 400$	240	$2000 < L \leqslant 2400$	746
$400 < L \leqslant 600$	295	$2400 < L \leqslant 2800$	918
$600 < L \leqslant 800$	356	$2800 < L \leqslant 3200$	979
$800 < L \leqslant 1000$	372	$3200 < L \leqslant 3600$	1040
$1000 < L \leqslant 1200$	417	$3600 < L \leqslant 4000$	1203
$1200 < L \leqslant 1400$	565	$4000 < L \leqslant 4400$	1271
$1400 < L \leqslant 1600$	598	$L > 4400$ 时,每增加 200 km 增加调遣费	48

表 5-23　施工队伍调遣人数定额表

通信设备安装工程			
概（预）算技工总工日	调遣人数 / 人	概（预）算技工总工日	调遣人数 / 人
500 工日以下	5	4000 工日以下	30
1000 工日以下	10	5000 工日以下	35
2000 工日以下	17	5000 工日以上，每增加 1000 工日增加调遣人数	3
3000 工日以下	24		
通信线路、通信管道工程			
概（预）算技工总工日	调遣人数 / 人	概（预）算技工总工日	调遣人数 / 人
500 工日以下	5	9000 工日以下	55
1000 工日以下	10	10 000 工日以下	60
2000 工日以下	17	15 000 工日以下	80
3000 工日以下	24	20 000 工日以下	95
4000 工日以下	30	25 000 工日以下	105
5000 工日以下	35	30 000 工日以下	120
6000 工日以下	40	30 000 工日以上，每增加 5000 工日增加调遣人数	3
7000 工日以下	45		
8000 工日以下	50		

(15) 大型施工机械调遣费。

大型施工机械调遣费指大型施工机械调遣所发生的运输费用。大型施工机械吨位和调遣用车吨位及运价分别如表 5-24 和表 5-25 所示。

计取方式：

$$大型施工机械调遣表 = 调遣用车运价 × 调遣运距 × 2$$

表 5-24　大型施工机械吨位表

机械名称	吨位	机械名称	吨位
混凝土搅拌机	2	水下光（电）缆沟挖冲机	6
电缆拖车	5	液压顶管机	5
微管微缆气吹设备	6	微控钻孔敷管设备（25 t 以下）	8
气流敷设吹缆设备	8	微控钻孔敷管设备（25 t 以上）	12
回旋钻机	11	液压钻机	15
型钢剪断机	4.2	磨钻机	0.5

表 5-25　调遣用车吨位及运价表

名　称	吨位 /t	运价 /（元 / 千米）	
		单程运距 <100 km	单程运距 >100 km
工程机械运输车	5	10.8	7.2
工程机械运输车	8	13.7	9.1
工程机械运输车	15	17.8	12.5

2. 间接费

间接费由规费、企业管理费构成，各项费用均为不包括增值税可抵扣进项税额的税前造价。间接费费率如表 5-26 所示。

表 5-26　间接费费率表

项　目	费率 /%
社会保障费	28.5
住房公积金	4.19
危险作业意外伤害保险费	1.0
企业管理费	27.4

1) 规费

规费指政府和有关部门规定必须缴纳的费用。它包括以下几项：

(1) 工程排污费，指施工现场按规定缴纳的工程排污费，根据施工所在地政府和环境保护等部门相关规定计取。

(2) 社会保障费，包括养老保险费、失业保险费、医疗保险费、生育保险费、工伤保险费。

(3) 住房公积金，指企业按照规定标准为职工缴纳的住房公积金。

(4) 危险作业意外伤害保险费，指企业为从事危险作业的建筑安装施工人员支付的意外伤害保险费。

计取方式：

规费 = 工程排污费 + 社会保障费 + 住房公积金 + 危险作业意外伤害保险费

其中：

社会保障费 = 人工费 × 社会保障费费率

住房公积金 = 人工费 × 住房公积金费率

危险作业意外伤害保险费 = 人工费 × 危险作业意外伤害保险费费率

2) 企业管理费

企业管理费指施工企业组织施工生产和经营管理所需费用。企业管理费包括企业管理人员的工资、办公费、差旅交通费、固定资产使用费、工具用具使用费、劳动保险费、工会经费、职工教育经费、财产保险费、财务费、税金（指企业按规定缴纳的城市维护建设税、教育费附加税、地方教育费附加税、房产税、车船使用税、土地使用税、印花税等）和其

他 (包括技术转让费、技术开发费、投标费、业务招待费、绿化费、广告费、公证费、法律顾问费、审计费、咨询费等)。

计取方式:

$$企业管理费 = 人工费 × 企业管理费费率$$

3. 利润

利润指施工企业完成所承包工程获得的盈利。利润率按 20% 计取。

计取方式:

利润 = 人工费 × 利润率

4. 销项税额

销项税额指按国家税法规定应计入建筑安装工程造价的增值税销项税额。

计取方式:

$$销项税额 = (人工费 + 乙供主材费 + 辅材费 + 机械使用费 + 仪表使用费 + 措施项目费 +$$
$$规费 + 企业管理费 + 利润) × 11\% + 甲供主材费 × 适用税率$$

其中,甲供主材费适用税率为材料采购税率,乙供主材指建筑服务方提供的材料。

(二) 设备、工器具购置费

设备、工器具购置费指根据设计提出的设备 (包括必需的备品备件)、仪表、工器具清单,按设备原价、运杂费、采购及保管费、运输保险费和采购代理服务费计算的费用。

计取方式:

设备、工器具购置费 = 设备原价 + 运杂费 + 运输保险费 + 采购及保管费 +
采购代理服务费

其中:

(1) 设备原价:供应价或供货地点价。

(2) 运杂费 = 设备原价 × 设备运杂费费率。设备运杂费费率如表 5-27 所示。

表 5-27 设备运杂费费率表

运输里程 L/km	费率 /%	运输里程 L/km	费率 /%
$L \leqslant 100$	0.8	$1000 < L \leqslant 1250$	2.0
$100 < L \leqslant 200$	0.9	$1250 < L \leqslant 1500$	2.2
$200 < L \leqslant 300$	1.0	$1500 < L \leqslant 1750$	2.4
$300 < L \leqslant 400$	1.1	$1750 < L \leqslant 2000$	2.6
$400 < L \leqslant 500$	1.2	$L > 2000$ 时,每增 250 km 费率增加	0.1
$500 < L \leqslant 750$	1.5		
$750 < L \leqslant 1000$	1.7	—	—

(3) 运输保险费 = 设备原价 × 保险费费率 0.4%。

(4) 采购及保管费 = 设备原价 × 采购及保管费费率。采购及保管费费率如表 5-28 所示。

表 5-28　采购及保管费费率表

项目名称	费率 /%
需要安装的设备	0.82
不需要安装的设备（仪表、工器具）	0.41

(5) 采购代理服务费按实计列。

(6) 进口设备（材料）的国外运输费、国外运输保险费、关税、增值税、外贸手续费、银行财务费、国内运杂费、国内运输保险费、进口设备（材料）国内检验费、海关监管手续费等按进口货价计算后计入相应的设备材料费中。单独引进软件不计关税，只计增值税。

5.2.3　工程建设其他费

工程建设其他费指在建设项目的建设投资中开支的固定资产其他费用、无形资产费用和其他资产费用，包括建设用地及综合赔补费、项目建设管理费、可行性研究费、研究试验费、勘察设计费、环境影响评价费、建设工程监理费、安全生产费、引进技术和引进设备其他费、工程保险费、工程招标代理费、专利及专用技术使用费、其他费用、生产准备及开办费等。

1. 建设用地及综合赔补费

建设用地及综合赔补费指按照《中华人民共和国土地管理法》等规定，建设项目征用土地或租用土地应支付的费用。建设用地及综合赔补费包括以下几项：

(1) 土地征用及迁移补偿费：经营性建设项目为通过出让方式购置的土地使用权（或建设项目通过划拨方式取得无限期的土地使用权）而支付的土地补偿费、安置补偿费、地上附着物和青苗补偿费、余物迁建补偿费、土地登记管理费等；行政事业单位的建设项目为通过出让方式取得土地使用权而支付的出让金；建设单位在建设过程中发生的土地复垦费用和土地损失补偿费用；建设期间临时占地补偿费。

(2) 征用耕地按规定一次性缴纳的耕地占用税，征用城镇土地在建设期间按规定每年缴纳的城镇土地使用税，以及征用城市郊区菜地按规定缴纳的新菜地开发建设基金。

(3) 建设单位为租用建设项目土地使用权而支付的租地费用。

(4) 建设单位为建设项目期间租用建筑设施、场地费用，以及因项目施工造成所在地企事业单位或居民的生产、生活干扰而支付的补偿费用。

建设用地及综合赔补费的计取方式如下：

(1) 根据应征建设用地面积、临时用地面积，按建设项目所在省、市、自治区人民政府制定颁布的土地征用补偿费、安置补助费、标准和耕地占用税、城镇土地使用税标准计算。

(2) 建设用地上的建（构）筑物如需迁建，其迁建补偿费应按迁建补偿协议计列或按新建同类工程造价计算。

2. 项目建设管理费

项目建设管理费是指项目的建设单位从项目筹建之日起至办理竣工财务决算之日止发

生的管理性质的支出，包括不在原单位发工资的工作人员工资及相关费用、办公费、办公场地租用费、差旅交通费、劳动保护费、工具用具使用费、固定资产使用费、招募生产工人费、技术图书资料费(含软件)、业务招待费、施工现场津贴、竣工验收费和其他管理性质开支。

实行代建制管理的项目，代建管理费按照不高于项目建设管理费的标准核定。一般不得同时列支代建管理费和项目建设管理费，确需同时发生的，两项费用之和不得高于规定的项目建设管理费限额。

项目建设管理费的计取方式如下：

(1) 建设单位可根据《关于印发〈基本建设项目建设成本管理规定〉的通知》(财建〔2016〕504号)，结合自身实际情况制定项目建设管理费取费规则。

(2) 如建设项目采用工程总承包方式，其总包管理费由建设单位与总包单位根据总包工作范围在合同中商定，从项目建设管理费中列支。

3. 可行性研究费

可行性研究费指在建设项目前期工作中，编制和评估项目建议书(或预可行性研究报告)、可行性研究报告时所需的费用。

可行性研究费的计取方式：根据《国家发展改革委关于进一步放开建设项目专业服务价格的通知》(发改价格〔2015〕299号)的要求，可行性研究服务收费实行市场调节价。

4. 研究试验费

研究试验费指为本建设项目提供或验证设计数据、资料等进行必要的研究试验及按照设计规定在施工过程中必须进行试验、验证所需的费用，以及支付科研成果，专利、先进技术的一次性技术转让费。

研究试验费的计取方式如下：

(1) 根据建设项目研究试验内容和要求进行编制。

(2) 研究试验费不包括以下项目：

① 应由科技三项费用(即新产品试制费、中间试验费和重要科学研究补助费)开支的项目。

② 应由施工辅助费开支的施工企业对建筑材料、构件和建筑物进行一般鉴定、检查所发生的费用及技术革新研究试验费。

③ 应由勘察设计费或建筑安装工程费用中开支的项目。

5. 勘察设计费

勘察设计费指委托勘察设计单位进行工程勘察、工程设计所发生的各项费用。

勘察设计费的计取方式为：根据《国家发展改革委关于进一步放开建设项目专业服务价格的通知》(发改价格〔2015〕299号)的要求，勘察设计服务收费实行市场调节价。

6. 环境影响评价费

环境影响评价费指按照《中华人民共和国环境保护法》《中华人民共和国环境影响评价法》等规定，为全面、详细评价建设项目对环境可能产生的污染或造成的重大影响所需的费用，包括编制环境影响报告书 (含大纲)、环境影响报告表和评估环境影响报告书 (含大纲)、环境影响报告表等所需的费用。

环境影响评价费的计取方式为：根据《国家发展改革委关于进一步放开建设项目专业服务价格的通知》(发改价格〔2015〕299 号) 的要求，环境影响咨询服务收费实行市场调节价。

7. 建设工程监理费

建设工程监理费指建设单位委托工程监理单位实施工程监理的费用。

建设工程监理费的计取方式为：根据《国家发展改革委关于进一步放开建设项目专业服务价格的通知》(发改价格〔2015〕299 号) 的要求，建设工程监理服务收费实行市场调节价，可参照相关标准作为计价基础。

8. 安全生产费

安全生产费指建筑施工企业按照国家有关规定和建筑施工安全标准，购置施工安全防护用具、落实安全施工措施、改善安全生产条件，加强安全生产管理等所需的费用。

安全生产费的计取方式为：参照《关于印发 < 企业安全生产费用提取和使用管理办法 > 的通知》(财资〔2022〕136 号) 的规定执行。安全生产费不得打折，工程合同中应明确支付方式、数额及时限。

9. 引进技术及引进设备其他费

此项费用内容包括以下几项。

(1) 引进项目图纸资料翻译复制费、备品备件测绘费。

(2) 出国人员费用，包括买方人员出国设计联络、出国考察、联合设计、监造、培训等所发生的差旅费、生活费和制装费等。

(3) 来华人员费用，包括卖方来华工程技术人员的现场办公费用、往返现场交通费用、工资、食宿费用、接待费用等。

(4) 银行担保及承诺费，指引进项目由国内外金融机构出面承担风险和责任担保所发生的费用，以及支付贷款机构的承诺费用。

引进技术及引进设备其他费的计取方式如下：

(1) 引进项目图纸资料翻译复制费：根据引进项目的具体情况计列或按引进设备到岸价的比例估列。

(2) 出国人员费用：依据合同或协议规定的出国人次、期限以及相应的费用标准计算。生活费及制装费按照财政部、外交部规定的现行标准计算，差旅费按中国民航公布的国际航线票价计算。

(3) 来华人员费用：应依据引进合同或协议有关条款及来华技术人员派遣计划进行计算。引进合同价款中已包括的费用内容不得重复计算。来华人员接待费用可按每人次费用指标计算。

(4) 银行担保及承诺费：应按担保或承诺协议计取。

10. 工程保险费

工程保险费指建设项目在建设期间根据需要对建筑工程、安装工程及机器设备进行投保而发生的保险费用，包括建筑安装工程一切险、进口设备财产保险和人身意外伤害险等。

工程保险费的计取方式如下：

(1) 不投保的工程不计取此项费用。

(2) 不同的建设项目可根据工程特点选择投保险种，根据投保合同计列保险费用。

11. 工程招标代理费

工程招标代理费指招标人委托代理机构编制招标文件、编制标底、审查投标人资格、组织投标人踏勘现场并答疑，组织开标、评标、定标，以及提供招标前期咨询、协调合同的签订等业务所收取的费用。

工程招标代理费的计取方式为：根据《国家发展改革委关于进一步放开建设项目专业服务价格的通知》(发改价格〔2015〕299号)文件的要求，工程招标代理服务收费实行市场调节价。

12. 专利及专用技术使用费

专利及专用技术使用费包括以下几项：

(1) 国外设计及技术资料费，引进有效专利、专有技术使用费和技术保密费。

(2) 国内有效专利、专有技术使用费。

(3) 商标权、商誉和特许经营权费等。

专利及专用技术使用费的计取方式如下：

(1) 按专利使用许可协议和专有技术使用合同的规定计列。

(2) 专有技术的界定应以省、部级鉴定机构的批准为依据。

(3) 项目投资中只计取需要在建设期支付的专利及专有技术使用费。协议或合同中规定在生产期支付的使用费应在生产成本中核算。

13. 其他费用

其他费用指根据建设任务的需要，必须在建设项目中列支的其他费用，如中介机构审查费。

其他费用的计取方式：根据工程实际计列。

14. 生产准备及开办费

生产准备及开办费指建设项目为保证正常生产(或营业、使用)而发生的人员培训费、提前进场费以及投产使用初期必备的生产生活用具、工器具等购置费用。它包括以下几点：

(1) 人员培训费及提前进场费。自行组织培训或委托其他单位培训的人员的工资、工资性补贴、职工福利费、差旅交通费、劳动保护费和学习资料费等。

(2) 为保证初期正常生产、生活(或营业、使用)所必需的生产办公、生活家具用具购置费。

(3) 为保证初期正常生产(或营业、使用)必需的第一套不够固定资产标准的生产工具、器具、用具购置费(不包括备品备件费)。

生产准备及开办费的计取方式如下：

(1) 新建项目按设计定员为基数计算，改扩建项目按新增设计定员为基数计算。

(2) 生产准备及开办费 = 设计定员 × 生产准备费指标(元/人)。

(3) 生产准备及开办费指标由投资企业自行测算，此项费用列入运营费。

5.2.4　预备费

预备费指在初步设计及概算中难以预料的工程费用，包括基本预备费和价差预备费。

1. 基本预备费

(1) 进行技术设计、施工图设计和施工过程中，在批准的初步设计概算范围内所增加的工程费用。

(2) 由一般自然灾害所造成的损失和预防自然灾害所采取的措施费用。

(3) 项目主管部门组织竣 (交) 工验收时，为鉴定工程质量必须开挖和修复隐蔽工程的费用。

2. 价差预备费

价差预备费即设备、材料的价差。

价差预备费的计取方式：

$$预备费 = (工程费 + 工程建设其他费) \times 预备费费率$$

预备费费率表如表 5-29 所示。

表 5-29　预备费费率表

工 程 专 业	费率 /%
通信设备安装工程	3.0
通信线路工程	4.0
通信管道工程	5.0

5.2.5　建设期利息

建设期利息指建设项目贷款在建设期内发生并应计入固定资产的贷款利息等财务费用，按银行当期利率计算。

任务5.3　掌握基站工程概预算编制

5.3.1　概述

1. 通信工程概预算的主要作用

1) 概算的作用

(1) 确定和控制投资、编制和安排投资计划、控制施工图预算的依据。

(2) 签订建设项目总承包合同、实行投资包干的依据。

(3) 考核工程设计方案经济合理性和工程造价的依据。

(4) 筹备设备、材料和签订订货合同的依据。

(5) 在工程招标承包制中确定标底的依据。

2) 预算的作用

(1) 考核工程成本、确定工程造价的依据。

(2) 签订工程承、发包合同的依据。

(3) 工程价款结算的主要依据。

(4) 考核施工图设计技术经济合理性的依据。

2. 通信工程概预算编制原则

(1) 通信建设工程概算、预算应按工信部通信〔2016〕451号中发布的《信息通信建设工程概预算编制规程》及相关定额等标准进行编制。

(2) 设计概算是初步设计文件的重要组成部分，编制初步设计概算应在投资估算范围内进行。编制施工图预算是施工图设计文件的重要组成部分，对于一阶段设计所编制的施工图预算，应在批准的设计概算范围内进行。

(3) 当一个通信建设项目由几个设计单位共同设计时，总体设计单位应负责统一概算、预算的编制，并汇总建设项目的总概算；分设计单位负责本设计单位所承担的单项工程概算、预算的编制。

(4) 工程概算、预算是一项重要的技术经济工作，应按照规定的设计标准和设计图纸计算工程量，正确使用各项计价标准，完整、准确地反映设计内容、施工条件和实际价格。

3. 通信工程概预算编制的依据

1) 概算编制的依据

通信工程概预算编制的依据包括：

(1) 批准的可行性研究报告。

(2) 初步设计图纸、设备材料表和有关技术文件。

(3) 国家相关管理部门发布的有关法律、法规、标准规范。

(4)《信息通信建设工程预算定额》(目前通信工程用预算定额代替概算定额编制概算)、《信息通信建设工程费用定额》、《信息通信建设工程预算定额》及有关文件。

(5) 建设项目所在地政府发布的土地征用和赔补费等有关规定。

(6) 有关合同、协议等。

2) 预算编制的依据

通信工程预算编制的依据包括：

(1) 批准的初步设计概算及有关文件。

(2) 施工图、通用图、标准图及其编制说明。

(3) 国家相关管理部门发布的有关法律、法规、标准规范。

(4)《信息通信建设工程预算定额》、《信息通信建设工程费用定额》、《信息通信建设工程预算定额》及有关文件。

(5) 建设项目所在地政府发布的有关土地征用和赔补费用等有关规定。

(6) 有关合同、协议等。

5.3.2　基站工程概预算文件构成

1. 概预算文件组成

概预算文件由概预算编制说明和概预算表格组成。

1) 编制说明

编制说明主要包括以下内容：

(1) 工程概况，说明项目规模、用途、概（预）算总额、生产能力等。

(2) 编制依据，主要说明编制时所依据的技术文件、经济文件、各种定额、材料设备价格、地方政府的有关规定、主管部门未作统一规定的费用计算依据和说明、建设单位的招标结果。

(3) 投资分析，主要说明各项投资的比例及与类似工程投资额的比较，分析投资额高低的原因、工程设计的经济合理性、技术的先进性及适宜性等。

(4) 其他需要说明的问题，如建设项目的特殊条件和特殊问题，需要上级主管部门和有关部门帮助解决的其他有关问题。

2) 概预算表格组成

基站建设工程概预算表格按照费用结构进行划分，由建筑安装工程费用系列表格、设备购置费用表格（包括需要安装和不需要安装的设备）、工程建设其他费用表格及概预算总表组成。基站建设工程概预算表格共 6 种 10 张，分别为建设项目总概预算表（汇总表）、工程概预算总表（表一）、建筑安装工程费用概预算表（表二）、建筑安装工程量概预算表（表三）甲、建筑安装工程施工机械使用费概预算表（表三）乙、建筑安装工程仪器仪表使用费概预算表（表三）丙、国内器材概预算表（表四）甲、引进器材概预算表（表四）乙、工程建设其他费概预算表（表五）甲、引进设备工程建设其他费概预算表（表五）乙。在实际工程概预算表格编制时，（表四）甲一般按国内器材概预算表（表四）甲（需要安装的设备表）和国内器材概预算表（表四）甲（主要材料表）两种表格分别编制。

目前基站建设工程一般没有引进设备，因此不需要编制引进器材概预算表（表四）乙和引进设备工程建设其他费概预算表（表五）乙这 2 张表格。

2. 概预算表格填写方法

概预算表格填写的总体要求如下：

(1) 概预算表格供编制工程概算或预算使用，各类表格标题中的"_____"应根据编制阶段明确填写"概"或"预"。

(2) 本套表格的表首填写具体工程的相关内容。

(3) 本套表格中"增值税"栏目中的数值均为建设单位应支付的进项税额。在计算乙供主材时，表四中的"增值税"及"含税价"栏可不填写。

(4) 本套表格的编码规则如表 5-30、表 5-31 所示，其中基站工程属于无线通信设备安装工程，专业代码为 TSW。

表 5-30　表格编码表

表格名称			表格编号
汇总表			专业代码 - 总
表一			专业代码 -1
表二			专业代码 -2
表三		（表三）甲	专业代码 -3 甲
		（表三）乙	专业代码 -3 乙
		（表三）丙	专业代码 -3 丙
（表四）甲		主要材料表	专业代码 -4 甲 A
		需要安装的设备表	专业代码 -4 甲 B
		不需要安装的设备、仪表工器具表	专业代码 -4 甲 C
（表四）乙		主要材料表	专业代码 -4 乙 A
		需要安装的设备表	专业代码 -4 乙 B
		不需要安装的设备、仪表工器具表	专业代码 -4 乙 C
（表五）甲			专业代码 -5 甲
（表五）乙			专业代码 -5 乙

表 5-31　专业代码编码表

专业名称	专业代码
通信电源设备安装工程	TSD
有线通信设备安装工程	TSY
无线通信设备安装工程	TSW
通信线路工程	TXL
通信管道工程	TGD

具体 10 张概预算表格的填写方法分别如下：

1) 建设项目总概预算表 (汇总表)

本表供编制建设项目总概预算使用，各单项工程的总费用汇总到本表，形成建设项目的全部费用，如表 5-32 所示。填写方法如下：

(1) 第Ⅱ栏根据各单项工程相应总表 (表一) 编号填写。

(2) 第Ⅲ栏根据建设项目的各工程名称依次填写。

(3) 第Ⅳ～Ⅸ栏根据各单项工程项目的概算或预算 (表一) 相应各栏的费用合计填写，费用均为除税价。

(4) 第Ⅹ栏填写第Ⅳ～Ⅸ栏的各项费用之和。

(5) 第XI栏根据第IV～IX栏各项费用填写建设单位应支付的进项税之和。

(6) 第XII栏填写X和XI之和。

(7) 第XIII栏填写以上各列费用中以外币支付的合计。

(8) 第XIV栏填写各工程项目需单列的"生产准备及开办费"金额。

(9) 当工程有回收金额时，应在费用项目总计下列出"其中回收费用"，其金额填入第VIII栏。此费用不冲减总费用。

表 5-32 建设项目总概预算表

建设项目总_____算表 (汇总表)

建设项目名称:　　　　　　建设单位名称:　　　　　　表格编号:　　第 页

序号	表格编号	工程名称	小型建筑工程费	需要安装的设备费	不需要安装的设备、工器具费	建筑安装工程费	其他费用	预备费	总价值 /元				生产准备及开办费
					单位: /元				除税价	增值税	含税价	其中外币	(元)
I	II	III	IV	V	VI	VII	VIII	IX	X	XI	XII	XIII	XIV
1													
2													
3													
4													
5													
6													

设计负责人:　　　审核:　　　编制:　　　编制日期:　 年 月 日

2) 工程概预算总表 (表一)

本表供编制单项 (单位) 工程概预算使用，如表 5-33 所示。填写方法如下:

(1) 表首"建设项目名称"填写立项工程项目全称。

(2) 第II栏根据本工程各类费用预算表格编号填写。

(3) 第III栏根据本工程预算各类费用名称填写。

(4) 第IV～IX栏根据相应各类费用合计填写，费用均为除税价。

(5) 第X栏填写第IV～IX栏之和。

(6) 第XI栏根据第IV～IX栏各项费用填写建设单位应支付的进项税之和。

(7) 第XII栏填写X和XI之和。

(8) 第XIII栏填写本工程引进技术和设备所支付的外币总额。

(9) 当工程有回收金额时，应在费用项目总计下列出"其中回收费用"，其金额填入第Ⅷ栏。此费用不冲减总费用。

表 5-33　工程概预算总表（表一）

工程_____算总表（表一）

建设项目名称：

工程名称：　　　　　　　　　建设单位名称：　　　　　表格编号：　第　页

序号	表格编号	费用名称	小型建筑工程费	需要安装的设备费	不需要安装的设备、工器具费	建筑安装工程费	其他费用	预备费	总价值 / 元			
			单位：元						除税价	增值税	含税价	其中外币
I	II	III	IV	V	VI	VII	VIII	IX	X	XI	XII	XIII
1		工程费										
2		（建筑安装工程费用）										
3		（国内需要安装设备费）										
4		工程建设其他费										
5		合计										
6		预备费										
7		总计										
8		其中回收费用										

设计负责人：　　审核：　　编制：　　编制日期：　年 月 日

3) 建筑安装工程费用概预算表（表二）

本表供编制建筑安装工程费使用，如表 5-34 所示。填写方法如下：

(1) 第Ⅲ栏根据《信息通信建设工程费用定额》相关规定，填写第Ⅱ栏各项费用的计算依据和方法。

(2) 第Ⅳ栏填写第Ⅱ栏各项费用的计算结果。

表 5-34　建筑安装工程费用概预算表（表二）

建筑安装工程费用＿＿＿＿＿算表（表二）

工程名称：　　　　　　　　建设单位名称：　　　　　　表格编号：　　第　页

序号	费用名称	依据和计算方法	合计/元	序号	费用名称	依据和计算方法	合计/元
I	II	III	IV	I	II	III	IV
	建筑安装工程费			7	夜间施工增加费		
一	直接费			8	冬雨季施工增加费		
（一）	直接工程费			9	生产工具用具使用费		
1	人工费			10	施工用水电蒸汽费		
(1)	技工费			11	特殊地区施工增加费		
(2)	普工费			12	已完工程及设备保护费		
2	材料费			13	运土费		
(1)	主要材料费			14	施工队伍调遣费		
(2)	辅助材料费			15	大型施工机械调遣费		
3	机械使用费			二	间接费		
4	仪表使用费			（一）	规费		
（二）	措施项目费			1	工程排污费		
1	文明施工费			2	社会保障费		
2	工具器材搬运费			3	住房公积金		
3	工程干扰费			4	危险作业意外伤害保险费		
4	工程点交、场地清理费			（二）	企业管理费		
5	临时设施费			三	利润		
6	工程车辆使用费			四	销项税额		

设计负责人：　　　审核：　　　编制：　　　编制日期：　　年　月　日

4) 建筑安装工程量概预算表（表三）甲

本表供编制工程量并计算技工和普工总工日数量使用，如表 5-35 所示。填写方法如下：

(1) 第 II 栏根据《信息通信建设工程预算定额》相关规定，填写所套用预算定额子目的编号。若需临时估列工作内容子目，则在本栏中标注"估列"两字；两项以上估列条目，应编列序号。

(2) 第 III、IV 栏根据《信息通信建设工程预算定额》分别填写所套定额子目的名称、单位。

(3) 第 V 栏填写根据定额子目的工作内容所计算出的工程量数量。

(4) 第 VI、VII 栏填写所套定额子目的工日单位定额值。

(5) 第 VIII 栏为第 V 栏与第 VI 栏的乘积。

(6) 第 IX 栏为第 V 栏与第 VII 栏的乘积。

表 5-35　建筑安装工程量概预算表（表三）甲

建筑安装工程量_____算表（表三）甲

工程名称：　　　　　　　　建设单位名称：　　　　　表格编号：　　　第　页

序号	定额编号	项目名称	单位	数量	单位定额值／工日		合计值／工日	
					技工	普工	技工	普工
I	II	III	IV	V	VI	VII	VIII	IX
1								
2								
3								
4								
5								
6								

设计负责人：　　审核：　　编制：　　编制日期：　　年　月　日

5) 建筑安装工程施工机械使用费概预算表（表三）乙

本表供编制本工程所列的机械费用汇总使用，如表 5-36 所示。填写方法如下：

(1) 第Ⅱ、Ⅲ、Ⅳ和Ⅴ栏分别填写所套用定额子目的编号、名称、单位以及该子目工程量数量。

(2) 第Ⅵ、Ⅶ栏分别填写定额子目所涉及的机械名称及此机械台班的单位定额值。

(3) 第Ⅷ栏填写根据《信息通信建设工程费用定额》查找到的相应机械台班单价值。

(4) 第Ⅸ栏填写第Ⅶ栏与第Ⅴ栏的乘积。

(5) 第Ⅹ栏填写第Ⅷ栏与第Ⅸ栏的乘积。

表 5-36　建筑安装工程施工机械使用费概预算表（表三）乙

建筑安装工程施工机械使用费_____算表（表三）乙

工程名称：　　　　　　　　建设单位名称：　　　　　表格编号：　　　第　页

序号	定额编号	项目名称	单位	数量	机械名称	单位定额值		合计值	
						数量／台班	单价／元	数量／台班	合价／元
I	II	III	IV	V	VI	VII	VIII	IX	X
1									
2									
3									
4									
5									
6									

设计负责人：　　审核：　　编制：　　编制日期：　　年　月　日

6) 建筑安装工程仪器仪表使用费概预算表 (表三) 丙

本表供编制本工程所列的仪表费用汇总使用，如表 5-37 所示。填写方法如下：

(1) 第Ⅱ、Ⅲ、Ⅳ和Ⅴ栏分别填写所套用定额子目的编号、名称、单位以及该子目工程量数量。

(2) 第Ⅵ、Ⅶ栏分别填写定额子目所涉及的仪表名称及此仪表台班的单位定额值。

(3) 第Ⅷ栏填写根据《信息通信建设工程费用定额》查找到的相应仪表台班单价值。

(4) 第Ⅸ栏填写第Ⅶ栏与第Ⅴ栏的乘积。

(5) 第Ⅹ栏填写第Ⅷ栏与第Ⅸ栏的乘积。

表 5-37　建筑安装工程仪器仪表使用费概预算表 (表三) 丙

建筑安装工程仪器仪表使用费_____算表 (表三) 丙

工程名称：　　　　　　　　建设单位名称：　　　　　　表格编号：　　　第　页

序号	定额编号	项目名称	单位	数量	仪表名称	单位定额值		合计值	
						数量 / 台班	单价 / 元	数量 / 台班	合价 / 元
I	II	III	IV	V	VI	VII	VIII	IX	X
1									
2									
3									
4									
5									
6									

设计负责人：　　　审核：　　　编制：　　　编制日期：　　年　月　日

7) 国内器材概预算表 (表四) 甲

本表供编制本工程的主要材料、设备和工器具费使用，如表 5-38 所示。填写方法如下：

(1) 本表可根据需要拆分成主要材料表，需要安装的设备表或不需要安装的设备、仪表、工器具表。由于主要材料又分甲供材料和乙供材料，表格标题下面括号内根据需要填写"甲供材料""乙供材料""需要安装的设备""不需要安装的设备、工器具、仪表"字样。

(2) 第Ⅱ、Ⅲ、Ⅳ、Ⅴ、Ⅵ栏分别填写名称、规格程式、单位、数量、单价，第Ⅵ栏为不含税单价。

(3) 第Ⅶ栏填写第Ⅵ栏与第Ⅴ栏的乘积。

(4) 第Ⅹ栏填写需要说明的有关问题。

(5) 依次填写上述信息之后，还需计取下列费用：小计、运杂费、运输保险费、采购及保管费、采购代理服务费以及合计。

(6) 用于主要材料表时，应将主要材料分类后按第 (5) 点计取相关费用，然后进行总计。

表 5-38　国内器材概预算表（表四）甲

国内器材_____算表（表四）甲

（　　）表

工程名称：　　　　　　　　建设单位名称：　　　　　　　表格编号：　　　第　页

序号	名称	规格程式	单位	数量	单价/元	合计/元			备注
					除税价	除税价	增值税	含税价	
I	II	III	IV	V	VI	VII	VIII	IX	X
1									
2									
3									
4									
5									
6									

设计负责人：　　　审核：　　　编制：　　　编制日期：　　年　月　日

8) 引进器材概预算表（表四）乙

本表供编制本工程引进的主要材料、设备和工器具费使用，如表 5-39 所示。填写方法如下：

(1) 本表可根据需要拆分成主要材料表，需要安装的设备表或不需要安装的设备、仪表、工器具表。由于主要材料又分甲供材料和乙供材料，表格标题下面括号内根据需要填写"甲供材料""乙供材料""需要安装的设备""不需要安装的设备、工器具、仪表"字样。

(2) 第 VI、VII、VIII、IX、X、XI 栏分别填写外币金额及折合人民币的金额，并按引进工程的有关规定填写相应费用。其他填写方法与表四甲基本相同。

表 5-39　引进器材概预算表（表四）乙

引进器材_____算表（表四）乙

（　　）表

工程名称：　　　　　　　　建设单位名称：　　　　　　　表格编号：　　　第　页

序号	中文名称	英文名称	单位	数量	单价			合价			
					外币（ ）	折合人民币/元		外币（ ）	折合人民币/元		
						除税价			除税价	增值税	含税价
I	II	III	IV	V	VI	VII		VIII	IX	X	XI
1											
2											
3											
4											
5											
6											

设计负责人：　　　审核：　　　编制：　　　编制日期：　　年　月　日

9) 工程建设其他费概预算表（表五）甲

本表供编制国内工程计列的工程建设其他费使用，如表 5-40 所示。填写方法如下：

(1) 第Ⅲ栏根据《信息通信建设工程费用定额》相关费用的计算规则填写。

(2) 第Ⅶ栏根据需要填写补充说明的内容事项。

表 5-40　工程建设其他费概预算表（表五）甲

工程建设其他费＿＿＿＿＿算表（表五）甲

工程名称：　　　　　　　建设单位名称：　　　　　表格编号：　　　第　页

序号	费用名称	计算依据及方法	金额 / 元			备注
			除税价	增值税	含税价	
I	II	III	IV	V	VI	VII
1	建设用地及综合赔补费					
2	建设单位管理费					
3	可行性研究费					
4	研究试验费					
5	勘察设计费					
6	环境影响评价费					
7	建设工程监理费					
8	安全生产费					
9	引进技术及引进设备其他费					
10	工程保险费					
11	工程招标代理费					
12	专利及专用技术使用费					
13	其他费用					
14	总计					
15	生产准备及开办费（运营费）					

设计负责人：　　　审核：　　　　编制：　　　　编制日期：　　年 月 日

10) 引进设备工程建设其他费概预算表（表五）乙

本表供编制引进设备工程所需计列的工程建设其他费使用，如表 5-41 所示。填写方法如下：

(1) 第Ⅲ栏根据国家及主管部门的相关规定填写。

(2) 第Ⅳ、Ⅴ、Ⅵ、Ⅶ栏分别填写各项费用所需计列的外币与折合人民币数值。

(3) 第Ⅷ栏根据需要填写补充说明的内容事项。

表 5-41　引进设备工程建设其他费概预算表（表五）乙

引进设备工程建设其他费_____算表（表五）乙

工程名称：　　　　　　　　建设单位名称：　　　　表格编号：　　　第　页

序号	费用名称	计算依据及方法	金 额				备 注
			外币（ ）	折合人民币 / 元			
				除税价	增值税	含税价	
I	II	III	IV	V	VI	VII	VIII
1							
2							
3							
4							
5							
6							

设计负责人：　　　审核：　　　编制：　　　编制日期：　　年　月　日

5.3.3　基站工程工程量的统计方法

工程量是指按照相关规定及规则统计的通信工程建设施工过程中每项基本工作的工作量大小。

根据相关规定，在通信建设工程概预算文件的编制过程中，工程量是统计通信工程建设过程中人力、材料、机械仪表等基本消耗量的基础和直接依据，也是通信工程建设其他相关费用计算的主要依据。因此，工程量统计的正确与否不仅会影响到整个工程概预算文件编制的效率，更会直接影响到整个通信工程概预算的最终结果。相应地，正确统计工程量是通信工程概预算编制人员必须具备的基础技能。

1. 工程量统计总体原则

(1) 为了保证工程量统计的正确性，在工程量统计过程中应注意以下几点：

① 在具体计算工程量之前应首先熟悉相应工程量的计算规则，在计算过程中工程量项目的划分、计量单位的取定、有关系数的调整换算等都应按照相应的规则进行。

② 通信建设工程无论是初步设计还是施工图设计，工程量计算的主要依据都是设计图纸，并应按实物工程量法进行工程量的计算和统计。

③ 工程量计算应以设计规定的所属范围和设计分界线为准，工程量的计量单位必须与定额计量单位相一致。

④ 分项项目工程量应以完成后的实体安装工程量净值为准，而在施工过程中实际消耗的材料用量不能作为安装工程量，因为在施工过程中所用材料的实际消耗数量是在工程量的基础上增加材料的各种损耗量。

(2) 对于初步计算完成的工作量应该进行分类合并、统计，为了避免统计时的遗漏和重复，工程量的统计应遵循以下原则：

① 工程量统计的基本依据是设计与施工图纸，必须按照图纸所表述的内容统计工程量，要保证每项统计出的工程量都能在图纸中找到依据。

② 概预算人员必须能够熟练阅读并正确理解工程设计图纸，这是概预算人员必须具备的基本功。这就要求概预算人员必须了解和掌握设计图纸中各种图例的含义，并正确理解图纸中所表述的各项工程的施工性质（新建、更换、拆除、原有、利旧、割接）。

③ 概预算人员必须掌握预算定额中分项项目"工作内容"的说明、注释及分项项目设置、分项项目的计量单位等，以便统一或正确换算计算出的工程量与预算定额的计量单位，做到严格按照预算定额的内容要求计算工程量。例如，在统计架空钢绞线时，在图纸上的统计单位一般为"千米条"，但在做材料预算时则需要转换成"kg"。

④ 概预算人员对施工组织、设计也必须了解和掌握，并且须掌握施工方法，以利于工程量计算和套用定额。概预算人员具有适当的施工或施工组织以及设计经验，在统计相关工程量时就能做到不多不少，可以大大提高统计工程量的速度和正确性。

⑤ 概预算人员还必须掌握并正确运用与工程量计算相关的资料。如在工程量计算过程中有许多需要换算的单位（如不同规格程式的钢管长度和重量的单位换算，即 kg 与 m 的换算）或需要查阅的数据（如不同规格程式的电缆接续套管使用场合和适用范围的查对），若不断积累和掌握相关资料，对工程量计算工作将会有很大帮助。

⑥ 工程量的计算顺序，一般情况下应按工程施工的顺序逐一统计，以保证不重不漏、便于计算。

⑦ 工程量计算完毕后要进行系统整理。计算完毕后将计算出的工程量按照定额的项目顺序在工程量统计表中逐一列出，并将相同定额子目的项目合并计算，以提高后续概预算编制的效率。

⑧ 整理过的工程量，要进行检查、复核、发现问题及时修改。检查、复核要有针对性，对容易出错的工程量应重点复核，发现问题后及时修正，并做详细记录和采取必要的纠正措施，以预防类似问题的再次出现。按照设计单位的传统做法和 ISO9000 认证要求，工程量检查、复核应做到三级管理，即一审（互审）、二审（部门级）、三审（公司级）。

2. 无线通信设备安装工程量统计方法

对于任何一个实际的工程项目，它的工程量均反映在相应的预算定额手册里，因此必须熟练掌握各专业预算定额手册的主要工作流程。移动通信基站工程中无线设备安装的主要工作流程为：安装机架、缆线及辅助设备——天、馈线系统安装和调测——基站系统安装和调测——联网调测。工信部通信〔2016〕451 号定额第三册《无线通信设备安装工程》（只适用于 4G 及以前的移动通信系统）和 2021 年 5 月《第五代移动通信设备安装工程造价编制指导意见》（适用于 5G 移动通信系统）中的无线通信设备安装工程主要工程量清单分别如表 5-42、表 5-43 所示。

表 5-42   451 号定额无线通信设备安装工程量清单表

序号	定额编码	工程量名称	备 注
1	TSW1-001	安装室内电缆槽道	
2	TSW1-002、TSW1-003	安装室内电缆走线架	有水平和垂直 2 种
3	TSW1-004	安装室外馈线走道 (水平)	
4	TSW1-005	安装室外馈线走道 (沿外墙垂直)	
5	TSW1-012、TSW1-013	安装室内有源综合架 (柜)	有落地式和嵌墙式 2 种
6	TSW1-027 ～ TSW1-029	安装防雷箱	有室内安装、室外非塔上安装、室外铁塔上安装 3 种
7	TSW1-030	安装室内接地排	
8	TSW1-031	安装室外接地排	
9	TSW1-032	安装防雷器	
10	TSW1-033	敷设室内接地母线	
11	TSW1-044、TSW1-045	放绑设备缆线 SYV 类同轴电缆	有单芯和多芯 2 种
12	TSW1-050	编扎、焊 (绕、卡) 结设备电缆 SYV 类同轴电缆	
13	TSW1-053 ～ TSW1-055	放绑软光纤	
14	TSW1-058	布放射频拉远单元 (RRU) 用光缆	
15	TSW1-080	安装加固吊挂	
16	TSW1-081	安装支撑铁架	
17	TSW1-082	安装馈线密封窗	
18	TSW1-088 ～ TSW1-090	天线美化处理配合用工	有楼顶、铁塔、外墙 3 种
19	TSW2-016	安装定向天线 (抱杆上)	
20	TSW2-023	安装调测卫星全球定位系统 (GPS) 天线	
21	TSW2-027、TSW2-028	布放射频同轴电缆 1.27 cm(1/2 英寸) 以下	有 4 m 以下和每增加 1 m 之分
22	TSW2-029、TSW2-030	布放射频同轴电缆 2.22 cm(7/8 英寸) 以下	有 10 m 以下和每增加 1 m 之分，主要用于 2G 基站
23	TSW2-044、TSW2-045	宏基站天、馈线系统调测	有 1.27 cm(1/2 英寸) 和 2.22 cm(7/8 英寸)2 种
24	TSW2-048	配合调测天、馈线系统	
25	TSW2-049 ～ TSW2-052	安装基站主设备	有室外落地式、室内落地式、壁挂式、机柜 / 箱嵌式 4 种
26	TSW2-053 ～ TSW2-062	安装射频拉远设备	各种安装场景
27	TSW2-073 ～ TSW2-075	2G 基站系统调测	
28	TSW2-076、TSW2-077	3G 基站系统调测	
29	TSW2-078、TSW2-079	LTE/4G 基站系统调测	
30	TSW2-080、TSW2-081	配合基站系统调测	有全向和定向 2 种
31	TSW2-090、TSW2-091	2G 基站联网调测	
32	TSW2-092	3G 基站联网调测	
33	TSW2-093	LTE/4G 基站联网调测	
34	TSW2-094	配合联网调测	

表 5-43 5G 指导意见中无线通信设备安装工程量清单表

序号	定额编码	工程量名称	备 注
1	T5G1-001	安装室内线缆槽道	
2	T5G1-002、T5G1-003	安装室内线缆走线架	有水平和垂直 2 种
3	T5G1-004	安装室外线缆走线架（水平）	
4	T5G1-005	安装室外线缆走线架（沿外墙垂直）	
5	T5G1-013、T5G1-014	更换扩装空气开关、熔断器	有电源分配架（柜）内和非电源分配架（柜）内 2 种
6	T5G1-015、T5G1-016	安装室内有源综合架（柜）	有落地式和嵌墙式 2 种
7	T5G1-029、T5G1-030	安装波分复用器	有室内和室外 2 种
8	T5G1-031～T5G1-035	测试波分复用器	有 1：2、1：6 以下、1：12 以下、1：18 以下、1：24 以下 5 种
9	T5G1-036～T5G1-038	安装防雷箱	有室内安装、室外非塔上安装、室外铁塔上安装 3 种
10	T5G1-039	安装室内接地排	
11	T5G1-040	安装室外接地排	
12	T5G1-041	安装防雷器	
13	T5G1-042	敷设室内接地母线	
14	T5G1-050、T5G1-051	放绑数据电缆	有 10 芯以下和 10 芯以上 2 种
15	T5G1-052、T5G1-053	编扎、焊（绕、卡）接数据电缆	有 10 芯以下和 10 芯以上 2 种
16	T5G1-054～T5G1-056	放绑软光纤	设备机架间放、绑（有 15 m 以下和每增加 1 m 之分），光纤分配架内跳纤
17	T5G1-058	布放无线射频拉远单元用光缆	
18	T5G1-065	测试数据电缆	
19	T5G1-066～T5G1-072	室内布放电力电缆（单芯相线截面积）	有 16 mm² 以下、35 mm² 以下、70 mm² 以下、120 mm² 以下、185 mm² 以下、240 mm² 以下、500 mm² 以下 7 种
20	T5G1-074～T5G1-080	室外布放电力电缆（单芯相线截面积）	有 16 mm² 以下、35 mm² 以下、70 mm² 以下、120 mm² 以下、185 mm² 以下、240 mm² 以下、500 mm² 以下 7 种

续表

序号	定额编码	工程量名称	备　注
21	T5G1-084	安装加固吊挂	
22	T5G1-085	安装支撑铁架	
23	T5G1-087	安装馈线窗	
24	T5G1-088	封堵馈线窗	
25	T5G2-001～T5G2-010	安装定向天线	有楼顶铁塔上(分2种)、地面铁塔上(分4种)、拉线塔(支撑杆、桅杆)上、抱杆上、楼外墙壁(作业高度分2种)5种
26	T5G2-020	安装调测卫星定位系统天线	
27	T5G2-024、T5G2-025	布放射频同轴电缆1.27 cm(1/2英寸)以下	有4 m以下和每增加1 m之分
28	T5G2-026、T5G2-027	布放射频同轴电缆2.22 cm(7/8英寸)以下	有10 m以下和每增加1 m之分,主要用于2G基站
29	T5G2-040、T5G2-041	调测室外基站天、馈线系统	有1.27 cm(1/2英寸)和2.22 cm(7/8英寸)2种
30	T5G2-044	配合调测天、馈线系统	
31	T5G2-045、T5G2-046	安装基带处理单元	有壁挂式、机柜/箱嵌入式2种
32	T5G2-047、T5G2-048	安装电源转换器/配电单元	有室内、室外2种
33	T5G2-051～T5G2-064	安装射频拉远单元	有楼顶铁塔上(分2种)、地面铁塔上(分4种)、拉线塔(支撑杆、桅杆)上、抱杆上、楼外墙壁隧道内壁、室内、智慧灯杆/视频监控杆上(分4种)7种
34	T5G2-065～T5G2-078	安装室外天线射频拉远单元一体化设备	有楼顶铁塔上(分2种)、地面铁塔上(分4种)、拉线塔(支撑杆、桅杆)上、抱杆上、楼外墙壁(作业高度,分2种)、智慧灯杆/视频监控杆上6种
35	T5G2-117、T5G2-118	调测第五代移动通信基站系统	有3个扇区以下和3个扇区以上每增加一个扇区之分
36	T5G2-119	配合调测第五代移动通信基站系统	
37	T5G2-120	第五代移动通信基站联网调测	
38	T5G2-121	第五代移动通信配合联网调测	
39	T5G2-122	第五代移动通信配合基站割接、开通	
40	T5G2-149～T5G2-151	配合安装美化天线罩	有楼顶、铁塔、外墙3种

5.3.4　基站工程预算编制示例

一般情况下，移动通信工程采用"一阶段设计"方式，因此可以直接编制施工图预算。在进行工程设计施工图预算编制时，首先要收集工程相关资料，熟悉图纸，并进行工程量的统计；其次要套用预算定额确定主材使用量、选用设备材料价格，依据费用定额计算各项费用费率的计取；最后进行复核检查，无误后撰写预算编制说明。

在进行具体施工图预算编制时，应按照（表三）甲、（表三）乙、（表三）丙、（表四）甲、表二、（表五）甲、表一的顺序进行，由表一得出本期工程的工程预算总额。其中表二的主要内容对应于工程费用中的建筑安装工程费，（表四）甲、（表四）乙主要内容对应于工程费中的设备、工器具购置费，（表五）甲、（表五）乙主要内容对应于单项工程费用中的工程建设其他费。整个单项工程的总费用直接反映在预算表（表一）中。预算表格（表三）甲、（表三）乙、（表三）丙分别对应表二中直接工程费中的人工费、机械使用费、仪表使用费，由（表三）甲工程量统计可得出技工总工日和普工总工日，依据人工工日标准计算出人工费。其中表二中的措施项目费多数以人工费为计取基础；（表四）甲国内主材、（表四）乙引进主材对应于材料费，材料费由主要材料费和辅助材料费组成，也反映在预算表格表二中。

下面举例说明一个 5G 宏基站工程设计的施工图预算编制过程。

工程概况：本工程采用一阶段设计，共新建 NR 3.5 GHz 室外分布式宏基站 (S111 站型)1 个，载扇数总计 3 个。工程施工地点在城区，建设单位为 ×× 分公司，不购买工程保险，没有乙供主要材料和引进设备，并由基站设备厂家负责基站调测。一阶段工程设计图纸详见项目 4 任务 4.2 中的地面站案例。

本工程相关费用及费率的取定如下：

(1) 本工程为一阶段设计，工程预算总表中计列预备费，费率为 3%。

(2) 表二建筑安装工程费折扣按照运营商当年工程服务采购招标结果文件执行。按照施工费营改增的要求，施工费折扣在表一进行体现，表二体现为未打折的建筑安装工程费。承建本工程的施工企业距施工现场 50 km，计取施工队伍调遣费用。

(3) 本工程为基站主设备安装工程，未使用施工机械。仪表使用费按施工单位折扣计取。由于本工程基站前传采用光纤直驱方式，因此未使用光功率计、稳定光源两种仪表。

(4) 本工程因为有工程监理，因此建设单位管理费按 50% 计取。具体为建设单位管理费按工程费 × 建管费率 2% × 50%。

(5) 工程竣工决算审计费 =（工程费 + 除社会中介机构审计费以外的工程建设其他费）
×会计年报审计基准费率×审计单位中标折扣

不足 1000 元按照 1000 元计取。

(6) 施工结算审计费 = 建筑安装工程费 × 工程预结算误差率 13% ×
工程预结算审计费率 6% × 60%

不足 500 元按照 500 元计取。

(7) 环境影响评价费按每新建站 400 元计列。

(8) 可研编制费按照国家标准和企业规定执行，本工程省略，实际应计列。

(9) 基站勘察费：按照运营商当年工程服务采购招标结果文件执行，按站或折扣进行计算，本案例未列出计算规则。

(10) 基站设计费：按照运营商当年工程服务采购招标结果文件执行，按站或折扣进行计算，本案例未列出计算规则。

(11) 监理费：按照运营商当年工程服务采购招标结果文件执行，按站或折扣进行计算，本案例未列出计算规则。

(12) 通信建设工程安全生产费按财资〔2022〕136 号《关于印发 < 企业安全生产费用提取和使用管理办法 > 的通知》执行，以建筑安装工程费 (不打折) 的 2% 计取。

(13) 原则上不计取基站等设备及材料的二次搬运费。对施工地点在边远山区，车辆可抵达至施工点距离大于 500 m 或需人工搬运的场景，按照 300 元 / 站列。

根据已知条件，本工程没有引进设备，因此不需要编制引进器材概预算表 (表四) 乙和引进设备工程建设其他费概预算表 (表五) 乙等 2 张表格；本工程由于基站前传采用光纤直驱方式且由基站设备厂家负责基站调测，因此未使用光功率计、稳定光源等仪器仪表和机械施工，不需要编制建筑安装工程施工机械使用费概预算表 (表三) 乙和建筑安装工程仪器仪表使用费概预算表 (表三) 丙等 2 张表格。下面按照 (表三) 甲、(表四) 甲 (需要安装的设备表)、(表四) 甲 (甲供材料表)、表二、(表五) 甲、表一的顺序进行以上案例工程施工图预算的编制。

1. 建筑安装工程量预算表 (表三) 甲编制

(1) 首先识读项目 4 地面站案例的工程设计图纸，进行工程量的统计。

① BBU 集中放置机房中原有 BBU 新增基带处理单元板卡：数量 =1 块。

② 放绑软光纤：BBU 集中放置机房中，设备机架间放、绑软光纤共 3 条，每条 20 m，总长度 60 m，其中布放 15 m，共有 3 条，而每增加 1 m，数量 = 60 - 3 × 15 = 15(米条)。

③ 安装直流分配单元 (DCDU)：数量 =1 台。另外安装光缆终端盒 1 个，由线路专业负责，不属于本工程，不计列。

④ 室内布放电力电缆 (单芯相线截面积 16 mm² 以下)：室外一体化机柜里，DCDU 到接地排的 16 mm² 保护地线 1 条，长度为 2 m，即布放 0.2(十米条)。

⑤ 室内布放电力电缆 (单芯相线截面积 35 mm² 以下)：室外一体化机柜里，开关电源到 DCDU 的 25 mm² 直流电源线 4 条，每条长 2 m，总长度为 8 m，即布放 0.8(十米条)。

⑥ 安装室外天线射频拉远单元一体化设备 (AAU，40 m 以下地面铁塔上)：数量 =3。

⑦ 布放无线射频拉远单元用光缆 (野战光缆)：3 个 AAU 到室外一体化机柜中光缆终端盒的野战光缆共 3 条，每条 50 m，总长度为 150 m，即布放 150(米条)。

⑧ 室外布放电力电缆 (单芯相线截面积 16 mm² 以下)：3 个 AAU 到塔上接地排的 16 mm² 保护地线共 3 条，每条 3 m；3 条铠装电缆屏蔽层到接地排的 16 mm² 保护地线共 6 条 (下塔、入机房前)，每条 1 m。其总长度为 15 m，即布放 1.5(十米条)。

⑨ 室外布放电力电缆 (单芯相线截面积 16 mm² 以下，2 芯铠装电缆)：3 个 AAU 到室外一体化机柜中 DCDU 的 2 × 10 mm² 铠装电缆共 3 条，每条 50 m，总长度为 150 m，即布放 15(十米条)。

⑩ 配合调测第五代移动通信基站系统 (本工程由基站设备厂家负责基站调测)：数量 =3 扇区。

⑪ 第五代移动通信基站 - 配合联网调测 (本工程由基站设备厂家负责基站调测)：数量 =1 站。

⑫ 第五代移动通信基站 - 配合基站割接、开通 (本工程由基站设备厂家负责基站调测)：数量 =1 站。

(2) 根据以上统计的工程量，查阅预算定额。本工程属于 5G 移动通信系统，需查阅 2021 年 5 月《第五代移动通信设备安装工程造价编制指导意见》中的预算定额。

(3) 结合工程量和预算定额，将结果列入建筑安装工程量预算表 (表三) 甲，完成的 (表三) 甲如图 5-5 所示。

建筑安装工程量预算表(表三)甲

建设项目名称：XX分公司2023年5G无线网基站建设四期工程
工程名称：基站主设备安装单项工程　　　建设单位名称：XX分公司　　　表格编号：-B3J　　第 3 页

序号	定额编号	项 目 名 称	单 位	数 量	单位定额值(工日)		合计值(工日)	
					技 工	普 工	技 工	普 工
I	II	III	IV	V	VI	VII	VIII	IX
1	T5G2-047	安装电源转换器/配电单元（室内）(安装主设备直流分配单元（DCDU/D	台	1	0.8		0.8	
2	T5G2-116	扩装设备板件	块	1	0.5		0.5	
3	T5G1-054	放绑软光纤-设备机架间放、绑(15m以下)	条	3	0.29		0.87	
4	T5G1-055	放绑软光纤-设备机架间放、绑(每增加1m)	米条	15	0.03		0.45	
5	T5G1-066	室内布放电力电缆(单芯相线截面积)(16mm2以下)	十米条	0.2	0.15		0.03	
6	T5G1-067	室内布放电力电缆(单芯相线截面积)(35mm2以下)	十米条	0.8	0.2		0.16	
7	T5G2-067	安装室外天线射频拉远单元一体化设备-地面铁塔上 (高度) 40m以下	套	3	7.79		23.37	
8	T5G1-058	布放无线射频拉远单元用光缆(野战光缆)	米条	150	0.04		6	
9	T5G1-074	室外布放电力电缆(单芯相线截面积)(16mm2以下)	十米条	1.5	0.18		0.27	
10	T5G1-074	室外布放电力电缆(单芯相线截面积)(16mm2以下)(2芯铠装电缆)[工日]	十米条	15	0.198		2.97	
11	T5G2-119	配合调测第五代移动通信基站系统	扇区	3	1.41		4.23	
12	T5G2-121	第五代移动通信基站-配合联网调测	站	1	2.11		2.11	
13	T5G2-122	第五代移动通信基站-配合基站割接、开通	站	1	1.3		1.3	
14								
15		总　　计					43.06	
16		其中：干扰地区工日总计					43.06	
17		其中：室外工日总计					40.25	

设计负责人：王五　　　审核人：张三　　　编制人：李四　　　编制日期：2023年4月12日

图 5-5　建筑安装工程量预算表 (表三) 甲

2. 国内器材预算表 (表四) 甲编制

由于本工程未采购乙供材料，因此国内器材预算表 (表四) 甲只编制安装的设备表和甲供材料表。根据采购合同将设备价格列入表中，并计列运杂费、运输保险费、采购及保管费、采购代理服务费。考虑到商业价格保密，故在图 5-6 和图 5-7 中隐去设备和主要材料价格。

国内器材预算表(表四)甲

(需要安装的设备表)

建设项目名称：XX分公司2023年5G无线网基站建设四期工程

工程名称：基站主设备安装单项工程　　　　　　　　　　建设单位名称:XX分公司　　格编号：TSW-4 甲 第 7 页

序号	名　称	规 格 程 式	单位	数量	单价(元)	合 计(元)			备 注
						除税价	增值税	含税价	
I	II	III	IV	V	VI	IX	X	XI	XII
1	[NR主设备]								
2	5G NR-gNodeB硬件-BBU基带板-3×200M-32TR-TDD	基带处理接口板(UBBPg9b)	块	1					
3	5G NR-射频天线一体模块-3.5G-200M-64TR-320W	AAU5636w(3.5GHz 32T32R, 320W, -48V DC)	套	3					
4	5G NR-gNodeB辅材-AAU/RRU安装套件	AAU/RRU/微RRU安装套件	套	3					
5	5G NR-gNodeB硬件-直流电源分配模块-1个BBU+3个AAU/RR	配电盒DCDU-16D	套	1					
6	5G NR-gNodeB硬件-白光前传光模块-双芯双向-25G-10km	25GE前传光模块-双纤双向-10Km	个	6					
7	5G NR-gNodeB软件-载波软件包-100M升200M-32TR	TDD_32TR_100MHz->200MHz载波软件包(10	个	3					
8	5G NR-OMC-R硬件	网管硬件	个	3					
9	5G主设备小计		项						
10	供应链信息处理费（集采物资代理费）	按合同（设备×0.36%)	项	1					
11	仓储、运输配送费	按合同（硬件×0.5%)	项	1					
12	运保费	按合同（硬件×0.8%)	项	1					
13	合 计（1）（不含督导服务）		项						
14									
15									
16									
17									

设计负责人：王五　　　　　　　审核人：张三　　　　　编制人：李四　　　编制日期：2023年4月12日

图 5-6　国内器材预算表（表四）甲（需要安装的设备表）

器材预算表(表四)甲

(国内甲供材料表)

建设项目名称：XX分公司2023年5G无线网基站建设四期工程

工程名称：基站主设备安装单项工程　　　　　　　　　　建设单位名称:XX分公司　　表格编号：TSW-4甲A 第 6 页

序号	名　称	规 格 程 式	单位	数量	单价(元)	合计(元)			备 注
					除税价	除税价	增值税	含税价	
I	II	III	IV	V	VI	IX	X	XI	XII
1	天馈线配套（含胶泥胶带、扎带、馈线卡、接头等）	每扇区	套	3.00					
2	1/2馈线	1/2″	米	0.00					
3	7/8馈线	7/8″	米	0.00					
4	综合机架（柜）		架	0.00					
5	非设备自带的电力电缆（如新增综合机柜的电源线和保护地线）		米	0.00					
6	小 计（1）					0.00	0.00	0.00	
7	合 计（1）					0.00	0.00	0.00	
8	总计	合计（1）之和				0.00	0.00	0.00	

设计负责人：王五　　　　　　　审核人：张三　　　　　编制人：李四　　　编制日期：2023年4月12日

图 5-7　国内器材预算表（表四）甲（甲供材料表）

3. 建筑安装工程费用预算表（表二）编制

将建筑安装工程量预算表（表三）甲的技工总工日和普工总工日代入建筑安装工程费用预算表（表二）中即可计算人工费。将国内器材预算表（表四）甲的甲供主要材料费也列入表二中，由于考虑到商业价格保密，（表四）甲隐去主要材料价格，因此表二中的"主要材料费"显示为"0"。表二直接费中的措施费、间接费、利润、销项税额通过计算方法进行计列。完成的表二如图5-8所示。

建筑安装工程费用预算表（表二）

建设项目名称：XX分公司2023年5G无线网基站建设四期工程
工程名称：基站主设备安装单项工程　　　　　建设单位名称：XX分公司　　　　　表格编号：TSW-2　第 2 页

序号	费用名称	依据和计算方法	合计(元)	序号	费用名称	依据和计算方法	合计(元)
I	II	III	IV	I	II	III	IV
	建筑安装工程费	一+二+三+四	13978.83	9.	生产工具用具使用费	人工费x0.8%	39.27
一	直接费	(一)+(二)	8796.98	10.	施工生产用水电蒸汽费		
(一)	直接工程费	1+2+3+4	6229.35	11.	特殊地区施工增加费		
1.	人工费	(1)+(2)	4908.84	12.	已完工程及设备保护费	人工费x1.5%	73.63
(1)	技工费	技工总工日x114	4908.84	13.	运土费		
(2)	普工费	普工总工日x61	0	14.	施工队伍调遣费	141*5*2	1410
2.	材料费	(1)+(2)	1320.51	15.	大型施工机械调遣费		
(1)	主要材料费	主要材料表（未含增值税总计）	1282.05	二	间接费	(一)+(二)	2998.81
(2)	辅助材料费	主要材料费x3%	38.46	(一)	规费	1+2+3+4	1653.79
3.	机械使用费	机械表		1.	工程排污费		
4.	仪表使用费	仪器仪表	0	2.	社会保障费	人工费x28.50%	1399.02
(二)	措施费	1+2+3+...+15	2567.63	3.	住房公积金	人工费x4.19%	205.68
1.	文明施工费	人工费x1.1%	54	4.	危险作业意外伤害保险费	人工费x1.0%	49.09
2.	工地器材搬运费	人工费x1.1%	54	(二)	企业管理费	人工费x27.4%	1345.02
3.	工程干扰费	干扰地区人工费x4%	196.35	三	利润	人工费x20.0%	981.77
4.	工程点交、场地清理费	人工费x2.5%	122.72	四	销项税额	(一+二+三-甲供主材费)×9%+甲供主材增值税	1201.27
5.	临时设施费	人工费x3.8%	186.54				
6.	工程车辆使用费	人工费x5.0%	245.44				
7.	夜间施工增加费	人工费x2.1%	103.09				
8.	冬雨季施工增加费	室外部分人工x1.8%	82.59				

设计负责人：王五　　　　　审核人：张三　　　　　编制人：李四　　　　　2023年4月12日

图 5-8　建筑安装工程费用预算表（表二）

4. 工程建设其他费预算表（表五）甲编制

工程建设其他各项费用根据最新的计算依据及方法分别进行计列，大部分计算依据及方法已在题目中列明，将其列入工程建设其他费预算表（表五）甲中进行计算。完成的（表五）甲如图 5-9 所示。

工程建设其他费用预算表（表五）甲

建设项目名称：XX分公司2023年5G无线网基站建设四期工程
工程名称：基站主设备安装单项工程　　　　　建设单位名称：XX分公司　　　　　表格编号：TSW-5甲　第 9 页

序号	费用名称	计算依据及方法	金额(元) 除税价	金额(元) 增值税	金额(元) 含税价	备注
I	II	III	IV	V	VI	VII
1	建设用地及综合赔补费					
2	项目建设管理费	工程费*建管费率2%*50%	128.00	16.64	144.64	
3	可行性研究费	湘价房字〔2000〕第95号《关于转发〈国家计委关于印发建设项目前期工作咨询收费暂行规定的	0.00	0.00	0.00	暂未计取
4	研究试验费					
5	勘察设计费	勘察费+设计费	4369.20	262.15	4631.35	
(1)	其中：勘察费		2302.96	138.18	2441.14	
(2)	其中：设计费		2066.24	123.97	2190.21	
6	环境影响评价费	5G站点：400元/站*(新建室外站数+涉及天馈或设备变化扩容站数+PON口大功率基站数)	400.00	24.00	424.00	
7	建设工程监理费		869.25	52.16	921.41	
(1)	其中：设计阶段监理费	不计取设计阶段监理费				
(2)	其中：施工阶段监理费		869.25	52.16	921.41	
8	安全生产费	按财资〔2022〕136号《企业安全生产费用提取和使用管理办法》执行，建安工程费的2%计取	255.55	23.00	278.55	
9	工程订单服务费	工程服务（含施工、监理、设计）不计取工程订单服务费	0.00	0.00	0.00	
10	二次搬运费	按300元/站*系统数（车辆可运抵点至施工工点距离大于500米的站点）	0.00	0.00	0.00	
11	主设备督导服务费	按合同，其中5G按设备费的10%，4G按《2021年4G拆旧设备复建督导服务采购项目》计取	19064.20	1143.86	20208.06	
12	培训费（主设备）	按合同	0.00	0.00	0.00	
13	培训费（其他）	按合同	0.00	0.00	0.00	
14	社会中介机构审计费	(1)+(2)	1500.00	90.00	1590.00	
(1)	其中：工程结算审计审计费	建安费*13%*6%*58%	500.00	30.00	530.00	
(2)	其中：工程决算审计审计费	(建安费+需安装设备费+未计取社会中介机构审计费前的工程建设其他费)*0.2%*46%	1000.00	60.00	1060.00	
	总计		26586.20	1611.81	28198.01	

设计负责人：王五　　　　　审核人：张三　　　　　编制人：李四　　　　　编制日期：2023年4月12日

图 5-9　工程建设其他费预算表（表五）甲

5. 工程预算总表（表一）编制

将表二到表五的费用列入对应的费用中，再计算预备费。完成的工程预算总表（表一）如图 5-10 所示。

预算总表（表一）

建设项目名称：XX分公司2023年5G无线网基站建设四期工程
工程名称：基站主设备安装单项工程　　　　　　　建设单位名称：XX分公司　　　　　　　表格编号：TSW-1　　　　　第 1 页

序号	表格编号	费用名称	小型建筑工程费	需要安装的设备费	不需安装的设备、工器具费	建筑安装工程费	其他费用	预备费	总价值（元）			
									除税价	增值税	含税价	其中外币()
						（元）						
I	II	III	IV	V	VI	VII	VIII	IX	X	XI	XII	XIII
1		工程费	0.00			12777.56			12777.56	26183.36	38960.92	
2	TSW-2	建筑安装工程费用预算表(表二)				12777.56			12777.56	1201.27	13978.83	
3	TSW-4甲B	(国内需要安装设备表)	0.00						0.00	24982.09	24982.09	
4		工程建设其他费					26586.20		26586.20	1611.81	28198.01	
5	TSW-5甲	工程建设其他费用预算表(表五)甲					26586.20		26586.20	1611.81	28198.01	
6		合　计	0.00			12777.56	26586.20		39363.76	27795.17	67158.93	
7		预备费[(工程费+工程建设其他费)x3%]						1180.91	1180.91	153.52	1334.43	
8		总　计	0.00			12777.56	26586.20	1180.91	40544.67	27948.69	68493.36	
9		扣除建筑安装工程费用〔（建筑安装工程费-材料费-文明施工费-规费)*(1-0.3)				6824.47		204.73	7029.20	640.82	7670.02	
10		折后总计	0.00			5953.09	26586.20	976.18	33515.47	27307.87	60823.34	

设计负责人：王五　　　　　　　审核人：张三　　　　　　编制人：李四　　　　　　　编制日期：2023年4月12日

图 5-10　工程预算总表（表一）

考虑到商业价格保密，在国内器材预算表（表四）甲中隐去设备和主要材料价格，因此图 5-10 工程预算总表（表一）中的最终价格不是单个宏基站的实际工程预算，本书主要演示真实工程设计预算的编制过程。

练 习 题

一、填空题

1. 工程采用两阶段设计时，初步设计阶段编制_____，施工图设计阶段编制_____。此时_____有预备费，_____无预备费。

2. 单项工程总费用由_____、_____、_____和_____四部分组成。

3. 工程费由_____和_____组成。

4. 预备费指在_____时难以预料的工程费用，包括_____和价差预备费。

5. 措施项目费是指为完成工程项目施工，发生于该工程前和施工过程中非工程实体项目的费用，属于直接费范畴，其包括的费用计费基础多数为_____费。

6. 夜间施工增加费是指因夜间施工所发生的夜间补助费、_____、夜间施工照明设备摊销及_____等费用。

7. 工程建设其他费是指应在建设项目的建设投资中开支的固定资产其他费用、_____和其他资产费用。

8. 在进行具体设计预算编制时，应按照建筑安装工程量预算表 (表三) 甲、_____、_____、_____的顺序进行。

9. 建筑安装工程费用预算表 (表二) 主要对应于单项工程费用中的_____。

10. 预算表格____用于计算仪表使用费，预算表格____用于计算国内工程计列的工程建设其他费。

二、选择题

1. 一阶段设计编制的是 ( )。
A. 估算　　　　　B. 预算　　　　　C. 概算　　　　　D. 修正预算

2. 设备购置费是指 ( )。
A. 设备采购时的实际成交价
B. 设备采购和安装的费用之和
C. 设备在工地仓库出库之前所发生的费用之和
D. 设备在运抵工地之前发生的费用之和

3. 下列选项中，( ) 不包括在材料的预算价格中。
A. 材料原价
C. 材料采购及保管费
B. 材料包装费
D. 工地器材搬运费

4. 下列选项中，不属于间接费的是 ( )。
A. 财务费　　　　　　　　B. 职工养老保险费
C. 企业管理人员工资　　　D. 生产人员工资

5. 通信建设工程定额用于扩建工程时，其人工工时按 ( ) 系数计取。
A. 1.0　　　　　B. 1.1　　　　　C. 1.2　　　　　D. 1.3

6. 计算通信设备安装工程的预备费时，费率按 ( ) 计取。
A. 2%　　　　　B. 3%　　　　　C. 4%　　　　　D. 5%

7. 对于通信设备安装工程，概预算技工总工日在 1000 工日以下时，施工队伍调遣人数应为 ( ) 人。
A. 5　　　　　B. 10　　　　　C. 17　　　　　D. 2

8.《信息通信建设工程费用定额》规定，对于通信设备安装工程，材料采购及保管费费率按 ( ) 计取。
A. 0.9%　　　　　B. 1.0%　　　　　C. 1.1%　　　　　D. 3.0%

9.《信息通信建设工程费用定额》规定，对于通信设备安装工程，工地器材搬运费费率按 ( ) 计取。

A. 1.1%　　　　　B. 1.3%　　　　　C. 2.0%　　　　　D. 5.0%

10.《信息通信建设工程费用定额》规定，对于通信设备安装工程，在距离不超过35 km 时临时设施费费率按 (　　) 计取。

A. 6.0%　　　　　B. 12.0%　　　　　C. 10.0%　　　　　D. 3.8%

11. 通信工程项目中安全生产费的取费基础是 (　　) × 2%。

A. 打折前的建筑安装工程费　　　　　B. 打折后的建筑安装工程费

C. 打折前工程费　　　　　D. 打折后工程费

12. 建设工程监理费应在 (　　)。

A. 工程建设其他费中单独计列　　　　　B. 建设单位管理费中包含

C. 直接工程费中计列　　　　　D. 建筑安装工程费中计列

13. 下列费用项目不属于工程建设其他费的是 (　　)。

A. 研究试验费　　　　　B. 勘察设计费

C. 临时设施费　　　　　D. 环境影响评价费

14. 通信建设工程费用定额的内容不包括 (　　)。

A. 直接工程费中的人工工日定额

B. 措施费取费标准

C. 间接费取费标准

D. 工程建设其他费标准

15. LTE 无线设备工程，安装室外馈线走道 (水平) 需要套用 (　　) 定额。

A. TSW1-001　　　　　B. TSW1-007　　　　　C. TSW1-011　　　　　D. TSW1-004

16. LTE 无线设备工程，布放 1.27 cm(1/2 英寸) 射频同轴电缆 4 m 以下需要套用 (　　) 定额。

A. TSW2-026　　　　　B. TSW2-027　　　　　C. TSW2-028　　　　　D. TSW2-029

17. 5G 无线设备工程，在铁塔上布放 16 mm^2 的保护地线需要套用 (　　) 定额。

A. T5G1-074　　　　　B. T5G1-058　　　　　C. T5G1-078　　　　　D. T5G1-053

18. 5G 无线设备工程，在地面铁塔上安装室外天线射频拉远单元一体化设备需要套用 (　　) 定额。

A. T5G2-065　　　　　B. T5G2-066　　　　　C. T5G2-067　　　　　D. T5G2-068

三、简答题

1. 简述概预算编制说明包括哪些内容。

2. 简述概预算表有哪几种表，并写出每个表的具体名称。

3. 简述通信建设工程概预算表格填写顺序。

4. 简述通信建设工程概预算表格与费用的对应关系。

5. 简述通信建设工程概预算编制流程。

6. 简述施工图预算的编制依据。

实践任务：基站工程预算编制

【实践目的】

通过本任务的实践，检测对基站工程预算编制知识及技能的掌握程度，加强对新址新建站、共址新建站等工程预算编制技能训练，达到训练初步具备基站工程预算编制能力的目标。

【实践要求】

(1) 熟悉基站工程预算编制要求及方法；

(2) 熟悉最新版预算定额的构成及套用方法，并能熟练正确使用；

(3) 熟悉最新费用定额的构成及计算方法；

(4) 能运用预算定额完成新址新建地面站 (或楼面站)、共址新建地面站 (或楼面站) 的工程量统计；

(5) 能运用预算定额和费用定额完成新址新建地面站 (或楼面站)、共址新建地面站 (或楼面站) 工程的预算编制；

(6) 预算编制过程中，不损坏工具，无安全事故发生。

【实践准备】

(1) 基站工程预算编制相关知识；

(2) 预装好 Excel 软件的计算机 (含电子档全套预算表格) 或纸质版全套预算表格、电子版或纸质版预算定额、项目 4 中完成的基站工程设计图等；

(3) 配备 40 台以上计算机的实验室机房或多媒体教室。

【实践组织】

以个人为单位完成基站工程预算编制。根据项目 4 中正确的 5G 基站无线专业工程设计图纸，完成 5G 基站无线专业工程预算编制。具体要求如下：

(1) 统计工程量，编制 (表三) 甲、(表三) 丙。已知条件如下：工程为 "××5G 基站无线设备安装工程"；工程施工地点在城区，建设单位为 ×× 市分公司；采用工信部通信〔2016〕451 号定额编制；主要材料由建设单位提供；本工程由基站设备厂家负责基站调测。

(2) 在时间允许的情况下，根据项目 5 任务 5.3 示例中的相同已知条件完成 (表四) 甲 (需要安装的设备表)、(表四) 甲 (甲供材料表)、表二、(表五) 甲、表一的编制，其中表四设备和材料价格可由授课老师大致确定。

【实践成果】

完成以下两个预算表格编制：

(1) 建筑安装工程量预算表（表三）甲；

(2) 建筑安装工程量预算表（表三）丙。

时间允许的情况下，再完成以下五个预算表格编制：

(1) 国内器材概预算表（表四）甲（需要安装的设备表）；

(2) 国内器材概预算表（表四）甲（甲供材料表）；

(3) 建筑安装工程费用概预算表（表二）；

(4) 工程建设其他费概预算表（表五）甲；

(5) 工程概预算总表（表一）。

【实践考核】

强调过程考核，以个人为单位，根据如表 5-44 所示的实践考核内容及考核点，给出实践考核成绩并计入登分册。

表 5-44 实践考核内容及考核点

评价内容		配分	考核点	得分
职业素养与规范 （20 分）		5	做好预算编制前的工作准备：检查计算机（含 Excel 软件、电子档全套预算表格）或纸质版全套预算表格、电子版或纸质版预算定额，清点已绘制设计图，并将设备与资料摆放整齐，着装符合要求。未清点设备软件资料或着装不符合要求，每项扣 2 分，扣完为止	
		5	正确开关计算机和软件或正确选用预算定额分册。动作不规范扣 2 分，计算机和软件开关、预算定额分册选择每选错一项扣 1 分，扣完为止	
		5	具有良好的团队合作精神和职业操守、做到安全文明生产，有环保意识，否则扣 1～2 分。保持操作场地的文明整洁，否则扣 1～3 分	
		5	任务完成后，整齐摆放工具及凳子、回收工具及耗材等并符合要求，否则扣 1～5 分	
技能 考核 （80 分）	操作流程	10	能掌握任务完成的流程，否则扣 1～10 分	
	预算定额使用	30	能完成工程量统计，正确套用预算定额。工程量统计错误或预算定额套用错误，每错 1 处扣 1 分，扣完为止	
	预算表格填写	30	能正确填写预算表格，计算结果正确，精确到小数点后两位。表格填写错误，工作名称和计量单位不符合《通信工程预算定额》规范要求，不同表格间数据关联不正确，每错 1 处扣 1 分，扣完为止	
	操作熟练度	10	在规定时间内完成指定任务，操作熟练。否则扣 1-10 分	
总分		100		

备注：出现明显失误造成器材或仪表、设备损坏、人员受伤害等安全事故，以及严重违反实践教学纪律，造成恶劣影响的，本实践环节成绩记 0 分。

附录 A 缩 略 语

本书所涉及的所有缩略语中英文名称如表 A-1 所示。

表 A-1 缩略语中英文名称

英文缩写	英文名称	中文名称
1G	The 1st Generation	第一代移动通信系统
2G	The 2nd Generation	第二代移动通信系统
3G	The 3rd Generation	第三代移动通信系统
4G	The 4th Generation	第四代移动通信系统
5G	The 5th Generation	第五代移动通信系统
5GC	5G Core	5G 核心网
3GPP	3rd Generation Partnership Project	第三代伙伴计划
AAU	Active Antenna Unit	有源天线单元
AMF	Access and Mobility Management Function	接入和移动管理功能
AR	Augmented Reality	增强现实技术
ARQ	Automatic Repeat Request	自动重传请求
BBU	Buiding Base band Unit	室内基带处理单元
BDS	Bei Dou System	北斗导航系统
BLER	Block Error Rate	误块率
BTS	Base Transceiver Station	基站收发台
CAPEX	Capital Expenditure	资本性支出
CDR	Call Detail Record	呼叫详细记录
CP	Cyclic Prefix	循环前级
CPE	Customer Premise Equipment	客户前置设备
CPRI	Common Public Radio Interface	公共无线接口
CSFB	Circuit Switched FallBack	电路交换回退
CU/DU	Centralized Unit/Distributed Unit	集中/分布单元
DL	Downlink	下行链路
DSCP	Differentiated Services Code Point	差分服务代码点
DwPTS	Downlink Pilot Time Slot	下行导频时隙
EARFCN	E-UTRA Absolute Radio Frequency Channel Number	E-UTRA 绝对无线电频率信道号码

续表一

英文缩写	英文名称	中文名称
ECGI	E-UTRAN Cell Global Identifier	小区全球唯一标识
ECI	E-UTRAN Cell Identity	小区唯一标识
eMBB	Enhance Mobile Broadband	增强移动宽带
eMTC	Enhanced Machine Type Co mmunication	增强的机器类通信
eNB	Evolved NodeB	演进的 NodeB
EPC	Evolved Packet Core	演进的分组核心网
E-UTRAN	Evolved Universal Terrestrial Radio Access Network	演进的通用陆地无线接入网
FDD	Frequency Division Duplexing	频双分工
GBR	Guaranteed Bit Rate	保证比特率
GNSS	Global Navigation Satellite System	全球导航卫星系统
GP	Guard Period	保护周期
GPS	Global Positioning System	全球定位系统
GUMMEI	Globally Unique MME Identity	全球唯一 MME 标识符
GUTI	Globally Unique Temporary Identity	全球唯一临时标识符
HARQ	Hybrid Automatic Repeat Request	混合自动重传请求
HLR	Home Location Register	归属位置寄存器
HSS	Home Subscriber Server	归属用户服务器
IEEE	Institute of Electrical and Electronics Engineers	美国电气和电子工程师协会
IMS	IP Multimedia Subsyslem	IP 多媒体子系统
IMSI	International Mobile Subscriber Identification Number	国际移动用户识别码
InH	Indoor Hotspot	室内模型
IP	Internet Protocol	网际协议
ITU	International Teleco mmunication Union	国际电信联盟
KPI	Key Performance Indicator	关键性能指标
KQI	Key Quality Indicators	关键质量指标
LA	Location Area	位置区
LOS	Line of Sight	视距
LTE	Long-Term Evolution	长期演进
MCC	Mobile Country Code	移动国家号码
MEC	Mobile Edge Computing	移动边缘计算

续表二

英文缩写	英文名称	中文名称
Mesh	Medical Subject Headings	网状网
MIMO	Multiple Input Multiple Output	多入多出
MM	Massive MIMO	大规模多天线阵列系统
MME	Mobile Management Entity	移动管理实体
mMTC	massive Machine Type of Communication	海量机器类通信
MNC	Mobile Network Code	移动网络码
MR	Measurement Report	测量报告
MSIN	Mobile Subscriber Identification Number	移动用户识别码
MSISDN	Mobile Subscriber Intermational ISDN/PSTN Number	移动用户的 ISDN 号码
M-TMSI	MME-Temporary Mobile Subscriber Identity	MME 移动用户临时标识
MU-MIM0	Multiple User -Multiple Input Multiple Output	多用户 - 多入多出
NB-IoT	Narrow Band Internet of Things	窄带物联网
NFV	Network Functions Virtualization	网络功能虚拟化
NLOS	Not Line of Sight	非视距
Non-GBR	Non Guaranteed Bit Rate	非保证比特率
NR	New Radio	新空口
NSA	Non- Standalone	非独立组网
ODF	Optical Disrtibution Frame	光纤配线架
OMC	Operations &Maintenance Center	操作维护中心
OPEX	Operating Expense	运营性支出
PBCH	Physical Broadcast Channel	物理层广播信道
PCI	Physical Cell ldentity	物理小区标识
PDCCH	Physical Downlike Control Channel	物理下行控制信道
PDSCH	Physical Downlike Shared Channel	物理下行共享信道
PDN	Packet Data Network	分组数据网络
P-GW	PDN Gateway	PDN 网关
PLMN	Public Land Mobile Network	公共陆地移动网
PRACH	Physical Random Access Channel	物理随机接入信道
PRB	Physical Resource Block	物理资源块
QCI	QoS Class Identifier	QoS 类别标识

续表三

英文缩写	英文名称	中文名称
QoS	Quality of Service	服务质量
RB	Resource Block	资源块
RF	Radio frequency	射频
Rma	Rural Macro	农村宏蜂窝模型
RRV	Remote Radio Unit	遥控射频单元
RS	Reference Signal	参考信号
RSRP	Reference Signal Received Power	参考信号接收功率
SA	Standalone	独立组网
SBA	Service Based Architecture	服务化架构
SDN	Software Defined Network	软件定义网络
S-GW	Serving Gateway	服务网关
SINR	Signal to Interference &Noise Ratic	信干噪比
SNR	Signal to Noise Ratio	信噪比
SRS	Sounding Reference Signal	上行信道探测参考信号
SRVCC	Single Radio Voice Call Continuity	单一无线语音呼叫连续性
SS	Synchronization Signal	同步信号
TA	Tracking Area	跟踪区
TAC	Tracking Area Code	跟踪区域的标识
TAI	Tracking Area Identity	跟踪区域全球标识
TDD	Time Division Duplex	时分双工
UE	User Equipment	用户设备
UL	Uplink	上行链路
Uma	Urban Macro	城区宏蜂窝模型
Umi	Urban Micro	城区微蜂窝模型
UPF	User Plane Function	用户面功能
UpPIS	Uplink Pilot Time Slo	上行导频时隙
uRLLC	The Ultra Reliable Low Latency Co mmunication	超可靠、低时延通信
VoIMS	Voice over IMS	IMS 语音
VoLTE	Voice over LTE	4G 语音
VoNR	Voice over NR	5G 语音
VR	Virtual Reality	虚拟现实

附录 B 基站勘察记录表

表 B-1 机房（柜）及设备勘察记录表

站点名称： 基站地址： 经度： 纬度：

勘察时间： 勘察人：

类别	勘察项	勘察子项	勘察记录
机房及设备勘查	1. 机房配套	机房类型	砖混机房 □；土建机房 □；□彩钢板机房；室外一体化柜 □；其他（ ）
		机房情况	位于第（ ）层；机房净高（ ）m
		机房性质	新建 □；利旧 □；租用 □；共享 □
		机房产权	移动 □；联通 □；电信 □；铁塔 □；综合接入区机房名称：_____
	2. BBU 现状	机架（ ）	2G BBU（ ）台；4G BBU（ ）台；5G BBU（ ）台
		机架（ ）	2G BBU（ ）台；4G BBU（ ）台；5G BBU（ ）台
		机架（ ）	2G BBU（ ）台；4G BBU（ ）台；5G BBU（ ）台；注：机柜、BBU 槽位占用情况在草图记录
		本期 BBU 建设方式	机柜配电单元、ODF、传输使用情况；新增／替换 BBU 位置：_____ 利旧 BBU □：_____ 新增 GPS/北斗天线 □ 馈线长度：_____ 注：详细情况在草图记录
	3. 开关电源	开关电源（ ）	开关电源规格型号_____ 系统容量（ ）A 当前负荷（ ）A
			整流模块（ ）A，（ ）个
		开关电源（ ）	开关电源规格型号_____ 系统容量（ ）A 当前负荷（ ）A

续表

类别	勘察项	勘察子项	勘察记录	
			整流模块（ ）A、（ ）个	
机房及设备勘查		电源端子及直流分配单元端子使用情况	注：使用情况在草图记录	
		光缆资源是否满足	可直接利旧现有光纤□；光纤到站但资源不足□；光纤未到站□	
	4. 传输	光缆 A 方向路由		
		光缆 A 方向纤芯数		
		光缆 A 方向剩余纤芯		
		传输设备 1	设备型号：_____；板卡端口占用情况：_____	
		传输设备 2	设备型号：_____；板卡端口占用情况：_____	
	5. 地排	室内地排	总孔洞数：_____ 剩余孔洞：_____	
		室外地排	总孔洞数：_____ 剩余孔洞：_____	
		是否新增	室内地排：是□；否□；室外地排：是□；否□；	
	其他特殊情况	周边不利因素	临近油罐□　　m；油库□　　m；高压线□　　m；其他：不利因素／安全风险提示：	
		其他		
机房及走线架图／电源端子及综合机架面板图／机架面板图／BBU 面板图				

表 B-2　塔桅及天馈系统勘察记录表

站点名称：　　　　　基站地址：　　　　　经度：　　　　　纬度：

类别：　勘察项：　勘察子项：　勘察时间：　勘察人：

类别	勘察项	勘察子项	勘察记录
站址基本信息	站址信息	覆盖区域类型	密集市区 □；市区 □；郊区 □；县城 □；乡镇 □；行政村 □；万人重镇 □；普通乡镇 □；老乡镇 □；普通农村 □；热点农村 □；5A 级景区 □；4A 级景区 □；3A 级景区 □；3A 级以下景区 □；其他 □；
		现有运营商情况	移动 □；联通 □；电信 □；CDMA □；LTE FDD1.8G □；LTE FDD2.1G □；LTE FDD 800M □；NR TDD 3.5G □；NR FDD 2.1G □；其他 □（　）；现有系统数量　　个
塔桅及天馈系统	已有塔桅	塔桅类型	抱杆 □；六方塔 □；拉线塔 □；四角铁塔 □；三角铁塔 □；单管塔 □；景观塔 □；路灯杆 □；支撑杆 □；集束型 □；一体化 □；方柱形 □；排气管 □；仿生树 □；其他（　）高度（　）m
		塔桅所在位置	地面 □；楼面 □（楼面标高：　　m）
		塔桅平台情况	平台数量（　）；可用平台数量（　）注：各平台使用情况在草图中记录
		已安装 RRU 数	CDMA（　）个，L800 M（　）个；占用位置拍照
		已安装天线数	CDMA（　）副，L800 M（　）副；占用位置拍照
		已安装天线挂高	CDMA 天线平台（　）m，L800 M 天线平台（　）m；其他系统天线平台（　）m；占用位置拍照

续表一

类别	勘察项	勘察子项	勘察记录
塔桅及天馈系统	塔桅建设方案	塔桅建设方式	新建□；利用□；租用□；共享□；改造□
		新建塔桅方案	抱杆□；六方塔□；拉线塔□；四角铁塔□；三角铁塔□；单管塔□；景观塔□；路灯杆□；支撑杆□；集束型□；一体化□；方柱形□；排气管□；仿生树□；其他（ ）高度（ ）m
		新建塔桅所在位置	地面□；楼面□（楼面标高： m）
		改造塔桅方案建议	
	室外走线架	女儿墙	无□；有□（ ）m
		建设情况	利旧□；新建□（ ）m
	防雷接地情况		利旧□；改造□；新建□
	BDS/GPS	新增BDS/GPS安装方案	新建小抱杆□；利用小抱杆□；新增BDS/GPS馈线长度（ ）m
	天线	建设方式	新增□；替换□；利用原有□；平台变更□
		原天线类型	板状天线□；集束天线□；排气管美化天线□；方柱形美化天线□；其他（ ）通道数：2通道□；4通道□；6通道□；8通道□；12通道□
		本期后天线类型	板状天线□；集束天线□；排气管美化天线□；方柱形美化天线□；其他（ ）通道数：2通道□；4通道□；6通道□；8通道□；12通道□
	天线参数	挂高/m	CELL1( )；CELL2( )；CELL3( )
		方位角/度	CELL1( )；CELL2( )；CELL3( )
		下倾角/m	CELL1( )；CELL2( )；CELL3( )

续表二

类别	勘察项	勘察子项	勘察记录
	线缆长度	野战光缆长度/m	CELL1( ); CELL2( ); CELL3( )
		电源线长度/m	CELL1( ); CELL2( ); CELL3( )
		RRU 地线长度/m	CELL1( ); CELL2( ); CELL3( )
		单根跳线长度/m	CELL1( ); CELL2( ); CELL3( )
	纤芯占用情况		纤芯总数( )芯，占用纤芯数( )芯
	其他特殊情况	周边不利因素	临近油罐□ m；油库□ m；高压线□ m；其他：不利因素/安全风险提示：
		其他	
	天面及天馈系统图（含俯视和侧视）		
	天面及天馈系统图（含俯视和侧视）		

参 考 文 献

[1] 李崇鞅，李伊等 . 5G 基站建设与维护 [M]. 北京：中国铁道出版社，2024.

[2] 宋燕辉，郭旭静 . 5G 技术及设备 [M]. 长沙：湖南教育出版社，2022.

[3] 朱伏生，吕其恒，徐巍等 . 5G 移动通信技术 [M]. 北京：中国铁道出版社，2021.

[4] 孙鹏娇，张伟，时野坪 . 通信工程勘察设计与概预算 [M]. 北京：北京理工大学出版社，2019.

[5] 徐承亮，秦晓娟，梁芳芳 . 通信工程设计实务 [M]. 北京：中国铁道出版社，2018.

[6] 中华人民共和国工业和信息化部 . 2016 版信息通信建设工程预算定额 (451 定额)，2017.

[7] 中华人民共和国工业和信息化部 . 工业和信息化部关于印发信息通信建设工程预算定额、工程费用定额及工程概预算编制规程的通知：工信部通信 [2016]451 号 [A/OL].